设计管理学

Design Management

管顺丰　　魏惠兰　　肖雄　　著

U0364541

武汉理工大学出版社

图书在版编目（CIP）数据

设计管理学／管顺丰，魏惠兰，肖雄著．—武汉：武汉理工大学出版社，2019.11

ISBN 978-7-5629-6224-3

Ⅰ．①设… Ⅱ．①管… ②魏… ③肖… Ⅲ．①产品设计—管理学 Ⅳ．① TB472

中国版本图书馆 CIP 数据核字（2019）第 290298 号

项目负责人：张青敏　杨　涛

责 任 编 辑：刘　凯　胡璇小惠

责 任 校 对：余士龙

装 帧 设 计：艺欣纸语

排　　　版：武汉艺欣纸语文化传播有限公司

出 版 发 行：武汉理工大学出版社

社　　　址：武汉市洪山区珞狮路 122 号

邮　　　编：430070

网　　　址：http://www.wutp.com.cn

经　　　销：各地新华书店

印　　　刷：武汉市金港彩印有限公司

开　　　本：710×1000　1/16

印　　　张：24.25

字　　　数：365 千字

版　　　次：2019 年 11 月第 1 版

印　　　次：2019 年 11 月第 1 次印刷

定　　　价：86.00 元

作者简介

　　管顺丰,武汉理工大学艺术与设计学院教授、博士生导师,主要研究方向为艺术管理、设计管理、创新管理,获得湖北省科技进步一等奖、湖北省哲学社会科学研究成果二等奖各一项,出版了《艺术管理》《审美需求论》《产业创新管理理论研究与实证分析》《国家创新战略》等著作。

　　注:

　　1.《国家创新战略》获湖北省哲学社会科学研究成果奖(管顺丰排名第二);

　　2.《产品创新管理》获湖北省科技进步一等奖(管顺丰排名第四)。

前　言

随着当代设计行业的蓬勃发展，设计管理学得到了学科理论界和实践界的广泛关注。但是，设计管理学的学科定位和学科属性有一定的特殊性，在一定程度上制约了设计管理理论的成熟与发展。

从学科定位来看，设计管理学是一门应用导向学科。首先，实践是设计管理理论形成的"土壤"——人们对设计管理实践经验的总结和提升形成了设计管理理论，设计管理理论同时也要接受设计管理实践的检验才能成为真理。再者，研究设计管理理论的主要目的是提高企业的设计管理能力、推动设计产业的发展、提高设计产业价值和设计企业的效益，以及更好地满足人们不断提升的物质和文化生活需要。

从学科属性来看，设计管理学是设计学与管理学的交叉与融合，而设计学与管理学这两个学科之间有着显著的差异。管理学具有严谨的理性特征，要求运用科学的方法模型和定量分析工具解决问题，管理活动讲究团队精神，排斥随性的个人主义；设计学则具有比较强烈的感性特征，设计活动团队注重个体、自由。设计管理理论体系的构建需要通过多学科之间的知识交流、模式组合及方法碰撞，突破阻碍设计学与管理学两者融合的天然藩篱。

鉴于设计管理学的以上特点和设计管理理论的发展水平，笔者以科学性、系统性和实用性为原则开展撰写工作。

设计管理活动的范围广泛，它既包含设计企业层面的管理活动，也包含设计产业层面的管理活动；既包含一般性的设计管理理论，也包含针对特定设计领域的设计管理理论。鉴于当前设计管理理论发展的基础和条件，本书的知识体系主要定位于设计企业管理层面，旨在揭示设计管理活动的共性规律。

设计管理理论既包括设计管理原理理论，也包括设计管理应用理论。本书从设计管理的概念、历史、主体、客体、职能等方面系统地介绍设计管理原理；从设计企业战略管理、资源管理、营销管理和运作管理四个层面系统地介绍设计管理应用理论。

　　本书是在笔者多年的设计管理教学、研究与实践的基础上完成的。本书可用于高等院校的教学和指导产业界的设计生产实践。

管顺丰

2019年10月

目 录

第一章 设计管理导论⋯⋯⋯⋯⋯⋯⋯⋯⋯⋯⋯⋯⋯⋯⋯⋯⋯⋯⋯⋯ 001

第一节 设计管理的概念和主体⋯⋯⋯⋯⋯⋯⋯⋯⋯⋯⋯⋯⋯⋯⋯ 001

第二节 设计管理的缘起与发展⋯⋯⋯⋯⋯⋯⋯⋯⋯⋯⋯⋯⋯⋯ 012

第三节 设计管理职能⋯⋯⋯⋯⋯⋯⋯⋯⋯⋯⋯⋯⋯⋯⋯⋯⋯⋯⋯ 023

第四节 设计管理内容体系⋯⋯⋯⋯⋯⋯⋯⋯⋯⋯⋯⋯⋯⋯⋯⋯ 041

第二章 设计战略管理⋯⋯⋯⋯⋯⋯⋯⋯⋯⋯⋯⋯⋯⋯⋯⋯⋯⋯⋯⋯ 063

第一节 设计企业战略定位⋯⋯⋯⋯⋯⋯⋯⋯⋯⋯⋯⋯⋯⋯⋯⋯ 063

第二节 设计战略模式选择⋯⋯⋯⋯⋯⋯⋯⋯⋯⋯⋯⋯⋯⋯⋯⋯ 084

第三节 设计战略实施管理⋯⋯⋯⋯⋯⋯⋯⋯⋯⋯⋯⋯⋯⋯⋯⋯ 100

第三章 设计资源管理⋯⋯⋯⋯⋯⋯⋯⋯⋯⋯⋯⋯⋯⋯⋯⋯⋯⋯⋯⋯ 124

第一节 设计师管理⋯⋯⋯⋯⋯⋯⋯⋯⋯⋯⋯⋯⋯⋯⋯⋯⋯⋯⋯⋯ 124

第二节 设计知识管理⋯⋯⋯⋯⋯⋯⋯⋯⋯⋯⋯⋯⋯⋯⋯⋯⋯⋯⋯ 150

第三节 设计财务管理⋯⋯⋯⋯⋯⋯⋯⋯⋯⋯⋯⋯⋯⋯⋯⋯⋯⋯⋯ 174

第四章 设计营销管理⋯⋯⋯⋯⋯⋯⋯⋯⋯⋯⋯⋯⋯⋯⋯⋯⋯⋯⋯⋯ 190

第一节 设计市场调查与管理⋯⋯⋯⋯⋯⋯⋯⋯⋯⋯⋯⋯⋯⋯⋯ 190

第二节 设计营销策略⋯⋯⋯⋯⋯⋯⋯⋯⋯⋯⋯⋯⋯⋯⋯⋯⋯⋯⋯ 208

第三节 设计合同管理⋯⋯⋯⋯⋯⋯⋯⋯⋯⋯⋯⋯⋯⋯⋯⋯⋯⋯⋯ 241

第四节 设计客户管理⋯⋯⋯⋯⋯⋯⋯⋯⋯⋯⋯⋯⋯⋯⋯⋯⋯⋯⋯ 258

第五章　设计运作管理······················· 270

第一节　设计策划管理·························· 272

第二节　设计团队管理·························· 293

第三节　设计进度管理·························· 311

第四节　设计质量管理·························· 326

第五节　设计成本管理·························· 338

第六章　设计管理案例······················· 347

第一节　设计公司IDEO创新的四大武器 ················ 347

第二节　深圳浪尖设计公司的战略管理················ 356

第三节　科技馆汽车展区设计策划管理················ 366

参考文献······························ 379

第一章
设计管理导论

第一节　设计管理的概念和主体

一、设计管理的概念

（一）设计与管理

（1）设计的概念和特点

一般来说，广义的设计是指人类所有生物性和社会性的原创活动。《牛津大辞典》对设计的定义有两种解释：一是"心理计划"，指事先在思想上形成精神胚胎，作为实施的计划；二是"艺术中的计划"，特指绘制草图、图样等。《现代汉语词典》将设计定义为"在正式做某项工作之前，根据一定的目的要求，预先制定方法、图样等"。

王受之将设计定义为"把一种计划、规划、设想、问题解决的方法，通过视觉的方式传达出来的活动过程"[①]。这一定义包括了三个方面的核心内容：

一是计划、构思的形成；

二是视觉传达方式，即利用视觉的方式传达"计划、规划、设想、问

[①] 王受之. 世界现代设计史[M]. 北京：中国青年出版社，2002.

题解决的方法";

三是视觉传达成果的具体应用。

从设计的概念中可以看出,它具有以下几种特点。

①设计活动有明确的目标。目标是个人(集团)与对象(他人)之间关系的某种价值法则的表达,是完成活动的依据和标准。设计活动的目标是运用视觉传达的方式将"计划、规划、设想、问题解决的方法"等内容转化成符合设计者要求的设计方案。

②设计活动是一系列相互关联的活动过程。这一活动过程包括确定活动对象(计划、规划、设想、问题解决的方法)、实施视觉传达活动和设计方案具体应用。

③设计活动的手段是视觉传达的方式。设计活动的手段就是运用各种视觉传达的技术、方法和策略,将"计划、规划、设想、问题解决的方法"进行视觉化表达。

(2)管理的含义和特点

人们需要通过分工与合作来完成社会活动,这就涉及人与人、人与物、物与物之间的关系。管理学就是协调这些关系的科学。管理是管理者或管理机构在特定的环境下,对其所拥有的资源进行有效的计划、组织、领导和控制,以实现其目标的过程[1]。从管理的定义中可以发现,它具有以下几个方面的特点。

①管理具有明确的目标。管理是一种有目的的活动,它引导集体活动指向预定的组织活动的目标。

---

[1] 周三多. 管理学——原理与方法[M]. 2版. 上海:复旦大学出版社,1997.

②管理的对象是组织中的资源。组织中的资源包括人力、物力、财力、信息、知识、时间等资源。传统组织的资源主要是人力资源、物力资源和财力资源。随着知识经济的兴起，知识资源已经成为企业发展的关键资源之一。市场竞争的日趋激烈也使得时间资源的重要性日益突出。

③管理是一系列相互关联、连续进行的活动过程。管理活动通过计划、组织、领导、控制这四个相互关联、连续进行的职能活动予以实施。管理者在管理活动中，通过计划职能制订活动的计划、做出决策，通过组织职能实施计划，通过领导职能引导组织成员的前进方向、激发组织成员的工作热情，通过控制职能监控、调整计划的执行。

④管理活动是在一定的环境条件下开展的。环境既提供了机会，也形成了风险。组织是一个开放的系统，组织与环境之间的关系体现在两个方面：一方面，要求组织为创造优良的社会物质环境和文化环境尽责尽力；另一方面，管理的方法和技巧必须因环境条件的不同而随机应变。审时度势、灵活应变，对管理的成功是至关重要的。

（3）设计与管理的关系

管理具有普遍性，也就是说，在企业的各种活动中，管理是无处不在的，管理在企业的经营活动中具有普遍性。企业的设计活动与管理活动有着直接或者间接的联系。

管理具有特殊性，也就是说，不同的企业或同一企业中不同的活动所采用的管理方式和方法都具有特殊性。设计活动创造的是以满足人们的精神需求为主导的产品，其管理活动与一般的管理活动相比，具有特殊性。

设计管理是一种特殊的活动，同时它又分别是管理活动、设计活动的组成部分，如图1-1所示。

图1-1 设计、管理与设计管理的关系

设计管理既是管理活动的组成部分，也是设计活动的组成部分。与一般的管理理论相比，设计管理也具有普遍性和特殊性。

设计管理的普遍性指的是，设计管理是一般管理理论在设计领域的运用，如设计管理包括对设计活动的计划、组织、领导和控制等职能；

设计管理的特殊性指的是，设计管理是对设计活动的管理，是一门专门的管理理论和方法。

（二）设计管理的内涵界定

设计管理受到众多专家学者的重视，专家学者们根据自己的理解对设计管理的内涵进行了定义，其中比较具有代表性的定义如表1-1所示。

表1-1 不同学者对设计管理的定义

学者	定义
Michael Farr（1966）	设计管理指的是界定设计问题、寻找合适的设计师，且尽可能地使设计师在既定的预算内及时解决设计问题
Turner（1968）	设计管理与其他的管理不同。设计管理需要管理技巧与对设计程序的了解，以及设计程序与企业产品的配合
Peter Gorb（1990）	通过设计主管对公司内设计资源的有效部署来帮助公司达到其目标的活动

续表 1-1

学者	定义
尹定邦等 （1999）[1]	设计管理是为促进设计效率化，而将设计技术部门业务体系化，加以整理、改善和管理。换言之，品质管理、成本管理等都是设计技术管理部门的分内之事
李砚祖等 （2006）[2]	设计管理可以理解为对设计活动的组织与管理，是设计借鉴和利用管理学的理论和方法对设计本身进行的管理，即设计管理是在设计范畴中所实施的管理
刘和山等 （2006）[3]	设计管理研究的是如何在各个层次整合、协调设计所需的资源和活动，并对一系列设计开发策略与设计开发活动进行管理，达成企业的目标和创造出有效的产品
陈圻等 （2010）[4]	设计管理是企业和政府为提高产品和企业的形象并获取企业和国家的竞争优势，对企业和产业的设计活动所进行的一切专门管理活动的总称
成乔明 （2014）[5]	设计管理是更大广域度上的资源调配、发展平衡、利润分配，它需要从更为宏大的视角去权衡整个社会的均衡性发展、协调性发展与可持续发展
白仁飞 （2016）[6]	设计管理是指根据消费者的定位和需求，有计划、有组织地对产品生产过程进行研究和管理的活动，是一种综合系统的管理活动，包括对设计师设计思维活动的引领和调动，也包括对企业经营策略和产品开发的管理

① 尹定邦. 设计学概论[M]. 长沙：湖南科学技术出版社，1999.

② 李砚祖，王明旨，刘瑞芬. 设计程序与设计管理[M]. 北京：清华大学出版社，2006.

③ 刘和山，李普红，周意华. 设计管理[M]. 北京：国防工业出版社，2006.

④ 陈圻，等. 设计管理理论与实务[M]. 北京：北京理工大学出版社，2010.

⑤ 成乔明. 设计项目管理[M]. 南京：河海大学出版社，2014.

⑥ 白仁飞. 产品设计：创意与方法[M]. 北京：国防工业出版社，2016.

设计管理是一种社会实践活动。基于马克思主义实践论的实践要素（主体、客体、内容、手段、目的）总结设计管理领域专家学者们对设计管理内涵的观点，可以得到设计管理实践活动要素一般特征：

①设计管理的主体是设计管理者，包括设计行政管理者、设计专业管理者和设计管理专家等；

②设计管理的客体是设计资源，包括人、财、物、信息、知识等资源，尤其是设计师、设计知识等资源；

③设计管理的内容是对产品或服务、界面和环境等设计领域的设计战略、设计项目等的管理活动；

④设计管理的手段就是管理的职能，包括计划、组织、领导、控制职能；

⑤设计管理的目的是组织的设计目标，包括设计资源整合目标、设计项目目标和产品设计目标等。

基于以上分析，将企业设计管理定义为：企业设计管理者为满足用户的需求和组织发展的需要，通过计划、组织、领导和控制职能来有效运用设计资源完成特定的产品或服务、界面和环境等设计，以实现组织设计目标的活动。

设计管理具有以下几个方面的特点：

①设计管理的目标是组织完成特定的产品或服务、界面和环境等设计活动所预期达到的目标。

②设计管理的对象是组织中的设计资源，包括信息、知识、设计师、财务等资源。

③设计管理通过计划、组织、领导、控制这四个相互关联、连续进行的职能活动予以实施。

④设计管理活动是在一定的环境条件下开展的。环境既为设计管理活

动提供了机会，也带来了风险。设计管理者应该抓住机遇、适应环境，做好设计管理工作。

（三）设计管理的性质

（1）自然属性

设计管理的自然属性指的是设计管理要处理人与自然的关系，它是设计活动中合理组织生产力的客观要求。故此，设计管理的自然属性也被称为生产力属性。设计管理的自然属性与生产关系、社会制度无关。任何社会，不管其社会制度如何，其设计活动都需要有效地分工协调、合理分配资源、应用科学技术、培训员工等，这就必须运用科学的方法开展设计管理活动。

能够提高设计活动生产效率的科学理论和方法，不管是在哪种社会制度、意识形态下，都可以"为我所用"。也就是说，属于设计管理的自然属性范畴的科学理论和方法，企业可以采用"拿来主义"加以使用，以提高设计活动的生产效率。

（2）社会属性

设计管理的社会属性指的是设计管理要处理人与人之间的关系，其受到一定的生产关系、政治制度和意识形态的影响和制约。所以，设计管理的社会属性也被称为生产关系属性。任何设计管理活动都是在不同的生产关系下开展的，都受到生产关系的影响和制约，并反映生产资料占有者的利益和要求。

显然，与设计管理社会属性有关的设计管理方法，其适用性和效果受到生产关系的影响和制约。因此，与生产关系有关的设计管理方法必须采用"扬弃"的方式进行选用。例如，人员聘用、员工激励、规章制度等与生产力有关的设计管理理论和方法，应该根据生产关系的特点进行选择，或者经过适应性的改造后再加以运用。

二、设计管理者

（一）设计管理者的类型

管理者是管理活动的主体，是一个组织中按照组织的目的指挥别人活动的人。设计管理者是设计活动中指挥别人从事设计相关活动的人员。

广义的设计管理者指的是一切与设计活动有关的管理者；狭义的设计管理者指的是设计活动中的管理者。

（1）设计企业管理者的类型

对于设计企业而言，可以从纵向和横向两个层次划分设计管理者。

从纵向层次划分，设计企业的管理者可以划分为高层管理者（总经理、副总经理、设计总监等）、中层管理者（部门经理等）和基层管理者（业务小组组长、班长等）。

从横向职能划分，设计企业的管理者可以划分为市场管理者、财务管理者、设计管理者、生产管理者、人事管理者、行政管理者和其他方面的管理者。

（2）设计职能管理者的类型

按照管理者与设计职能活动之间的关系来看，可以把设计管理者划分为行政管理者、设计专业管理者和设计管理专家。

行政管理者指的是从事与企业设计活动相关的综合性行政管理工作的管理者，如总经理或副总经理、部门经理、项目经理、项目主管等，他们的职能是设计战略、资源配置、制定管理规范、审定产品开发计划、设计过程控制、设计绩效评估等。

设计专业管理者指的是直接承担设计职能活动的设计管理者，包括总设计师、设计主管等，他们的职能是组建设计项目组、确定产品概念、确立设计标准、设计技术开发、设计过程控制、设计沟通、设计评估等。

设计管理专家指的是在为设计活动提供决策咨询、专业服务等职能的专业人员，包括委员会专家、设计批评专家等，他们的职能是完成特定设计管理任务的咨询服务。

（二）设计管理者的技能

根据罗伯特·卡茨的研究，管理者要具备三类基本技能，即技术技能、人际技能和概念技能。

（1）三类基本技能的含义

技术技能。技术技能是指某一特殊活动（特别是包含方法、过程、程序或技术的技能）的理解和熟练程度，包括在进行工作中运用具体的知识、工具或技巧的能力。设计管理者的技术技能包括运用现代管理原理和现代管理方法、技术、手段、计算工具做好设计管理活动的技能。

人际技能。人际技能也称人事技能，是指一个人能够以群体成员的身份有效地工作，并能在所领导的群体中发扬共同努力的协作精神。这项技能要求管理人员能善解人意，并能创造一种使下级感到安全并能自由发表意见的民主氛围。

概念技能。概念技能也可称思想技能或观念技能，它是指管理者综观全局、认清为什么要做某事的能力，包括识别一个组织中彼此互相依赖的各种职能，分析部分的改变如何影响其他各部分，分析个别企业和整个产业、社团之间的关系以及个别企业与宏观环境中的政治、社会和经济力量的总体关系。管理者应该能够胸怀全局，认清影响形势的重要因素，评价各种机会并决定如何采取行动。

（2）三类基本技能之间的关系

三类基本技能对各级管理者都很重要，但需注意其着重点是不一样的。各级管理者对三项基本技能的相对侧重如图1-2所示。

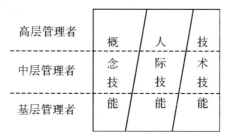

图1-2　各级管理者对各管理技能的需要比例

高层管理者需要具备很强的概念技能，而对技术技能的要求相对低些；基层管理者需要具备很强的技术技能，而对概念技能的要求相对低些。无论是高层管理者、中层管理者还是基层管理者，人际技能都是同等重要的。

（三）设计管理者的素质要求

虽然设计管理者在组织的管理工作中扮演着多种角色，但不论是哪类管理者，他们在履行管理的各项职能时，都应当具备一些良好的素质。

（1）品德

管理者不仅是组织发展方向的引领者，更是组织中员工的行为榜样。

因此，良好的品德是设计管理者的基本素质要求之一。

例如责任感，如果一个设计管理者对他所承担的工作不愿意承担责任，也不敢承担责任，那么他将无法知难而进、勇挑重担。

（2）心理素质

由于设计管理者所从事工作的特殊性，除了具备一般的管理品质以外，还应该具有创新精神，要敢于采用新的管理方式、敢于用新人。如果没有一定的承受风险的心理素质，是无法成为一个优秀设计管理者的。

（3）知识素质

优秀的设计管理者就应该努力地使自己成为"通才"，应掌握政治、法律方面的知识，经济学、管理学、心理学、社会学等学科方面的知识，以及设计艺术、工程技术方面的知识。

（4）能力素质

对设计管理者的能力要求是多方面的，主要包括创造能力、决策能力、应变能力、指挥能力等，从而更好地满足设计管理活动的需要。

（5）身体素质和个人气质

对于一个优秀的设计管理者而言，具有成熟的性格、稳定的情绪、坚强的意志、有益身心的爱好、美好的追求，就能以自身的人格魅力来影响组织的发展和组织工作的开展。

第二节　设计管理的缘起与发展

马克思主义实践论认为，理论来源于实践又在实践中不断成熟和发展，如图1-3所示。

实践—思想之间的关系：人们在实践中形成思想；思想应用于实践，影响人们的实践活动。

思想—理论之间的关系：思想一般是哲学层面的观点，思想是不系统的、支离破碎的，但是当思想的火花不断成熟、系统化后，就形成了理论；理论又使得人们在思想上进一步提升，产生更多的思想火花。

理论—实践之间的关系：理论运用于指导实践，使得人们更好地开展实践活动；理论又经过实践活动的检验而不断地升华、螺旋上升。

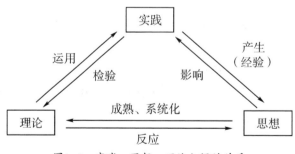

图1-3　实践—思想—理论之间的关系

设计管理学理论尚不够成熟，还处于快速发展和完善之中。故此，基于图1-3所示的实践—思想—理论之间的关系和设计管理理论演进的特点，本书将设计管理理论发展过程划分为实践探索阶段、理论总结阶段和理论系统化阶段三个阶段，各阶段的主要特征如表1-2所示。

表1-2　设计管理的三阶段历程及其特征

阶段	时期	内容	代表公司/人物
第一阶段：实践探索阶段	1887—1907	企业设立设计总监、设计标准化、企业形象识别	AEG公司/彼得·贝伦斯（Pete Behrens）
	1940	设计员工培训、福利待遇和设计创新等各方面的公司活动都进行了拓展	奥利维蒂公司/安德里亚诺·奥利维蒂（Adriano Olivetti）
	1950	IBM公司建立设计战略：透过设计传达IBM的优点和特点，并使公司的设计应用统一化	IBM公司/托马斯·约翰·沃森（Thomas·J·Watson）
第二阶段：理论总结阶段	1951	倡导理论与设计商业结合在一起，讨论"作为管理要素的设计"等主题	第一届ASPEN设计会议
	1955	出版《为人的设计》	享利·德雷夫斯（Henry Dreyfess）
	1957	出版《设计管理》	日本能率协会协同20家企业的设计部门主管
	1960	设计团队与设计商业哲学	Unimark公司/拉尔夫·依克斯特郎姆（Ralph Eckerstrom）
	1960	出版《设计职业实践》	Dorothy Goslett
	1965	引入"设计管理"这一术语	英国皇家艺术协会
	1966	界定设计问题；寻找最合适的设计师	Michael Farr

续表 1-2

阶段	时期	内容	代表公司/人物
第三阶段理论系统化阶段	1989	第一个针对设计管理而设的"TRIAD"国际研究项目；出版《设计管理回顾》	设计管理协会与哈佛商学院
	1990	出版《设计管理：问题与方法手册》	马克·奥克利（Mark Oakley）
	1990	出版《设计管理：伦敦商学院论文集》	彼得·高伯（Peter Gorb）
	1995	出版《伦敦标准BS7000第十辑：设计管理专用词汇》	BSI
	1998	创建和孕育内部和外部团队	Martin Gierke & Decker 设计总监
	1999	设计技术部门业务体系化，加以整理、改善和管理	尹定邦等
	2001	实现组织目标并创造有生命力的产品	郑庆源（韩国产业设计振兴院前总裁兼CEO）
	2010	对企业和产业的设计活动所进行的一切专门管理活动	陈圻等
	2011	设计管理理论背景、管理中的设计、设计项目中的管理以及案例分析	高亮、职秀梅、何人可
	2012	设计的环境、设计概述、管理学概述、会计和财务、营销和品牌传播、设计和创新以及案例研究	凯瑟琳·贝斯特（Kathryn Best）
	2013	设计管理的原则、方法、意义、管理者、对象、手段等	成乔明
	2015	英国、日本、美国、中国的设计管理经验，以及设计管理的概念、组织层和执行层管理、项目管理	刘曦卉

一、实践探索阶段

（一）设计与管理理论的发展

（1）设计理论的发展

工艺美术运动（1880—1914）、新艺术运动（1895—1910）以及装饰艺术运动（1925—1930）的先后展开，其背景是在工业革命的规模化大生产基础上的产品艺术设计的新探索。

工艺美术运动指的是在19世纪末至20世纪初起源于英国的一场国际性艺术风暴，它一直持续到第一次世界大战爆发[①]。这场艺术风暴提倡"诚实的艺术"，主张回到中世纪的手工艺，反对机械化生产，寻求美术与技术相结合。追求简约是工艺美术运动的另一个重要特征，推崇自然主义。工艺美术运动的代表性人物威廉·莫里斯认为，面对规模恢弘的重商主义，这场以实现手工艺之复兴为目的的运动，可谓意义非凡，并且鼓舞人心。

新艺术运动是一次设计运动，它起源于法国，继而发展到整个欧洲大陆及美国。新艺术运动主要有两点主张：一是强调整体艺术环境，反对割裂实用艺术与纯艺术之间的关系，号召艺术家从事产品设计，借此实现技术与艺术的统一[②]；二是主张师法自然，反对承袭历史风格，提倡艺术家完全从大自然获取灵感、追求自然的本质。

---

① 高兵强，等. 工艺美术运动[M]. 上海：上海辞书出版社，2011.
② 李敏敏. 世界现代设计简史（全彩版）[M]. 重庆：重庆大学出版社，2017.

装饰艺术运动在设计上采用工艺和工业化的折衷主义风格，把豪华的、奢侈的手工艺制作与工业化特征合二为一，为上层顾客服务。装饰艺术运动具有以下特点：一是对埃及等古代装饰风格的实用性借鉴；二是受原始艺术的影响；三是运用简单的几何外形；四是受舞台艺术的影响；五是受汽车文化的影响；六是形成自己独特的色彩系列。

（2）管理理论的发展

在工业革命时期，产生了两种对后来管理理论发展影响深远的理论，一是费雷德里克·泰罗以生产运作为研究对象的科学管理理论，二是亨利·法约尔以企业经营活动为对象的经营管理理论。

科学管理理论是由美国管理学家弗雷德里克·泰罗（1856—1915）于1911年提出的。科学管理理论以生产运作系统为研究对象，通过试验探索谋求最高工作效率的方法，提出企业应该用科学的管理方法代替旧的经验管理，应该彻底变革精神和思想，用"大饼原理"（把企业规模做大，企业和员工的收益就都可以增加）实现企业与员工共同发展。

亨利·法约尔将企业的经营活动划分为技术职能、经营职能、财务职能、安全职能、会计职能、管理职能这六个方面，提出了管理人员解决问题时应遵循的十四条原则，即分工、权力与责任、纪律、统一命令、统一领导、员工个人要服从整体、人员的报酬要公平、集权、等级链、秩序、平等、人员保持稳定、主动性、集体精神。他的理论成就来源于他丰富的实践经验。法约尔曾在较长时间内担任法国一个大型煤矿公司的总经理职务，负责领导工作，积累了管理大型企业的经验。此外，他还在法国军事大学担任过管理学教授，对其他行业的管理进行过广泛的调查。他在退休后，还创办了管理研究所。他的代表作是《工业管理与一般管理》。

（二）设计管理理论的发展

工业革命时期，工艺美术运动探索运用设计将美植入"冷冰冰"的工业产品之中。这一设计实践过程，也伴随着设计管理的实践探索，其中最具代表性的是德国AEG公司和它的设计总监彼得·贝伦斯，以及IBM公司的设计战略管理实践。

1907年，德国AEG公司聘请彼得·贝伦斯任AEG设计总监，全面负责企业产品和视觉形象方面的设计管理工作。这是世界上第一家公司第一次聘用设计师来监督整个公司的设计。贝伦斯设计了AEG企业形象，包括AEG的标志设计、厂房设计、住宅设计、产品设计、广告设计和环境设计。产品设计标准化管理是贝伦斯对设计管理的重要贡献。他通过探索以有限的标准化部件组合成多样化的产品，使得规模化生产条件下的产品多样化成为可能。他设计的电水壶以标准化的零件为基础，灵活装配成80多种类型的电水壶，不仅可以降低生产成本，而且使公司的产品呈现出统一的风格。

1950年，IBM公司的设计战略为：通过设计传达IBM的优点和特点，并使公司的设计应用统一化。1956年，IBM公司的Watson Jr.雇用了Eliot Noyes任设计顾问。Eliot Noyes是一位极受尊敬的建筑师，也是纽约现代艺术博物馆的前任工业设计部主任。Noyes的目标是制订出第一个企业设计计划，将IBM产品、建筑、标志和营销材料都融合在内。这一目标不仅仅强调视觉的统一性，它还标志着商业机构的管理、运作、文化和营销第一次被视为有意创作出来的想象力产品，即艺术作品。Noyes认为，从本质上讲，一个企业应该像一幅优秀的油画，所看到的全部内容都应表达正确的思想，所有的内容都不应脱离这一中心。

二、理论总结阶段

（一）设计与管理理论的发展

（1）设计理论的发展

这一阶段的设计理论流派主要有国际主义流派（20世纪60年代兴盛）和后现代主义流派（20世纪60年代兴起）。

国际主义流派代表理论是密斯·凡·德·罗"少就是多"的减少主义。减少主义追求形式简单，反装饰性、系统化；强调用简练的造型语言，单纯的色彩来表现对生活秩序的渴望和追求。

后现代主义强调传统要素，注重个性，关注人的感情、价值取向，注重地方色彩、民族风格，弘扬多元再现的文化。后现代主义设计不仅在形式及风格上是一种混杂状态，而且在观念上也没有统一，它的实质是对现代主义设计的对抗和反思。

（2）管理理论的发展

在这一阶段，管理理论的发展呈现出新的特征，一是从以生产系统为研究对象转向以人为研究对象，产生了行为主义学派；二是理论发展呈现出多元化的态势，形成了六种典型的管理理论学派。

行为科学是一门研究人类行为规律的科学。资本主义管理学家试图通过对行为科学的研究，掌握人们行为的规律，找出对待工人、职员的新办法和提高工效的新途径。行为科学理论的发展是从人际关系理论开始的，代表人物是乔治·埃尔顿·梅奥。1927年至1932年，梅奥在芝加哥西方电气公司霍桑工厂进行的霍桑实验的基础上总结出了人际关系理论，认为企业的职工是"社会人"，而不仅仅是"经济人"；认为企业管理者应该满足工人的社会欲望，以提高工人的士气；企业中实际存在着一种"非正式组织"，企业管理者应该采用新型的领导方法，引导"非正式组织"发挥积极的作用。

第二次世界大战前后，管理理论呈现出百花齐放、百家争鸣的态势。1961年12月，哈罗德·孔茨发表了论文《管理理论的丛林》，详细阐述了管理研究的各种理论和方法，将现代管理理论的学派划分为管理科学学派、决策理论学派、系统管理理论学派、权变管理学派、经验主义学派和过程管理理论学派这六个学派。

（二）设计管理理论的发展

第二次世界大战后，技术与经济的快速发展使得人们的需求日益个性化、产品品种日趋繁多，设计在产品创造中的重要性日益突出，设计管理理论的发展受到社会各界的重视，产生了一批设计管理理论研究成果，包括界定设计管理的概念、出版设计管理著作等。这一过程从第二次世界大战前后开始，一直延续至20世纪90年代。

1960年，Dorothy Goslett撰写的《设计职业实践》是英国第一部对设计活动的管理进行系统论述的专著，该书主要涉及如何成立和经营设计事务所、如何与客户沟通和开展设计业务等问题[1]。1965年，英国皇家艺术协会颁发其"设计管理最高荣誉奖"。由此，设计管理这个名称被正式提出[1]。

---

① 刘国余. 设计管理[M]. 上海：上海交通大学出版社，2003.

② 李砚祖，王明旨，刘瑞芬. 设计程序与设计管理[M]. 北京：清华大学出版社，2006.

　　该阶段的代表性研究成果是1966年英国设计师Michael Farr的著作《设计管理》。他在该书中将设计管理定义为"界定设计问题,寻找合适的设计师,且尽可能地使设计师在既定的预算内及时解决设计问题"。他认为设计管理者的主要作用在于:调查市场需求,清晰地阐明设计所要解决的主要问题;确定设计进展时间;对设计进行预算;寻找合适的设计师,组建设计队伍;在设计团队和有关部门之间建立良好的沟通网络;负责设计工作的协调直至产品上线。

三、理论系统化阶段

　　进入20世纪90年代,随着知识经济的兴起、竞争的全球化以及人们需求的日益多样化、隐性化,设计的重要性日益突出,对设计管理理论的研究呈现出爆发式的增长。例如,2006年,刘瑞芬等人总结了33种设计管理的定义,其中20世纪90年代以前的只有4种,绝大部分都产生于20世纪90年代以后。在这一阶段,设计管理学领域的专著和教材不断涌现,对设计管理内涵和设计管理职能活动的界定逐渐清晰。

　　根据设计管理活动的特点,本书从产业、企业这两个层面对设计管理领域主要著作的研究内容进行了总结,如表1-3所示。产业指的是具有同类属性的企业经济活动的集合;企业指的是从事生产、流通与服务等经济活动的营利性组织。职能指的是组织中人、事物、机构所应有的作用;项目指的是一组知识、技能、行为与态度的组合。从表1-3中可见,目前设计管理领域的理论研究工作和取得的成果主要集中在企业层面。

　　设计产业管理理论也是现代设计管理研究不可或缺的组成部分,例如,陈圻在《设计管理理论与实务》一书中研究了国内外设计产业管理的发展概况。但是，对设计产业管理的相关研究成果尚处于探索阶段，远没有企业层面的设计管理理论丰富和系统。

表1-3　各学者对设计管理的内容范畴的比较

内容层次 学者	产业层	企业层	
		职能层	项目层
刘国余 （2003）[1]	—	设计管理的基本理念、设计管理组织与创新、企业外部组织设计管理	设计项目管理、设计沟通
凯瑟琳·贝斯特 （2008）[2]	—	设计策略管理、设计过程管理、设计执行进程管理	设计过程管理、设计执行进程管理
Rehman等 （2008）[3]	—	设计策略管理、团队工作和组织结构	项目生命周期成本、产品开发、项目管理
刘和山 （2009）[4]	—	设计战略管理、人力资源设计管理、设计法规管理	设计项目管理

---

[1] 刘国余. 设计管理[M]. 上海：上海交通大学出版社，2003.

[2] 贝斯特. 设计管理基础[M]. 花景勇，译. 长沙：湖南大学出版社，2012.

[3] 雷曼，达飞，阎秀天. 设计管理与评估 英文版［M］. 西安：西北工业大学出版社，2008.

[4] 刘和山，李普红，周意华. 设计管理[M]. 北京：国防工业出版社，2006.

续表 1-3

内容层次 学者	产业层	企业层	
		职能层	项目层
陈圻 （2010）①	国内外设计产业的发展、国内外设计产业管理	设计战略、CI战略性设计、设计组织管理、设计控制与评审实务、设计相关法律法规	设计项目与流程管理实务、产品识别设计与管理
高亮等 （2011）②	—	管理中的设计	设计项目中的管理
成乔明 （2013）③	—	设计管理对象、设计管理手段	设计管理的方法、设计目标管理、设计过程管理、设计评价管理
刘曦卉 （2015）④	英国、日本、美国、中国的设计管理	从战略层看设计管理、从组织层看设计管理、从执行层看设计管理	如何在项目中有效沟通
罗方 （2015）⑤	—	设计所扮演的战略角色	设计项目中的管理、设计管理实务

① 陈圻，等. 设计管理理论与实务[M]. 北京：北京理工大学出版社，2010.

② 高亮，职秀梅. 设计管理[M]. 长沙：湖南大学出版社，2011.

③ 成乔明. 设计项目管理[M]. 南京：河海大学出版社，2014.

④ 刘曦卉. 设计管理[M]. 北京：北京大学出版社，2015.

⑤ 罗方. 设计管理[M]. 北京：清华大学出版社，2015.

第三节　设计管理职能

一、设计计划职能

（一）设计计划的含义、内容和类型

（1）设计计划的含义和内容

设计计划指的是设计组织确定设计工作目标以及达到这些工作目标的行动方案。"凡事预则立，不预则废"，设计计划是设计管理活动中表现为多种形式、普遍存在的一类活动。按照从抽象到具体的逻辑，哈罗德·孔茨和海因茨·韦里克把计划的表现形式划分为一个层次体系，即"目的或使命""目标""战略""政策（策略）""程序""规则""方案""预算"。

一个完整的设计计划工作的任务和内容可以概括为六个方面（简称"5W1H"），即做什么（What to do it）、为什么做（Why to do it）、何时做（When to do it）、何地做（Where to do it）、谁去做（Who to do it）、怎么做（How to do it）：

a. "做什么"指的是设计计划工作要明确具体任务和要求，明确每一个阶段的中心任务和工作重点；

b. "为什么做"指的是设计计划工作要明确设计工作的原因和依据，并论证可行性；

c. "何时做" 指的是设计计划工作要规定其中各项设计工作内容和具体设计活动的开始和完成的进度，以便进行有效的控制和对能力及资源进行平衡；

d."何地做" 指的是设计计划工作要规定它的实施地点或场所，了解设计计划实施的环境条件和限制，以便合理安排设计计划实施的空间组织和布局；

e."谁去做" 指的是设计计划工作不仅要明确规定设计工作目标、设计工作任务、设计工作地点和进度，还应规定由哪个主管部门负责；

f."怎么做" 指的是设计计划工作要制定实现设计计划实施的措施以及相应的策略和标准，对资源进行合理分配和集中使用，对人力、生产能力进行平衡，对各种派生计划进行综合平衡。

（2）设计计划的类型

依照不同的标准，可将设计计划分为不同的类型。划分设计计划类型的最普遍的方法是以计划的广度、时间框架、明确性和涉及内容为标准进行分类，如表1-4所示。

表1-4　计划的类型

分类标准	广度	时间框架	明确性	涉及内容
类　型	战略性设计计划	长期计划	指导性计划	综合计划 项目计划
	战术性设计计划	中期计划	具体性计划	专业计划
	作业性设计计划	短期计划		

战略性设计计划、战术性设计计划和作业性设计计划是三种基本的计划类型，其他计划都与之有一定的对应关系。战略性设计计划指的是对组织设计活动的全局性、长期性的计划；战术性设计计划指的是组织中特定设计职能领域活动的计划；作业性设计计划是对具体设计活动的计划，主要指的是月度和月度以下的旬、周、日、轮班等计划。

　　从计划所涉及的内容来看，有一类比较特殊的计划我们称之为项目计划，它是针对特定项目（设计项目和其他工作项目）寿命周期内的各项工作所制订的计划。显然，项目计划的内容具有非常强的综合性。

（二）设计计划逻辑和编制过程

（1）设计计划逻辑

　　设计计划内容之间的逻辑关系既可能是线性的，也可能是反馈性的。设计计划的逻辑模式一般有直线型、分枝型、循环型和适应型这四类，如表1-5、图1-4所示。

表1-5　设计计划的基本逻辑模式

序号	类型	计划特征	过程特点	适用特点
1	直线型	计划内容按照先后顺序执行	计划中各阶段的内容确定；计划中所有的内容都需执行	设计过程的环节少、确定性强
2	分枝型	某些计划环节有多个并行的设计活动	计划中各阶段的内容确定；计划中部分内容可能不执行	并行型分枝计划；选择型分枝计划
3	循环型	某些计划环节内容的完成质量存在很大的不确定性，完成这些活动后必须通过评价、反馈活动后，再确定后续的工作计划	计划中各阶段的内容确定；计划中部分内容可能需要重复执行	设计活动中有重要的环节需要做出决策后才能够继续后续活动的

续表 1-5

序号	类型	计划特征	过程特点	适用特点
4	适应型	整个项目在多个阶段存在不确定性，需要完成了前面阶段的计划内容后，才能够制订并执行后续的计划	计划中各阶段的内容不完全确定；需要根据前面计划完成的结果确定后面的计划	创造性、探索性强的艺术市场调研项目

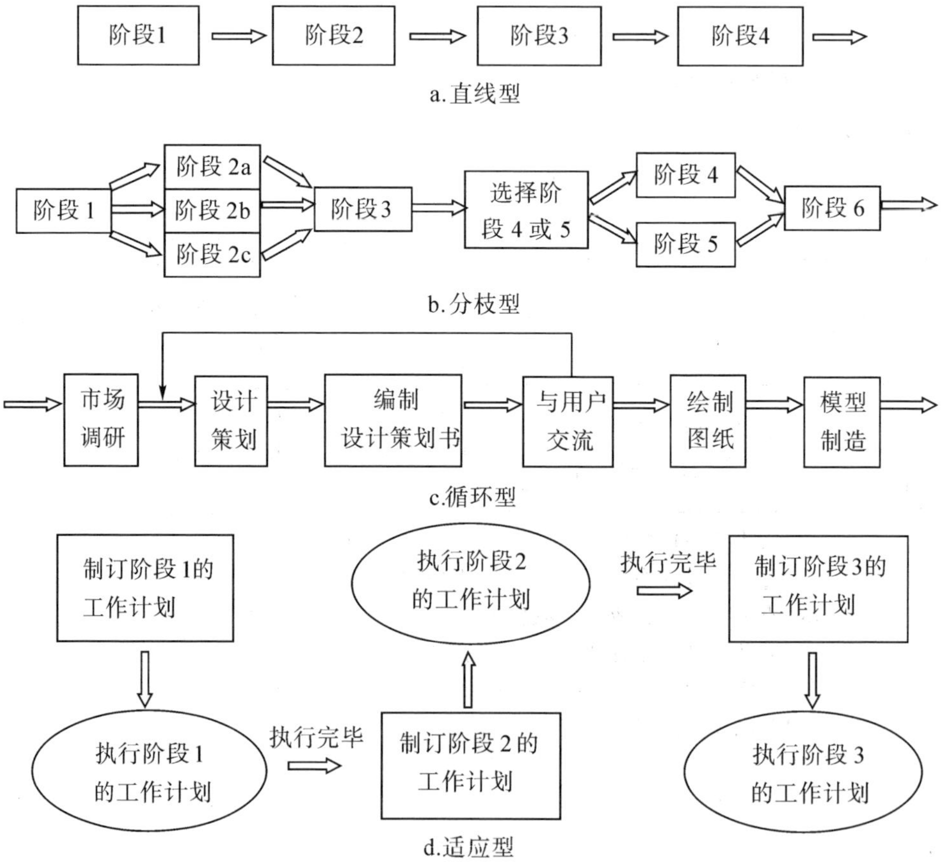

a.直线型

b.分枝型

c.循环型

d.适应型

图1-4　设计计划逻辑

（2）计划的编制过程

设计企业的计划体系是从设计战略计划到设计职能计划，最后细分为具体且明确的设计作业计划，形成一个具有继承性、相互联系的计划体系，如图1-5所示。企业的设计计划也是按照这个逻辑过程进行层层分解、编制完成的。

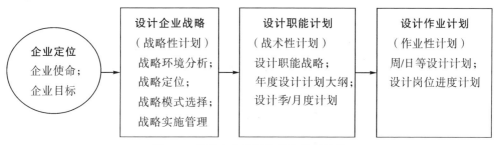

图1-5　设计企业计划体系的编制过程

首先，设计企业通过明确其使命和发展目标，从而确定自己的定位。这些是设计企业开展设计及相关活动、制订各项设计计划的源头。

其次，设计企业从企业的全局性、长期性发展的角度制定组织的设计战略，其制定的过程包括战略环境分析、战略定位、战略模式选择和战略实施管理。

再次，企业以设计战略为指导，制定各类业务领域的设计职能计划（设计职能战略、年度设计计划大纲、季度设计计划等）。

最后，设计职能计划还需要具体分解，落实为设计作业计划（包括月、周、日、轮班等层次的设计计划、设计岗位进度计划），以便各类设计活动能够具体地得到落实。

二、设计组织职能

（一）设计组织职能的含义和内容

设计组织职能指的是企业为了实现组织的共同设计目标而确定设计组织内各要素及其相互关系的活动过程。设计组织职能的内容体现在其复杂性、规范性和集权性这三个方面。

（1）复杂性

组织结构中的复杂性，指的是组织机构内各要素之间的差异性，包括组织内部的专业化分工程度、组织层级（管理层次）、管理幅度，以及组织内人员及各部门的地区分布情况。

一名主管人员直接领导、指挥并监督其工作的下属数量被称为管理幅度，是一个组织水平结构扩展的表现。

由于组织任务存在递减性，从最高的直接主管到最低的基层具体工作人员之间就形成了一定的层次，这种层次便称为组织层级。组织层级是一个组织纵向结构扩展的表现。组织层级受到组织规模和管理幅度的影响。

组织层级与组织规模呈正比。组织规模越大、包含的人员越多，组织工作越复杂，组织层级也就越多。

在组织规模一定的条件下，组织层级与管理幅度具有互动性，且与管理幅度呈反比。也就是说，一个上级直接领导的下属越多，组织层级也就越少；反之则越多。

不同的组织层级与管理幅度的组合构成两种典型的基本组织结构模式：金字塔型、大森林型（扁平型），如图1-6所示。

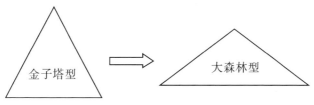

图1-6　典型的基本组织结构模式及其发展趋势

金字塔型组织结构的管理幅度小、组织层级多。这种管理组织在结构上层层向上、逐渐缩小，权力逐级扩大，有严格的等级制度，形成一种纵向体系。

大森林型组织结构的管理幅度大、组织层级少。这种管理组织通过减少管理层次形成横向体系，同一层次的管理组织之间互相平等，横向联系密切，像一棵棵大树组成大森林那样。

金字塔型的管理组织结构容易僵化，难以适应现代的动态环境和经营的变化。大森林型组织结构就是为适应现代快速、多变的环境而产生的，也是今后企业管理组织结构的发展趋势。

（2）规范性

规范性指的是组织需要依靠制定规章制度和程序化、标准化的工作，规范性地引导员工的行为。

组织中的程序规范主要包括规章制度、工作程序、各项指令、组织文化、行为准则等。只有在各种程序规范的制约下，组织才能够有条不紊地持续运行。

（3）集权性

集权性指的是组织内的决策权在管理层中的分布与集中程度。在组织职权分配的过程中，应该同时匹配相应的职责，做到权责对等。

组织的某一岗位职务的权力简称职权，是指由组织制度正式确定的，与一定管理职位相连的决策、指挥、分配资源和进行奖惩的权力。

职责是指由组织制度正式确定的，与职权相应的承担与完成特定工作任务的责任。当管理者向下属布置工作任务、委让一部分职权时，应同时授予相应的执行职责，但应保留最终职责。也就是说，管理者应对其下属的工作行动承担最终责任，这有利于加强对双方的约束。

（二）设计组织运行管理

（1）非正式组织

组织中的成员在工作的接触中，由于工作性格、观点、业余爱好、感情相投等因素使得成员之间形成非正式组织。非正式组织的存在可以满足职工的友谊、兴趣、归属、自我表现等心理需要。但是，非正式组织也容易产生一些诸如抵制竞争等方面的负面影响。在组织运行的过程中，要充分认识到非正式组织存在的客观必然性和必要性，通过建立和宣传正确的组织文化来影响非正式组织的行为规范，引导非正式组织为组织做出积极的贡献。

（2）委员会

作为集体的一种形式，组织中存在着各种各样的委员会，它既可以是为完成某一项任务而临时组建的（如设计项目评审委员会），也可以是永久性存在的（如博物馆、美术馆、设计公司等组织中设置的专业委员会）。委员会可以将多位专家的经验和背景结合起来，跨越职能界限处理一些复杂的问题。

（3）集权、分权与授权

集权指的是决策指挥权在组织层级系统中的较高层次上的集中；分权指的是决策指挥权在组织层级系统中向较低层次的分散；授权指的是将部分解决问题、处理新增业务的权力委任给某个或某些下属。

分权与授权虽然本质上都是职权的分散，但是两者的性质是不同的。分权是在正式的制度框架下的权力分配，而授权则是临时性的、任务完成后管理者将收回的权力。

三、设计领导职能

（一）设计领导职能的概念和作用

设计领导职能指的是设计领导者引导和激励组织成员以使他们为实现组织目标做贡献。设计领导职能有两个方面的含义。一是名词含义的领导者，指设计组织中的组织者和指挥者；二是动词含义的领导工作，指领导者从事的活动和具有一定影响力的领导行为。这里的影响力指一个人在与他人交往过程中影响与改变他人心理与行为的能力。

设计领导职能所指的领导是动词的含义，即指挥、带领、引导和鼓励下属为实现目标而努力的过程。领导的本质就是被领导者的追随和服从。

设计领导职能是关于设计组织中人的问题的基本职能。设计领导者指导人们的行为，沟通人们之间的信息，增强相互间的理解，统一人们的思想和行为，激励每个成员自觉地为实现组织目标而努力。领导既是一门科学，也是一门非常奇妙的艺术，管理的艺术性也体现在这里，它贯穿于整个管理活动中。

（二）设计领导职能的作用

根据设计领导职能的含义，其作用是带领、引导和鼓舞下属为实现组织目标而努力，具体可以表述为指挥、协调和激励这三个方面的作用。

指挥作用，指的是设计领导者帮助组织成员认清所处的环境和形势，明确设计活动的目标和达到目标的路径。设计领导者的指挥职能要求设计管理者头脑清醒、胸怀全局，能够高瞻远瞩、运筹帷幄。

协调作用，指的是设计领导者在内外因素的干扰下协调好组织成员之间的关系和活动，朝着共同的目标前进。

激励作用，指的是设计领导者为设计组织和团队成员营造能够主动发挥创造能力的发展空间和职业发展生涯的行为。

（三）设计领导者的权力和类型

（1）设计领导者的权力

设计领导者需要拥有必要的权力才能够完成领导活动。设计领导者的权力可以划分为职位权力和个人权力这两种类型。

设计领导者的职位权力是管理者所在的职位所对应的权力，具体可以划分为法定权力、奖励权力和强制权力。法定权力指的是组织内各领导职位所固有的合法的、正式的权力；奖励权力指的是提供奖金、提薪、升职、赞扬、理想的工作安排等物质奖励和精神奖励的权力；强制权力指的是领导者对其下属具有的绝对强制其服从的权力。

设计领导者的个人权力指的是设计领导者自身的专业技能、经历、影响力等所形成的权力，具体划分为专长权力和个人影响权力。专长权力指的是由于领导者个人的特殊技能或某些专业知识而形成的权力。个人影响权力指的是与领导者个人的品质、魅力、资历、背景等相关的权力。

（2）设计领导者的基本类型

根据设计领导者运用权力的方式不同，可以划分为专权型（集权型）设计领导者、民主型设计领导者和放任型设计领导者。

所谓专权型设计领导者，指的是领导者个人决定一切、布置下属执行。这种领导者要求下属绝对服从，并认为决策是自己一个人的事情。

所谓民主型设计领导者，指的是领导者发动下属讨论、共同商量、集思广益，然后做出决策。民主型领导者要求上下融洽、合作一致地工作。

所谓放任型设计领导者，指的是领导者对设计工作撒手不管，下属愿意怎样做就怎样做，完全自由。这一类设计领导者的职责仅仅是为下属提供信息，并与企业外部或其他部门进行联系，以利于下属的工作。

（四）激励

激励指的是被激励者从一定的需要出发，为达到某一目标而采取行动，进而实现需要的满足，而后又为满足新的需要产生新的行为的过程。激励的原理如图1-7所示。常用的激励理论主要有马斯洛的需要层次理论和赫茨伯格的双因素理论。

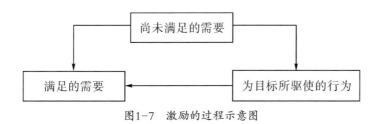

图1-7 激励的过程示意图

（1）马斯洛的需要层次理论

马斯洛将人的需要分为从低层次到高层次的五个层次的需要，即生理需要、安全需要、社交需要、尊重需要和自我实现需要。

① 生理需要指的是人体生理上的主要需要，包括衣、食、住、医药等生存的基本需要。

② 安全需要指的是人们随着生理需要得到满足，继而产生的安全的需要——对人身安全、财产安全、职业稳定的需要。

③社交需要指的是人们在友谊、爱情、归属感等方面的情感需要。

④尊重需要指的是人们对自尊和受别人尊敬的需要。

⑤自我实现需要指的是马斯洛所定义的"人希望越变越完美的欲望，人要实现他所能实现的一切欲望"。这是最高一级的需要。

马斯洛认为，在特定的时刻，只有排在低层次的需要得到了满足，才能产生更高一级的需要。而且只有当低层次的需要得到充分的满足后，更高层次的需要才能够显现出其激励的作用。马斯洛的需要层次理论，虽然在资本主义世界为不少人所接受并在实际工作中得到了应用，但也存在一些不足，如对它的层次排列是否符合客观实际还存在争议，没有考虑同一因素对不同对象的效果的差异性，以及没有提出激励的方法。

（2）赫茨伯格的双因素理论

双因素理论是由美国心理学家赫茨伯格于1959年在《工作的激励因素》一书中提出的。该理论把影响人的需要的因素划分为激励因素和保健因素。

激励因素指的是与工作性质有关的、能使成员感到满意的因素，如工作上的成就感、受到重视、职位提升、工作本身的性质、个人发展的可能性、责任。

保健因素指的是工作自身因素之外的工作环境因素，如公司的政策与管理方式、良好的上司监督、工资、人际关系、工作条件等。这些因素必须保持在一个可以接受的水平上，否则会使员工感到不满。这些因素不能对员工产生激励作用。

四、设计控制职能

（一）设计控制职能的概念和一般过程

简单而言，设计控制职能指的是对设计活动进行监控以确保其按计划完成。具体地说，设计控制职能指的是为了确保组织的设计目标，以及为此而拟定的设计计划能够实现，各级设计管理者根据事先了解确定的标准；因发展需要而重新拟定的标准，对下级的工作进行衡量、测量和评价，并在出现偏差时进行纠正；根据组织内外部环境的变化和组织发展的需要，对原设计计划进行修订或制订新的设计计划，并调查整个管理工作的过程。

设计控制过程包括确定标准、衡量绩效、纠正偏差这三个基本步骤。

（1）确定标准

标准是检查和衡量实际的设计活动成果的尺度。制定标准是进行设计活动控制的基础。没有标准，设计计划和设计控制就失去了客观依据。从某种程度上来说，"控制什么"比"如何控制"更重要。只有明确了设计控制的标准，才能做到有的放矢。控制的标准可以划分为定量标准和定性标准。

定量标准指的是可以准确地确定数量、精确衡量并能设定绩效目标的控制标准。定量标准一般有实物标准、费用标准、收入标准、计划标准（包括把目标作为标准）、数量标准（如设计图纸数量标准）等类型。

定性标准指的是不能直接量化而需通过其他途径实现量化的评估指标。设计活动创造的情感、审美类精神产品，既不能用实物、也不能以货币形式来计量，而是需要采用无形的标准，也就是定性的标准来进行判断。定性的指标通常采用语言的方式进行表述，并且通过主观的判断、反复的试验模糊等级评价，有时甚至是以纯粹的预感等为依据，转化为类似"优""良""中""差"这样的等级标准。

（2）衡量绩效

理想的设计控制应该能够及时发现偏差，并及时采取纠偏的措施。故此，需要设计管理及时以设计控制的标准为依据对设计活动进行检查、分析和比较，从而及时发现偏差。衡量绩效要注意三个方面的问题。

首先，要通过衡量绩效，检验设计控制的标准的客观性和有效性。衡量绩效是以预定的标准为依据的，同时也是对预定标准的客观性和有效性进行检验的过程。

其次，要确定衡量频度是否适宜，即适度控制。控制过多或控制不足都会影响控制的有效性。以什么样的频度、在什么时候对某种设计活动的绩效进行衡量，取决于被控制的设计活动的性质。也就是说，衡量绩效活动的频度应该根据被控制的设计活动的性质来确定。

最后，要建立管理信息网络，支持衡量绩效工作。通过分类、比较、判断、加工，提高信息的真实性、清晰度、全面性、客观性、及时性。如果运用管理信息系统软件进行设计控制，那么还可以实现控制过程中的绩效偏差自动报警，能够更客观地衡量绩效。

（3）纠正偏差

通过衡量绩效发现偏差以后，需要分析偏差产生的原因，在此基础上制定并实施必要的纠正偏差的措施。要保证纠偏措施的针对性和有效性，必须在制定和实施纠偏措施的过程中注意一些问题。

首先，要找出偏差产生的主要原因。引起偏差的原因有系统性原因和偶然性原因。系统性原因指的是设计计划制订的原因或设计计划在执行的过程中出现的问题，需要发现问题后及时采取纠偏措施。偶然性原因指的是由于偶然性的因素所造成的暂时性影响，往往不用采取纠偏措施，系统会自动继续工作。

其次，要确定纠偏措施的实施对象。一般有两种原因决定了设计计划的变化，一是原先的计划或标准制订得不科学，在执行中发现了问题；二是原来正确的标准和计划由于客观环境发生了预料不到的变化，不再适应新形势的需要。显然，对于不同的原因需要采取不同的纠偏方法。

最后，要选择适当的纠偏措施。设计管理活动中常用的控制方法很多。根据活动特点的不同，控制的方法也会不同。应根据发现的问题及其性质，选择合适的纠偏措施进行控制。

（二）设计控制的类型

根据对设计活动进行控制的时机、对象和目的的不同，可以将设计控制划分为前馈控制、同期控制和反馈控制，如图1-8所示。

图1-8　控制的类型

（1）前馈控制

前馈控制也称预先控制，指的是在开展某项设计活动以前所进行的设计控制活动，其目的是防患于未然，保证设计活动能够顺利地展开。

前馈控制要求在开始一项设计工作以前，对该项设计工作所需要使用的资源预先进行检查和合理调配，使输入的资源达到计划和标准要求的状态，从而为既定设计工作目标的实现提供保障。

（2）同期控制

同期控制也称现场控制，指的是在设计计划执行的过程中，对设计活动中的人和事进行指导和监督。

同期控制要求设计管理人员要深入设计活动现场，监督检查承担设计活动的人员的工作进展，及时发现偏差并及时纠正，确保任务的完成。

（3）反馈控制

反馈控制也称事后控制、成果控制，指的是在计划执行完成后，总结设计活动结果的经验和教训，为今后计划的制订和实施提供借鉴。这种控制方式能够对可能发生的问题进行系统地分析。

反馈控制要求设计管理者在设计计划执行完成后，对工作的成果相关信息进行收集、整理和总结，从中发现存在的问题、可以改进之处，进而为提高今后的计划工作编制水平或者为改进相关的计划工作提供依据。

（三）设计控制的要求

设计控制的目的是保证设计活动符合设计计划的要求，以有效地实现预定的设计活动目标。为此，有效的设计控制应符合适时控制、适度控制、客观控制和弹性控制的要求。

（1）适时控制

设计控制的适时控制指的是设计管理者应该及时发现设计活动的偏差，并及时纠正。也就是说，设计管理者应该及时开展设计控制活动，设计控制工作能够及时获取偏差及其严重程度的信息，并及时采取纠偏措施。

一般而言，纠正偏差最理想的方法是事前控制，防止设计计划执行过程中产生偏差。因此，做好事前控制是适时控制的重要手段。但是，设计计划执行过程中仍然可能会有不可预料的问题存在，设计管理者在设计计划执行过程中仍然应该按照适时控制的要求开展设计控制活动，确保设计活动目标的顺利达成。

（2）适度控制

设计控制的适度控制指的是设计控制的范围、程度和频度都要合适，既要防止控制过多，也要避免控制不足。频繁的控制有利于及时发现偏差，但是过于频繁的控制会占用过多的资源，而且容易发生设计管理者与设计活动执行者之间的冲突。因此，设计控制活动要遵循适度控制的要求。

不同的偏差对组织的影响程度是不同的，鉴于设计控制效率和效果的要求，设计管理者要协调好全面控制与重点控制的关系，也就是要在关键的环节选择控制点。此外，要对设计控制的投入与设计控制的产出进行比较分析，保证设计控制能够使得设计活动取得更好的收益。

（3）客观控制

设计控制的客观控制指的是设计控制的标准和衡量的手段应该是客观的、正确的。这样，根据控制标准和衡量绩效的手段进行检查控制，得到的结果才是真实、可靠的。如果设计控制活动的标准产生了偏差，或者衡量绩效的手段不正确，设计管理者就无法得到设计活动的真实状况及其变化趋势，进而难以准确判断和评价设计活动的实际情况。

客观控制要求设计管理者定期检查过去制定的设计控制标准和计量条件，使之保持与设计活动的客观实际情况相符合。

（4）弹性控制

设计控制的弹性控制指的是在设计活动过程中遇到突发情况时，设计控制系统仍能起作用。也就是说，有效的设计控制系统应该具有灵活性，即弹性，以适应设计计划执行过程中环境条件的变化。

弹性控制要求设计管理者制订弹性的计划、弹性的设计控制标准。例如，在制订设计预算时要充分考虑环境可能发生的变化而提前留出一定的余量，设计计划工作关键环节的工作时间应该留出一定的提前期，等等。

第四节　设计管理内容体系

　　基于设计企业价值链模型，确定设计管理理论的内容体系由设计战略
管理、设计资源管理、设计营销管理、设计运作管理这四个方面的内容构
成，如表1-6所示。

表1-6　设计管理的内容体系

序号	职能领域		基本内容	具体内容
1	辅助活动	设计战略管理	设计战略定位	设计企业战略环境分析、确定使命和目标
			设计企业战略模式	确定设计企业的战略模式
			设计职能战略模式	确定企业中设计职能领域的战略模式
			设计企业战略实施管理	设计战略实施的资源规划、组织、领导和控制
2		设计资源管理	设计师管理	设计师需求计划，设计师的能力和绩效管理
			设计知识管理	设计知识的组织与运用管理，设计知识产权管理
			设计财务管理	设计活动中的投资、筹资、财务预算与控制等管理活动

续表 1-6

序号	职能领域	基本内容	具体内容
3	基本活动 / 设计营销管理	设计市场调研	设计企业获取、分析市场信息的活动
		设计营销策略	设计企业选择和占领目标市场的策略制定和实施
		设计合同管理	设计企业签订和履行合同的管理活动
		设计客户管理	设计企业以客户为中心的客户信息收集、研究和运用的管理活动
4		设计策划管理	界定设计问题、编制产品设计策划方案的管理活动
	设计运作管理	设计进度管理	设计项目运作活动分解与排序、能力平衡、资源与时间安排、实施进度控制等管理活动
		设计团队管理	设计项目团队的构建、运行管理活动
		设计质量管理	设计项目质量标准制定、设计质量控制与评价等管理活动
		设计成本管理	设计项目成本预算、控制等管理活动

一、设计战略管理

（一）设计企业战略管理的概念和层次体系

战略指的是对组织全局性、长远性问题的谋划。设计战略管理指的是设计企业确定其使命，根据组织的外部环境和内部条件设定战略目标、系统谋划和决策实现该目标的思路和方案，并依靠设计企业的内部能力将该思路和方案付诸实施的一个动态管理过程。

现代设计企业的战略体系由总体战略（公司战略）、经营单位战略（竞争战略）和职能战略（职能策略）三个层次构成，如表1-7所示。

表1-7　设计企业战略的层次体系[①]

序号	战略层次	含义
1	总体战略（公司战略）	设计企业整体发展态势的谋划
2	经营单位战略（竞争战略）	企业在特定的行业、产品领域中的经营单位应对市场竞争的谋划
3	职能战略（职能策略）	企业对特定职能业务领域的整体谋划

（1）总体战略

设计企业的总体战略又称公司战略，指的是对设计企业整体发展态势的谋划。在大型设计企业中（特别是多元化经营的设计企业），总体战略是企业最高层次的战略。

设计企业总体战略管理的任务包括确定企业使命、分析企业内部和外部环境、选择企业从事经营活动的业务领域，并合理配置企业资源，使各项经营业务相互扶持、相互协调。经营范围选择和资源合理配置是其中的重要内容。

（2）经营单位战略

设计企业的经营单位战略又称竞争战略，指的是设计企业在特定的行业、产品领域中的经营单位应对市场竞争的谋划。也就是说，设计企业的经营单位战略是企业内的各个战略经营单位（或者事业部、子公司）的战略。竞争战略所考虑的问题是在特定的某一个业务领域或者行业内，经营

① 杨锡怀，王江. 企业战略管理——理论与案例[M]. 3版. 北京：高等教育出版社，2010.

单位基于什么样的经营思想和条件在市场竞争中取得竞争优势。

大型设计企业（特别是企业集团）常常把一些具有共同战略因素的二级单位（如事业部、子公司等），或其中的某些部分组合成一个战略经营单位；在一般的设计企业中，如果各个二级单位的产品和市场具有特殊性，也可以被视作独立的战略经营单位。

（3）职能战略

设计企业的职能战略指的是设计企业对特定职能业务领域的整体谋划。相对于企业层面的总体战略而言，职能战略的时间覆盖周期相对比较短，属于策略层面的短期性战略，故此也被称为职能策略。

设计企业职能战略的任务是将设计企业的总体战略和经营单位战略分解为各个职能部门的任务，以有效地发挥各管理职能的作用、保证设计企业实现总体目标。设计企业通常运用的职能战略，包括研究与开发战略、设计战略、生产战略、市场营销战略、财务战略和人力资源战略等。设计企业的职能战略是设计企业战略中一个重要的、基础性的战略。

（二）设计职能战略管理过程和内容

设计职能战略（简称设计战略）是设计企业（或者拥有设计职能业务或业务部门的其他类型的企业）中承担设计职能活动的职能战略。它是在继承企业战略中对设计活动的要求与总体安排的基础上，对一定时期内的企业设计活动方向和资源配置的总体谋划。设计职能战略制定的程序如图1-9所示。

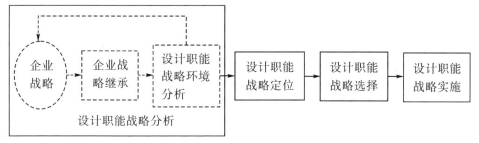

图1-9　设计职能战略制定的程序

（1）设计职能战略分析

设计职能战略分析指的是对企业的设计职能战略环境进行分析、评价，并预测这些环境未来发展的趋势，以及这些趋势可能对企业造成的影响及影响方向。

设计职能战略是基于企业的战略制定的，因此，设计职能战略环境分析的首要工作是分析企业战略对设计职能领域的发展定位，即继承企业战略中对设计职能领域的战略要求。

设计职能战略也有其特殊性，因此，设计职能战略分析也包括设计职能战略环境分析，其包括设计竞争环境（文化、技术、政策法规等变化对设计的影响）、市场上的竞争对手、消费需求的变化等。

设计活动位于产品创造的前端，设计职能战略在设计企业（以及拥有设计职能的其他类型企业）中承担基础性和关键性作用。故此，设计职能战略的制定有时会导致企业级战略的调整。

（2）设计职能战略定位

企业的设计职能领域在设计职能战略分析的基础上，根据自己的环境和条件的特点确定设计职能领域的业务范围、市场目标和工作重点，从而明确设计职能领域的发展方向。

（3）设计职能战略选择与实施

企业的设计职能领域在明确了自己的战略定位基础上，确定适合自己的设计职能战略模式、编制设计战略模式实施管理的方案，有效地配置和运用组织的设计资源。

（三）设计战略的表现形式

（1）设计企业战略的表现形式

设计战略的表现形式是多种多样的，它可能是以计划这种可视的形式客观地存在于企业的管理体系中，也可能是以观念、定位等意识状态存在于企业高层管理者的头脑中。加拿大麦吉尔大学教授明茨伯格将企业战略总结为计划（Plan）、计策（Ploy）、模式（Pattern）、定位（Position）和观念（Perspective）五种存在形式，简称"5P"，如表1-8所示。

表1-8　明茨伯格的企业战略"5P"含义

序号	5P	定义
1	计划	一种有意识、有预计、有组织的行动程序，是解决一个企业如何从现在的状态达到将来位置的行动方案
2	计策	在竞争博弈中威胁和战胜竞争对手的手段和策略
3	模式	企业一系列的重复性的具体行动和现实结果。也就是说，无论企业是否事先制定了战略，只要有具体的经营行为，就有事实上的战略
4	定位	一个组织在其所处环境中的位置。对企业而言，就是确定自己在市场中的位置。企业对自己在市场环境中的定位，决定着自己的行为
5	观念	企业对环境的价值取向和组织中人们对客观世界固有的看法，尤其是企业战略决策者的价值观念，决定着企业的行为

（2）设计职能战略的表现形式

设计职能战略作为企业战略的职能战略之一，它同样以多种形式存在于企业之中。

首先，设计职能战略可以以可视状态存在。在一些企业中，设计职能战略可能是以计划这种可见的形式存在，例如企业的中长期设计规划、年度设计计划等。具体而言，它包含了设计目标和标准，企业的产品决策、产品识别、设计与营销的整合开发，战胜竞争对手的战略决策，企业设计机制的管理规则和规范等。

其次，设计职能战略可以以抽象状态存在。它可能是以企业高层管理者的观念、企业对自己在市场中的地位的定位等形式存在。公司高层管理者对公司设计领域发展的方向定位、行业地位定位、对设计活动在整个公司发展中的作用的观点等，直接决定了设计职能战略的发展方向和资源配置。

二、设计资源管理

（一）设计资源管理的含义和对象

所谓资源是指企业所控制或拥有的有效要素的总和。20世纪80年代兴起的资源基础理论认为，最重要的超额利润源泉是企业长期积累形成的独特的资源，以及不可模仿和难以替代的竞争力。

设计资源管理指的是企业的各级管理者根据企业发展的需要，在企业战略的指导下，运用计划、组织、领导、控制等职能对自己的设计资源进行合理的配置和运用，以实现组织目标的过程。

设计资源管理的对象是企业的设计资源。按照企业资源是否容易辨识和评估来划分，可以将其分为有形资源和无形资源。

（1）有形资源

有形资源是指可见的、能量化的资产。有形资源不仅容易被识别，而且也容易估计它们的价值，如厂房、设备、资金等。许多有形资源的价值可以通过财务报表予以反映。有形资源包括财务资源、实物资源、人力资源、组织资源这四种类型。

人力资源是一种特殊的有形资源，它决定着企业的知识结构、技能、决策能力、团队使命感、奉献精神、团队工作能力以及组织整体的灵敏度。因此，许多战略学家把企业人力资源称为"人力资本"。

一般从以下三个方面对企业有形资源进行评估：

一是有没有机会可以更经济地使用企业的有形资源，即用更少的资源去完成相同的事业，或用同等规模的资源去完成更大的事业；

二是有没有可能将现有的有形资源运用于利润更高的商业活动（例如，通过资源重组和开发或与他人建立战略联盟，甚至将部分有形资源出售以提高企业资产利润率）；

三是评估未来战略期内企业核心能力、竞争优势以及企业有形资源的缺口有多大，如何进行先期投入。

（2）无形资源

无形资源指的是那些根植于企业历史的、长期积累下来的、不容易辨识和量化的资产。企业的创新能力、产品和服务的声誉、专利、版权、商标、专有知识、商业机密等均属无形资源。无形资源可分为技术资源和声誉资源这两大类。

与有形资源相比，无形资源更具潜力。在现代全球竞争中，相对于有形资源而言，企业的成功更多地取决于知识产权、品牌、商誉、创新能力等无形资源。由于无形资产更难被竞争对手了解、购买、模仿或替代，企业更愿意将其作为企业能力和核心竞争力的基础。无形资源在现代企业中扮演着更加重要的战略资源的角色。

（二）设计资源管理的内容

与传统的工业企业不同，设计活动是一种"轻"资产的活动。它依靠设计师这种人力资源进行设计创造活动，运用知识而非传统的物质原材料进行创意加工，并且需要以一定的财力投入作为保障。故此，设计资源管理的基本内容包括设计师管理、设计知识管理和设计财务管理。

（1）设计师管理

设计师是设计活动中的基础和核心资源，他们是设计活动的"设备"，设计创意在他们的头脑中形成，并通过他们的技能将其可视化地表达出来。因此，设计师管理是设计人力资源管理研究的重点。设计师管理活动首先是制订企业的设计师需求计划，并通过设计师能力评价与培育、设计师绩效评价与激励来提高设计师的能力、充分利用设计师的潜能。

设计师需求计划指的是企业根据自己设计活动的需要而进行的设计师聘用、培养、任用等方面的计划。设计师需求计划一般从综合计划和专项计划这两个层次进行制订。其中，设计师需求计划的综合计划指的是企业未来较长一段时间内对设计师需求所做的概括性设想；设计师需求计划的专项计划指的是对设计师的补充、使用、提拔、培训、评价、激励等专项活动所制订的计划。

设计师的能力指的是设计师顺利完成设计活动所必须具备的行为与心理特征，如知识、技能、价值观、判断力等。根据评价内容的不同，大致可以分为专业能力评价和心理能力评价（或称心理素质测试）。设计师能力评价的目的是为设计师的招聘、培养提供依据。一方面，设计师能力评价的结果可以作为企业招聘设计师的依据；另一方面，企业对自己的设计师的能力评价结果，可以作为有针对性地开展设计师能力培育的依据。

设计师绩效指的是设计师的工作业绩。设计师绩效管理活动包括设计师绩效评价和激励。设计师绩效评价指的是运用一定的评价方法、指标及评价标准，对设计师为实现其职能所确定的绩效目标的实现程度的综合性评价。基于设计师绩效评价的结论，企业可以运用合适的方法和手段激励设计师，以充分激发设计师的潜能。

（2）设计知识管理

知识是人类的认识成果，它来自社会实践。知识的初级形态是人们的经验知识，其高级形态则是系统的科学理论知识。设计活动是一种知识创造活动，一项设计活动的实施需要获取、运用大量的知识。因此，设计管理需要重视设计知识管理。设计知识管理的内容包括设计知识创造和运用管理、设计知识产权管理这两个方面。

设计知识创造和运用管理指的是企业确定其设计知识定位、构建设计知识管理组织、开展设计知识共享和知识资产管理等管理活动。企业首先要通过环境分析确定自己开展知识管理的目标，然后建立起知识管理的组织体系，在此基础上开展知识获取、构建数据库、建立工作流程等设计知识共享活动，并将企业的知识作为资产进行系统的管理。

知识产权指的是权利人对其所创作的智力劳动成果依法所享有的占有、使用、处分和收益的权利[①]。知识产权是一种无形财产，它包括专利权、商标权和著作权等。企业首先要全面了解设计知识产权的内容，并制

---

① 孙永一. 企业知识产权保护司法实务[M]. 北京：知识产权出版社，2015.

定知识产权战略、构建知识产权组织，以充分开发和有效利用知识产权。

（3）设计财务管理

简单地说，财务管理是企业对自己开展的各项财务活动、各种财务关系进行管理的活动。具体而言，财务管理是在一定的企业总体目标指导下进行的资产筹集与投资、资金运用、利润分配等管理活动。设计活动中离不开财务管理活动。设计活动中的财务管理包含广义和狭义两个层面的含义。广义的设计财务管理指的是设计企业的财务管理，其内涵和外延等同于一般财务管理的概念；狭义的财务管理指的是企业中的设计职能领域的财务活动的管理。本书从设计企业管理的层面研究设计管理，因此，本书将财务管理研究对象定位为企业层面的财务管理，也就是一般财务管理。财务管理涉及筹资与投资、资产与净资产、财务预算与控制等管理活动。

设计企业的筹资与投资活动指的是设计企业筹集资金和运用资金的活动。设计企业借助一定的渠道筹集到资金，是开展企业的各项活动的首要环节。同时，设计企业还应该通过投资活动来有效利用自己现有的资金，以及在未来的一定时期内获得经济和社会收益。

资产、负债与所有者权益（即净资产）三者的平衡关系能够反映企业在一定时期内的财务状况。企业通常运用资产负债表、资金运作流程表（损益表、现金流量表）等会计报表来具体展示企业的财务状况。

设计企业的财务预算与控制是其全面管理财务活动的基本管理手段。设计企业的财务预算是指企业用来帮助协调和控制给定时期内资源的获得、配置和使用的一种计划形式，一般包括经营预算和专项预算。设计企业的财务控制是指企业为确保企业目标以及为达到此目标所制订的财务计划得以实现而对资金投入及收益过程和结果进行衡量与校正的管理活动。

三、设计营销管理

（一）设计营销管理的概念和观念

设计营销也称设计市场营销，借鉴科特勒的市场营销的概念，将其定义为设计企业中的个人和群体通过创造并同他人交换设计产品和设计价值以满足人们的需求和欲望的一种社会过程和管理过程。设计企业市场营销管理指的是设计企业的营销管理者通过计划、组织、领导、控制等职能，充分运用组织的市场营销资源，进行设计市场营销定位，制定设计市场营销策略并予以有效实施，以满足消费者以审美为核心的需求、实现组织目标的过程。

设计市场营销者总是在一定的营销观念指导下开展营销工作的。现代市场营销观念的形成经历了漫长的演进过程，期间主要经历了五种典型的观念，分别为生产观念、产品观念、推销观念、市场营销观念、社会营销观念，如表1-9所示。这五种营销观念在当今市场营销领域中依然同时存在。

表1-9　营销观念

序号	类型	内容	主要特点
1	生产观念	生产观念是商品经济不发达时期的一种营销观念，它是以生产为中心的营销观念	企业主要精力放在产品的生产上，追求高效率、大批量、低成本，产品品种单一；企业对市场的关心主要表现在关心市场产品的有无和产品的多少，而不是市场上消费者的需求特点；企业管理中以生产部门作为主要部门

续表1-9

序号	类型	内容	主要特点
2	产品观念	产品观念也是长期的一种营销观念，它是以产品为中心的营销观念	企业主要精力放在产品的改进和生产上，追求高质量、多功能；轻视推销，主张以产品本身来吸引顾客，一味排斥其他的促销手段；企业管理中仍以生产部门为主要部门，加强生产过程中的质量控制
3	推销观念	推销观念是一种以产品的生产和推销为中心的传统的营销观念	一方面，积极引进先进技术和科学管理方法，不断提高生产效率，增加产品的品种和数量；另一方面，抽调一部分骨干力量，组成强有力的推销队伍，寻找潜在顾客，研究和运用各种方法说服潜在顾客购买本企业的产品，以提高本企业产品的销售量，扩大企业的市场占有率，获取较大的利润
4	市场营销观念	市场营销观念是以市场需求为中心的新型的营销观念	企业必须生产、经营市场所需要的产品，通过满足市场需求获取企业的长期利润
5	社会营销观念	社会营销观念是对市场营销观念的修正与补充，即不仅要考虑消费者需要，而且要考虑消费者和整个社会长远利益的营销观念	以实现消费者满意以及消费者和社会公众的长期福利，作为企业的根本目的与责任，理想的市场营销决策应同时考虑到消费者的需求与愿望、消费者和社会的长远利益、企业的营销效益

（二）设计营销管理过程和内容

根据一般设计营销活动的逻辑过程，设计营销管理活动可以划分为设计市场调研、设计营销策略制定与实施管理、设计合同管理、设计客户关系管理等内容，如图1-10所示。

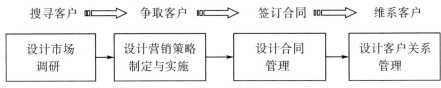

图1-10 设计营销管理过程

（1）设计市场调研

设计市场调研指的是个人或组织针对某一特定的设计市场营销问题，运用科学的方法和手段系统、客观、科学地策划、收集、分析和报告市场的客观情况和发展趋势，为设计市场营销提供决策依据的活动。

设计市场调研在设计市场营销中起着两个方面的作用。一是设计市场反馈，也就是了解企业设计市场营销活动的市场效果；二是探寻新机会，也就是通过设计市场调查探索企业发展的新机会。

（2）设计营销策略制定与实施

设计企业市场营销策略指的是设计企业根据自身的内部条件和外部的竞争状况所确定的选择和占领目标市场的策略。设计企业市场营销策略的制定包括三个层面的内容：

一是设计市场营销定位，也就是对市场进行分类（按照一定的标准划分为一个个细分市场），从中选择自己准备为之服务的目标市场，并制定进入目标市场的策略；

二是制订将设计企业的营销可控因素进行组合运用的方案，以期占领目标市场；

三是对市场营销策略实施过程进行的计划、组织、控制等管理活动。

（3）设计合同管理

设计合同管理指的是对设计合同的签订和履行进行计划、组织、指导、监督和协调，以便顺利实现经济和社会目的的一系列活动。设计合同中规定了设计委托方与设计执行方的权利和义务，因此，良好的设计合同管理直接决定着合同签订、实施的质量。

设计合同管理不仅仅要重视设计合同签订前的管理，更要重视设计合同签订后的管理。因此，设计合同管理的内容包括设计合同签订管理和设计合同实施管理。

（4）设计客户关系管理

设计客户关系管理也称设计客户管理，指的是设计企业以客户为中心开展的客户信息搜集、研究和运用活动，以及以此为基础建立起来的积极的客户关系管理活动，其目的是更好地满足客户需求、提高客户忠诚度。

设计客户关系管理是一个过程，这一过程由客户管理模式定位、客户信息系统（数据库）管理、客户沟通管理和客户服务绩效评价这四个方面的活动构成。

四、设计运作管理

广义的运作是一切社会组织将它的输入转化为输出的过程。设计运作指的是设计创意与劳务活动，如产品造型设计、环境设计、视觉传达设计、动画设计、交互设计等设计活动，如表1-10所示。

表1-10　典型的设计运作活动

序号	设计活动	主要输入	转化的内容	主要输出
1	产品造型设计	知识、原材料、设备等	创作、模型	产品造型设计作品、模型
2	环境设计	知识、原材料、设备、景观小品等	规划、创作	环境设计规划、图纸

续表 1-10

序号	设计活动	主要输入	转化的内容	主要输出
3	视觉传达设计	知识、原材料、设备等	创作	设计作品、样品
4	动画设计	知识、技术、设备等	创作、模型、模拟	动画作品
5	交互设计	知识、设备等	创作	交互界面

设计运作管理是对设计运作系统的设计、运行与维护过程的管理，是对设计运作活动进行计划、组织与控制。设计运作管理以项目的形式展开，主要包括设计项目进度（时间）管理、设计策划管理、设计团队管理、设计质量管理和设计成本管理等。

设计项目团队所面临的项目任务很可能是全新的，这就要求比其他岗位的工作进行更精心的规划、组织与控制。一个项目可能涉及一个人、一个组织单元或多个组织单元，因此，设计运作管理的过程和内容更为复杂。

（一）设计策划管理

（1）设计策划管理的含义和特点

设计策划管理指的是产品设计策划或服务设计策划活动的任务定义、团队组建与运行、方案编制与选择等管理活动。设计策划管理职能一般由设计策划部门中的部门经理、策划小组组长等人员承担。设计策划管理具有复杂性、系统性、专业性等特点。

复杂性是由设计策划活动内容的系统性与综合性所决定的，它决定了设计策划管理需要充分运用自己的智慧将各方面的资源组织、协调起来，以高质量、高效率地完成设计策划任务。

系统性指的是设计策划管理不是简单的某种技术的运用或是某几

种技术的叠加，它需要设计策划管理者在各专业之间进行综合考虑、整体协调。

专业性指的是设计策划管理活动需要综合运用经济学、美学、新闻学、心理学、市场调查、统计学、文学等学科的知识，从事设计策划管理的人员必须兼具至少两门学科的基础知识，并且能够灵活运用。

（2）设计策划管理的过程

设计策划管理的过程包括确定设计策划任务、构建设计策划团队、编制设计策划方案和选择设计策划方案这几个环节。

①设计策划任务确定。设计策划活动是创新性很强的工作。开展设计策划管理活动首先要明确设计策划的任务，否则设计策划活动可能会失去目标。设计策划任务的定义要充分考虑顾客、企业自身、政府和社会的要求，以及设计项目自身的性质（改进型的产品策划、创新型的产品策划）。

②设计策划团队构建。设计策划活动的性质比较特殊，它位于设计活动的前端，与众多的设计环节、客户等因素之间有着密切联系。因此，构建设计策划团队时应该充分吸纳与设计策划活动有关的成员，包括企业的决策层人员、设计策划执行层人员、企业其他部门的相关人员、客户等。

③设计策划方案编制。设计策划方案编制是设计策划活动的中心任务。设计策划方案编制的过程包括确定设计作品的设计思想和目标、设计作品的整体概念策划（核心产品和形式产品策划）、确定设计策划方案实施的关键条件和预算等内容。

④设计策划方案选择。对于一个设计项目而言，一般需要编制多个设计策划方案，然后运用科学的方法从中选择最满意的方案，并对其进行完善和优化。

（二）设计进度管理

（1）设计进度管理的概念和类型

设计进度管理指的是设计项目运作活动分解与排序、能力平衡、资源与时间安排、实施进度控制等管理活动。在大中型设计企业中，一般会建立专门的项目管理部门承担设计进度管理工作；在小型的设计企业中，设计进度管理职能则可能直接由项目经理、设计部门经理和其他设计管理人员（如设计计划人员）承担。

（2）设计进度管理过程

设计进度管理的过程主要由两个环节的工作构成，一个是设计进度计划编制，另一个是设计进度控制。

设计进度计划编制的过程首先是将设计项目的工作内容分解为可操作的具体活动，然后确定每一项活动的开始和结束的时间，并进行进度计划的优化，最后用合适的方式进行表达，得到工作内容明确、表达直观的设计进度计划方案。

设计进度控制的过程包括三个层次的内容，一是确定控制标准，二是建立设计进度控制层次体系和管理制度，三是实施控制活动和纠偏。

（三）设计团队管理

设计团队是由两个或两个以上相互作用和协作以完成设计项目目标的人员组成的组织单元。设计是一种知识型的、具有创造性特征的工作，设计团队中的成员需要在密切的合作中进行创造性灵感的相互碰撞以形成独特的创意，进而实现设计工作的目标。

本书所述的设计团队指的是从事产品或服务的视觉传达活动部门的设计相关人员组成的工作团队，设计团队管理的内容主要包括确定设计团队成员及其职能、确立设计团队运行模式、建立设计团队沟通机制等。

（1）确定设计团队成员及其职能

设计项目运作团队的成员包括设计项目领导者（设计部门经理、设计项目经理）、设计项目行政管理者（设计项目计划人员、设计过程调度人员等）、设计专业管理者（主管设计师/主任设计师、设计师等）。他们在设计项目运作过程中分别承担着不同的职能。

（2）确立设计团队运行模式

设计团队运行模式指的是设计项目运作过程中团队成员之间的动态组织关系。由于设计项目的内容、特点、所需技术及组织结构等因素的不同，设计团队运行模式的复杂性和运行机制会有很大的差异。设计团队运作模式可以根据其存在的状态划分为矩阵型、依附型、职能型、独立型这四种组织结构模式。

（3）建立设计团队沟通机制

设计活动处于产品或服务创造的前端，设计成员之间、设计活动与前后工作环节之间的联系非常复杂，而且设计专业人员与其他专业成员之间无论在专业特征上，还是在性格特征上都具有显著的差异。因此，设计团队运行的过程中，需要针对设计活动参与者的特点建立设计项目沟通计划、营造沟通环境。

（四）设计质量管理

（1）设计质量管理与设计质量控制

ISO9000质量管理体系将质量的概念定义为反映实体满足明确或隐含需要能力的特性之总和。这一定义有两个方面的含义，即使用要求和满足程度。质量不是一个固定不变的概念，它是动态的、变化的、发展的，即随着时间、地点、使用对象的不同而不同，随着社会的发展、技术的进步而不断地更新和丰富。

①人们使用产品，总对产品质量提出一定的要求，而这些要求往往受到使用时间、使用地点、使用对象、社会环境和市场竞争等因素的影响。

②这些因素的变化，又会使人们对同一产品提出不同的质量要求。

人们通常将设计质量管理称之为设计质量控制，即设计管理者为达到设计质量标准要求所采取的作业技术和活动。具体而言，设计质量控制是以保证设计的结果达到设计目标的要求为目的，对设计的整个技术运作过程质量进行分析、处理、判断、决策和修正的管理行为。设计质量控制应贯穿于设计质量形成的全过程。

（2）设计质量控制的对象

产品或服务设计过程中的质量控制对象包括两个方面，其一是对设计作品的质量控制，其二是对产品设计或服务设计过程中的工作质量控制。设计作品的质量是设计质量的核心，设计工作质量是设计质量的保障。设计过程的质量控制就是要通过提高这两个方面的质量达到全面提高设计质量的目的。

①设计作品质量控制：在设计作品的质量方面，除了要考虑客户方面的"适用性"要求，还要充分考虑生产制造方面的可行性，如产品结构的工艺和标准化水平、生产效率、环境要素等。

②设计工作质量控制：设计工作质量管理的对象包括设计人员、设计过程、设计信息、设计方法。设计人员质量控制指的是为设计人员合理分配设计任务、监督设计人员的任务完成情况、促进设计人员综合素质的提高。设计过程质量控制指的是对设计流程中各个环节影响质量的因素进行监控和纠偏。设计信息质量控制指的是对设计过程中产生的各种文件信息（一是文本文档，如设计任务书、合同文本、技术协议、开发计划、质量

计划、评审记录等；二是数据文件，包括效果图、图片、三维数据等）的
收集、分析与储存质量进行控制。设计方法质量控制指的是选择适合企业
需求的有效设计方法。

（3）设计质量控制过程

设计项目的质量控制过程包括确定设计质量标准、运用设计质量控制
方法和设计质量评审等内容。

设计质量管理首先要确定设计质量标准（包括定性标准和定量标
准），为设计质量的检查、纠偏提供依据。

在设计运作过程中，针对与质量关系密切的工作环节、产品或服务的
质量因素，运用科学的方法进行质量检查，并分析产生质量问题的原因。
常用的设计质量控制方法包括二八定律法则、雷达图、鱼骨图等。

对于设计作品创作的关键环节或者最终的设计方案，需要运用质量评
审的方法对设计方案进行综合评价，然后根据评价结论进行改进和优化。
设计质量评审的过程包括评审准备、评审实施和评审总结与跟踪管理等内
容。

（五）设计成本管理

成本是指企业在生产经营过程中发生的各项耗费。设计项目的成本管
理是指设计项目实施过程中各项成本计划、成本核算、成本决策和成本控
制等一系列科学管理行为的总称。设计项目成本管理的内容包括设计成本
计划、设计成本计算（预算）、设计成本控制和业绩评价。

（1）设计成本计划

这里的设计成本计划指的是设计项目成本计划，它是以货币形式规定
的设计项目的成本水平、成本降低水平和未达到该目的拟采取的主要措施

的书面方案。设计项目成本计划的制订是在明确了设计项目成本计划条件的基础上，确定设计项目的成本结构、估算成本并优化，最终编制完成设计项目成本计划书。

（2）设计成本控制

设计成本控制指的是设计运作过程中，按照既定的设计成本目标，对构成设计成本的一切耗费进行严格的计算、考核和监督，采取有效措施纠正不利差异、发展有利差异，使设计成本限制在预定的目标范围之内。设计项目成本控制应该遵循经济性原则和因地制宜的原则。常用的设计项目成本控制方法有目标成本控制法和标准成本控制法。

第二章
设计战略管理

第一节　设计企业战略定位

一、设计企业外部环境分析

（一）设计企业宏观环境分析

设计企业的宏观环境主要由经济环境、技术环境、社会与文化环境、政治与法律环境、自然与区位环境构成，如图2-1所示。

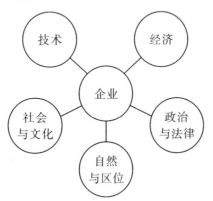

图2-1　设计企业外部的宏观环境因素

（1）经济环境

经济环境因素包括经济增长及其周期性、通货膨胀、资本与货币市场、外汇管制、区域经济的规模体量、产业发展水平等。

在经济快速发展阶段，设计企业适合进行投资和发展；而经济处于下行和低谷阶段时，市场萎缩，设计企业适合采取防御性的策略。当经济出现显著的通货膨胀时，物价上涨、消费者的购买力下降，这些会导致设计需求下降。资本与货币市场成熟与否，对于设计企业的融资产生重大的影响。区域经济的规模体量越大，设计市场机会就越多。产业发展水平越高，当地的设计企业的市场竞争力就越强。

（2）技术环境

技术环境的内容包括一个设计企业所在国家或地区的技术水平、技术进步的趋势（所处的发现、创新、扩散阶段及其特点）、技术政策、新产品的开发能力等。

在知识经济时代，技术环境对设计企业的影响是全方位的，其作用体现在新产品、新设备、新工具、新材料、新服务等方面。

（3）社会与文化环境

社会是共同生活的个体通过各种各样关系联合起来的集合。重要的社会组织有家庭、学术团体、工艺团体、体育团体等。各类社会环境对设计产品品种、设计产品的数量的需求产生着直接或者间接的影响。

文化是人类社会所拥有的知识、信仰、道德、习惯和其他才能与偏好的综合体。文化环境表现为对权威及部属的看法、机构间的合作精神、追求团体成就并努力工作的态度、社会阶层及就业迁移性、追求财富的态度及消费的价值取向、追求改变与冒险的态度等。这些因素与消费者对设计产品消费的审美需求特征、消费行为有着千丝万缕的联系。

（4）政治与法律环境

政治与法律环境因素指的是对设计企业经营活动具有现实和潜在的作用和影响的政治力量（如政策、行政规制等），同时也包括对设计企业经营活动加以限制和要求的法律和法规等。

具体而言，影响设计企业的政治因素包括设计企业从事经营活动的所在国家和地区的政局稳定状况，执政党所要推行的基本政策、行政规制以及它们的连续性和稳定性。政策因素是政府影响产业发展的重要政治因素，包括产业政策、税收政策、政府采购、财政补贴政策等。法律因素包括市场主体立法、市场行为法、市场秩序法、市场中介组织法、知识产权法等各类规范设计企业运营的法律。

（5）自然与区位环境

自然环境，主要是指自然物质环境，即自然界提供给人类的各种物质财富，如矿产资源、森林资源、土地资源、水力资源等。优美的自然环境为设计活动提供了灵感的源泉，资源环境也为设计创造提供了物质条件。在资源日益短缺、环境污染日益严重的时代，绿色设计成了设计企业发展的理念之一。

区位，一方面指该事物的位置，另一方面指该事物与其他事物的空间的联系。这种联系可以分为两大类：一是与自然环境的联系，二是与社会经济环境的联系。良好的交通、市场等所形成的区位环境，有利于设计企业的发展。

（二）设计企业行业竞争分析

哈佛大学商学院的迈克尔·波特教授认为，有五种因素（力量）决定着某一个企业所在行业的市场或细分市场是否存在长期吸引力，即同行业的竞争者、潜在的进入者、替代产品、顾客和供应商，如图2-2所示。

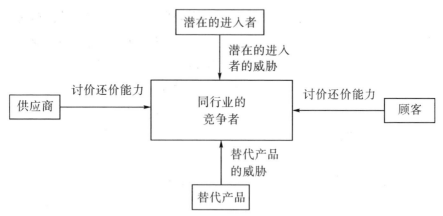

图2-2　设计企业外部环境分析因素——细分市场中的五种影响力

（1）同行业（细分市场内）的竞争

如果设计企业所在的或者准备进入的细分市场内已经存在很多实力雄厚的，或者竞争意识强烈的竞争者，那么该细分市场就会失去吸引力。如果细分市场内存在以下的情况，则竞争的威胁就会更大：

①该细分市场的总体规模相对稳定或者正处于衰退之中；

②该细分市场中的设计创造能力不断大幅提升，或者竞争者在该细分市场内的投资规模很大（少数几家企业的市场占有率过高）；

③在该细分市场投资的固定成本过高（需要大量的投资），使得撤出该市场时的壁垒过高（设计企业退出该细分市场时有大量的固定资产需要处理，退出的障碍很大），常常会导致竞争激烈的市场行为（价格战、广告争夺战、推出新产品、增加顾客服务和保修服务等），从而使得设计企业为参与竞争而付出高昂的代价。

（2）潜在进入者的竞争

潜在的进入者能否轻易进入设计企业所在的或者准备进入的细分市场

成为该细分市场是否具有吸引力的一个重要因素。市场进入壁垒，也就是设计企业进入某一个细分市场的障碍，是度量该细分市场的吸引力的重要指标。体现市场进入壁垒的因素主要包括规模经济、差异化程度、转换成本、技术障碍、对销售渠道的控制等。

①如果该细分市场的进入壁垒高、退出的壁垒低，新竞争者进入将受到限制，设计企业遇到经营状况不佳时也可以很容易地退出该细分市场；

②如果该细分市场的进入壁垒和退出壁垒都很高，新竞争者进入受阻且老企业退出也困难，市场内的企业容易获取相对稳定的利润；

③如果该细分市场进入和退出的壁垒都较低，企业便可以进退自如，容易获得不高但是比较稳定的报酬，因为经营不善的设计企业可以迅速退出市场，而不会在该市场中进行残酷的竞争；

④如果进入该细分市场的壁垒低、退出的壁垒很高，则会使得其他设计企业在该细分市场经营良好时蜂拥而入，而当该细分市场情况不好时设计企业却很难退出，导致其生产能力严重过剩、竞争激烈、利润率下降。

（3）替代产品的竞争

如果该细分市场存在着替代产品或者有潜在替代产品，那么该细分市场就会失去吸引力。替代产品会制约细分市场中的产品价格和企业利润的增长。

替代产品的性能价格比越高，其对现有产品的挤压就越强烈，对该细分市场中的设计企业的利润影响就越大，导致产品价格下跌、利润下降。

（4）购买者讨价还价的能力

如果该细分市场中购买者的讨价还价能力很强或正在加强，就会对产品或服务的质量提出更高的要求，压低价格，从设计企业之间激烈的竞争中获得更大的优惠，设计企业的盈利能力就会降低，该细分市场的吸引力就会减退。出现下列情况时，购买者的讨价还价能力会加强：

①购买者比较集中，或者形成一定的组织（例如：购买者进行团购竞价）；

②产品或服务无法实行差别化（产品或服务的同质化竞争严重）；

③购买者改变供应渠道的成本较低，很容易转向购买其他设计企业的产品；

④购买者对价格敏感（例如：购买者所购买的产品或服务在其成本中占较大比重）；

⑤购买者能够实行后向一体化，从而不再购买本企业的产品或服务。

（5）供应商讨价还价的能力

如果设计企业的供应商（合作设计者、原材料供应商等）提高自己的产品或服务的价格，或者降低自己的产品或服务的质量，那么该设计企业就处于不利的竞争地位。设计企业最佳的防卫办法是与供应商建立"双赢"的良好关系（如建立合作关系），以及开拓多种供应渠道。

出现下列情况时，设计企业的供应商的讨价还价能力会加强：

①设计企业的供应商太集中，或供应商形成了一定的团购组织；

②可供设计企业选择的替代产品少；

③设计企业转换供应商的成本高；

④设计企业的供应商可以实行前向一体化。

二、设计企业内部环境分析

（一）设计企业内部环境分析的内容——资源与能力分析

20世纪80年代兴起的资源基础理论认为，最重要的超额利润源泉是企业长期积累形成的独特的资源及其不可模仿和难以替代的竞争力。因此，设计企业内部环境分析可以从资源和能力两个方面展开。

（1）设计企业资源分析

设计企业内部环境分析的基础工作是资源分析，具体的分析内容如表2-1所示。

表2-1　设计企业资源的特征与分析内容

资源		主要特征	主要的分析内容
有形资源	财务资源	设计企业的融资能力和内部资金的再生能力决定了自己的投资能力和资金使用的弹性	资产负债率、资金周转率、可支配现金总量、信用等级
	实体资源	设计企业的设计工具（软件）和装备水平、技术及灵活性；设计企业建筑的地理位置和用途；获得知识、原材料的能力等因素，它们决定企业成本、质量、设计和制作能力和水准	固定资产现值、设备寿命、先进程度、企业规模、固定资产的其他用途
	人力资源	员工的专业知识、接受培训程度决定其基本能力；员工的适应能力影响企业本身的灵活性；员工的忠诚度、奉献精神以及学习能力决定设计企业维持竞争优势的能力	员工知识结构和经验、受教育水平、平均技术水平、专业资格、培训情况、工资水平
	组织资源	设计企业的组织结构类型和各种规章制度决定着企业的运作方式与方法	设计企业的组织结构以及正式的计划、领导、控制机制

表 2-1

资源		主要特征	主要的分析内容
无形资源	技术资源	设计企业的专利、经营诀窍、专有技术、专有知识和技术储备、创意和创新能力、设计和专业技术人员等技术资源，它们的充足程度决定设计企业的创意水平和产品品质，并决定企业竞争优势的强弱	专利数量和重要性、通过独占性知识产权所获得的收益，全体职工中设计和专业技术人员的比重、创意和创新能力
	商誉	设计企业商誉的高低反映了企业内部、外部对企业的整体评价水平，它决定企业的生存环境	品牌知名度、美誉度、品牌重购率、企业形象；对产品质量、耐久性、可靠性的认同度；与供应商、分销商之间支持性的双赢关系、交货方式

　　企业资源按其维持竞争优势可持续性的不同来划分，可分为短周期的资源、标准周期的资源和长周期的资源，如图2-3所示。无形资源属于拥有长久生命力的长周期的资源，它能够真正帮助设计企业在长期水平上建立起竞争优势。从战略角度看，设计企业的战略管理者应努力将更多的短周期资源发展成为标准周期资源和长周期资源，这样才能保持企业长期的战略竞争能力。

持续水平

←——————————————→

高（难以模仿）　　　　　　　　　　　　　　　　　　　　低（容易模仿）

| 长周期的资源：
专利、品牌、著作权
强有力的保护屏障 | 标准周期的资源：
大规模标准化生产
达到有效生产的过程 | 短周期的资源：
容易被模仿的技术
一定的市场知名度 |

图2-3　设计企业资源可持续性层次

（2）设计企业能力分析

①设计企业能力的含义和作用

设计企业的能力是指设计企业管理者和其他人员将众多资源结合运用来完成一项任务或活动的才能（有限分配和整合资源的能力）。能力与资源之间有着密切的联系，但是与资源相比，能力具有独特性。从经济学角度来看，设计企业的资源是能够通过市场进行交换的，但是设计企业的能力则根植于特定的设计组织之中，无法通过市场进行交换。

设计企业能力是企业获取并运用资产的能力，良好的能力能够使得企业资产呈现出良好的结构状态。设计企业管理者通过知识培训、文化建设和制度安排创造高昂的士气，以培育企业获取并充分运用知识、技术和设备的能力，使企业人、财、物同先进适用的技术和知识良好地结合。

②设计企业核心能力

设计企业核心能力指的是公司的主要能力及公司在竞争中处于优势地位的强项，是其他对手很难达到或者无法具备的一种能力。设计企业的核心能力主要是关于设计企业的知识、技术和与之对应的组织之间的协调和配合方面能力，它们可以给企业带来长期竞争优势和超额利润。

设计企业一般采用用户价值、独特性和延展性这三项标准，来检验一项能力是否为核心能力。

a.用户价值：设计企业的核心能力必须能够创造顾客价值，特别是处于关键地位的顾客价值。

b.独特性：与竞争对手相比，设计企业的核心能力必须是自己所独有的而其他竞争者没有，或者不是自己独有的但是比任何竞争对手都要胜出一筹。

c.延展性：设计企业可以通过对核心能力的延展创造出丰富多彩的产品，它是企业向市场延展的基础。

（二）设计企业内部环境分析的方法

（1）设计企业内部资源分析——设计企业价值链分析

设计企业应该将自己与竞争对手进行对比研究，其目的是认清企业自身的实力与不足。设计企业自身和竞争对手的比较分析可以运用基于波特的"价值链"而构建的设计企业价值链分析法，如图2-4所示。

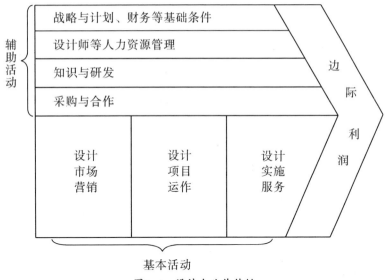

图2-4　设计企业价值链

运用价值链对设计企业的内部资源条件进行分析，一方面可以对每项价值活动进行逐项分析，以发现企业的优势和劣势；另一方面，也可以分析设计企业价值链中各项活动之间的内部联系。

设计企业的价值活动分为基本活动和辅助活动这两类。

① 基本活动

按照设计企业价值活动的一般流程，其基本活动一般由设计市场营销、设计项目运作、设计实施服务这三个环节构成。

a.设计市场营销：设计企业向市场传递企业和产品信息、引导和巩固购买行为的各种活动。

b.设计项目运作：设计企业运用自己的资源与能力进行的设计作品策划、创作、制作等活动。

c.设计实施服务：设计企业将设计作品交付给客户、客户将设计作品投入生产活动时，设计企业为保证设计方案能够转化为合格的产品而向客户提供的服务支持活动。

② 辅助活动

a.设计企业基础条件：在这里是一个广义的概念，它涉及的内容比较多。诸如设计企业管理、设计与制作设施、财务资源、工作场所与环境、交通工具等，都属于设计企业的基础条件范畴。

b.设计师等人力资源管理：设计企业中的人力资源的规划与计划、配置、招聘、培训、任用、激励等管理活动。

c.知识与技术研发：包括设计创意、技术开发与创新等活动，它既可以包括设计活动的知识与技术，也包括非生产性知识与技术的研发（如决策技术、信息技术、计划技术等）。

d.采购与合作：设计企业采购生产资料和知识信息，与其他企业建立合作设计、生产等关系的活动。

（2）顾客价值需求、设计价值创造关联分析——设计企业价值空间分析

设计企业通过满足顾客的需求而存在。通过顾客价值需求与设计企业的设计价值创造之间的关联分析，建立设计企业价值空间分析模型，如图

2-5所示。可以运用设计企业价值空间分析模型明确市场需求与企业资源和能力之间的匹配关系。

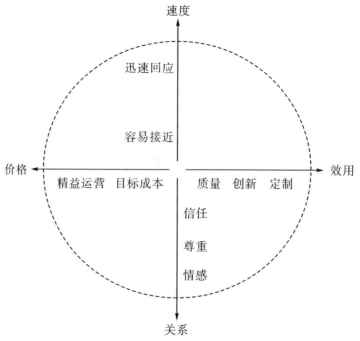

图2-5 设计企业价值空间分析模型

①效用价值——质量、创新、定制关联分析

顾客购买任何一项设计产品或服务时的首要关注点就是寻求产品或服务的效用。顾客对效用价值的需求是一个动态的概念，它不仅包括购买时顾客期望得到的产品效用，还包括它在使用的整个过程中直至使用寿命结束期间的效用。

动态的效用价值包括三个要素，即质量、创新和定制。这里的质量是指产品或服务要能持续可靠地发挥作用，而且终其一生都得保有相同的水准。产品和服务的创新就是让产品的优点比现在多，以便为顾客创造出更理想的效用价值空间。定制则是让产品可以完全针对个人的需要与要求来设计，它带给顾客的效用价值就会比现有的产品大得多。

创新可以把效用提升到更高的层次，定制则能带来超越质量与创新的效用价值。至于它实现价值的方式，则是把一般的产品调整或设计成更符合特定消费者需求的产品。

②价格价值——目标成本、精益运营关联分析

这里的价格是指顾客购买某项商品所愿意支付的价格。它实际上是产品在市场上的商业表现，是企业与顾客博弈的结果。顾客对价格价值的期望表现在两个方面，其一是物有所值，其二是物超所值。

满足顾客的价格价值空间通常包括两个方面，即通过目标成本控制和精益运营来实现。目标成本是产品设计和生产时的成本管理方案，目的是把成本控制在一定的范围，使公司能制定出对顾客有吸引力的产品价格，并产生预定的利润。精益运营则是较目标成本更进一步的控制，它是通过对设计创作流程、管理和销售等支出加以精细的控制，以消除浪费、提高效率，实现最佳的成本效益。

③关系价值——信任、尊重、情感关联分析

关系价值指的是顾客与企业之间良好的信任与互动关系所获得的价值。卓越的经营者和备受推崇的公司都会努力地为顾客创造无与伦比的关系价值空间。关系价值有三个构成要素：信任、尊重和情感。

关系的核心要素是信任，顾客必须有办法相信公司。所有顾客在市场交易活动中都含有潜在的信任需求，虽然可能表现为隐性需求。关系也牵涉到互相尊重，个人顾客希望得到尊重，企业顾客则希望被视为合作伙伴，而不是冷冰冰的销售对象。关系维度体现的不仅是顾客与企业之间的经济关系，还包括情感关系等。

④速度价值——容易接近、迅速回应关联分析

速度价值维度有两个构成要素，包括容易接近、迅速回应这两个方面。容易接近就是指顾客希望以简单便捷的途径与公司接近；迅速回应则是经营者必须迅速响应顾客的需求或解决顾客所遇到的问题，也就是热心帮助顾客解决他们在取得和使用产品时所遇到的一切问题。

如果顾客的交易需求得不到回应，或是回应得过于迟缓或十分粗糙，那么光是容易接近也无济于事。顾客需要以简单便利的方式接近公司，而这个要求其实就是指有办法"随时随地以任何方式"做生意。公司可以靠建立多重的接触渠道来做到这点，包括现代化的网络技术、电话、人员服务等。

三、设计企业环境SWOT分析

SWOT分析法是对设计企业外部环境和内部环境因素分析的结果进行总结分析的方法。运用SWOT分析法对设计企业的外部环境和内部环境的关键因素进行总结和关联分析，从中寻找两者之间的最佳可行战略组合。SWOT分析法的"S"代表设计企业的"长处"或"优势"（Strengths）；"W"代表企业的"弱点"或"劣势"（Weaknesses）；"O"代表外部环境中存在的"机会"（Opportunities）；"T"为外部环境所构成的"威胁"（Threats）。

设计企业进行SWOT分析，一般要经过环境要素的独立分析、环境要素的组合分析、绘制与运用SWOT矩阵这三个步骤。

（一）环境要素的独立分析

设计企业环境的SWOT分析首先是对环境中的各类关键要素进行分类总结，为综合分析奠定基础。

（1）设计企业外部环境要素总结

在前述的设计企业外部环境（宏观环境、行业环境）分析的基础上，对设计企业外部环境中的关键要素进行总结，列出外部环境中对于设计企业而言存在的发展机会（O）和威胁（T）。

（2）设计企业内部环境要素总结

在前述的设计企业内部环境（资源、能力）分析的基础上，对设计企业内部环境中的关键要素进行总结，列出设计企业自己目前所具有的长处（S）和弱点（W）。

（二）环境要素的组合分析

对环境中的各类关键要素进行分类总结后，设计企业还需要将这些关键因素进行组合分析，以明确这些因素之间的相互作用关系。

（1）弱点—威胁（WT）组合

弱点—威胁（WT）组合是设计企业自身的弱点（W）与外部环境中的威胁（T）之间的组合。也就是说，这种组合意味着外部环境中的威胁（T）正好与设计企业自身的弱点（W）相对应。对于设计企业而言，这是一种极为不利的局面。

设计企业应尽量避免出现这种状况。一旦设计企业处于这样的状况，在制定设计企业战略时就应该积极采取措施消除威胁和弱点对自己的不利影响。

（2）弱点—机会（WO）组合

弱点—机会（WO）组合是设计企业自身的弱点（W）与外部环境中的机会（O）之间的组合。也就是说，虽然设计企业外部存在某种发展机会，企业也识别出了这种机会，但是设计企业在抓住机会方面存在短板，限制自己利用这些机遇。

在这种情况下，设计企业应遵循的策略原则是积极采取措施来弥补企业的弱点，以最大限度地利用外部环境中的机会。如果设计企业不积极采取行动弥补自己的弱点，实际上就是将机会拱手让给了竞争对手。

（3）长处—威胁（ST）组合

长处-威胁（ST）组合是设计企业自身的长处（S）与外部环境中的威胁（T）之间的组合。也就是说，设计企业的外部环境中存在某种威胁自己发展的不利因素，但是，设计企业在对应的领域却拥有长处。

在这种情况下，设计企业应该有效地利用自身的长处来对付外部环境中的威胁，从而发挥优势、降低或者消除威胁。但是，这一组合也并不意味着一个实力强劲的设计企业必须以自身的主要实力来正面回击外部环境中的威胁，而是应该采用合适的策略，慎重而有限度地利用企业的优势以达到预期的目的。

（4）长处—机会（SO）组合

长处—机会（SO）组合是设计企业自身的长处（S）与外部环境中的机会（O）之间的组合。也就是说，设计企业的外部环境中存在某种机会，而设计企业在对应的领域正好拥有长处。

这是一种最理想的组合，任何设计企业都希望借助自身的长处来最大限度地利用外部环境所提供的各种发展机会。

（三）绘制与运用SWOT矩阵

（1）绘制SWOT矩阵

		内部环境	
		长处 （S）	弱点 （W）
外部环境	机会 （O）	SO组合	WO组合
	威胁 （T）	ST组合	WT组合

图2-6　SWOT分析矩阵

在对设计企业的环境要素及其组合关系进行分析后，以外部环境中的机会（O）和威胁（T）为一方，以企业内部环境中的长处（S）和弱点（W）为另一方建立一个二维矩阵，并将分析的结果列入该矩阵图中，得到设计企业SWOT分析矩阵，如图2-6所示。

（2）运用SWOT矩阵

将设计企业的外部和内部环境分析的关键要素列入SWOT分析矩阵中以后，设计企业就可以利用环境要素组合分析的结论［弱点—威胁（WT）组合、弱点—机会（WO）组合、长处—威胁（ST）组合和长处—机会（SO）组合］确定战略要素。

例如，某设计企业发现了市场上存在需求爆发的机会，但是企业存在设计资源有限的弱点。在这样的情况下，设计企业可以有几种战略选择。

①增加资源、抓住机会：通过争取贷款、外部投资、与其他设计企业开展战略合作等方式，积极增加自身的资源、提升能力，以抓住机会。

②立足现状、争取抓住机会：以设计企业的现有资源为主，在风险最低的情况下提升自己的资源与能力，尽可能抓住一部分机会。

③放弃机会、维持现状：如果设计企业安于现状、不愿意承担风险，则可以采取放弃机会、维持现状的策略。

显然，面对相同的内、外部环境要素组合，设计企业管理者的观念不同，其应对环境的战略手段就会有显著的差异。

四、设计企业使命与目标

（一）设计企业使命

（1）设计企业使命的概念

所谓设计企业的使命，也就是设计企业的企业使命，指的是设计企业在社会发展中所应担当的角色和责任。一般来说，一个设计企业的使命包括两个层面的内容，即设计企业的企业哲学和设计企业的企业宗旨。

设计企业的企业哲学是指一个设计企业为其设计活动或方式所确立的价值观、态度、信念和行为准则，是设计企业在社会活动及经营活动过程中的目的和方式的抽象反映。设计企业哲学的内容通常是由处理设计企业活动过程中各种关系的内容和手段所构成。设计企业哲学一旦形成，就会在很长的一段时期内对设计企业活动发挥指导作用。设计企业哲学通常以设计企业思想、理念等表现形式出现。

设计企业的企业宗旨指的是设计企业现在和将来应从事什么样的事

业活动，以及应成为什么性质的企业和组织类型。明确设计企业的企业宗旨，有利于设计企业明确自己的业务发展方向，为制定出清晰的战略目标和达成目标的策略奠定基础。

（2）设计企业使命的影响因素

设计企业使命的确立受到一些因素的影响，例如设计企业的高级别管理层、新的知识和技术、资源供给与运用、市场环境和消费者、政府法规等。在确定设计企业使命时，必须充分、全面地考虑到与设计企业有利害关系的各方面的要求和期望。一般将这些影响因素划分为内部因素和外部因素，如图2-7所示。

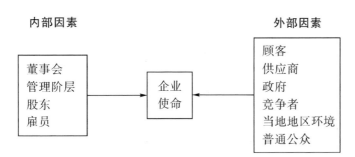

图2-7 决定企业使命的因素

影响设计企业使命的内部因素是企业内部的要求者，包括股东和雇员。股东参与设计企业的利润分配、清算资产时的分配，有配股权、选举权和股份转让权，可以核查公司资产和经营账目，他们直接影响设计企业的经营决策。设计企业的雇员要求在就业中获取经济上、社会上和心理上的满足感，获得满意的工作条件、分享利益、拥有劳动合作的人身自由等。

外部因素是设计企业的外部要求者，他们虽然不属于设计企业的内部人员，但是他们对设计企业的生产和销售活动产生影响。这些影响者通常包括顾客、供应商、政府、竞争者、当地地区环境（设计企业所在地区）和普通公众。

①顾客：设计企业的顾客要求提供与产品或服务本身有联系的技术资料、合适的保证以及提供商业信贷等。

②供应商：供应商要求与设计企业建立长期合作关系，履行信贷义务，具备签约和交付过程中的专业精神。

③政府：政府要求设计企业纳税，开展公平的市场竞争，遵守政府的相关政策和法规。

④竞争者：竞争者要求竞争对手遵守社会和行业的竞争规则和规范，具有企业家的风格。

⑤当地地区环境：当地地区环境中的成员要求设计企业为社区提供稳定且有保障的就业岗位，希望设计企业积极帮助地方经济和社会发展。

⑥普通公众：普通公众要求设计企业参与社会并为社会做贡献，承担一定的社会责任，制定公平合理的产品或服务价格。

（二）设计企业目标

设计企业目标指的是设计企业管理者按照企业使命的要求，充分考虑外部和内部环境后确定的预期达到的理想效果，通常包括品种、数量、质量、效益、市场占有率等反映设计企业经营活动成果的绩效指标。一般将设计企业目标划分为综合目标和具体目标这两个层次，如表2-2所示。

表2-2 设计企业目标的种类与内容

目标类型		具体绩效指标
综合目标	经济目标	收入、利润、利润率等
	社会目标	公益性社会服务的设计作品的数量、服务天数或次数等
	环境目标	设计材料的安全性、绿色设计产品数量等
具体目标	市场目标	设计作品的种类、数量，市场占有率、销售额或销售量，顾客满意度等
	行业目标	知识产权数量（个/年）及其增长率（%）、行业地位目标、竞赛获奖等
	财务目标	资本结构、新增普通股、现金流量、运营资本、红利偿付、贷款回收期等
	生产目标	投入产出比率、设计作品的成本、单位产品生产成本等
	人力资源目标	缺勤率、迟到率、员工流动率或不满意率、培训人员数或培训计划数等

　　综合目标指的是设计企业总体上拟达到的目标，包括经济、社会、环境目标等。设计企业的核心目标是利润最大化，因为利润最大化是设计企业生存与发展的基本动力，而且它与社会利益最大化也是一致的。此外，也找不到一个更好的目标来替代利润最大化目标。现代设计企业在追求经济目标的同时，还要重视它对社会承担的责任。因为，企业的发展与社会有着千丝万缕的联系，企业达成一定的社会目标有助于为自己营造良好的社会环境，也有助于设计企业的成员受到社会的尊重，得到高层次的精神满足。同时，环境目标也成为众多设计组织发展中必须严格遵守和考虑的目标之一。

　　具体目标指的是设计企业内部的各职能领域拟达到的职能和业务活动目标，包括市场目标、行业目标、财务目标、生产目标、人力资源目标等。

第二节 设计战略模式选择

一、设计企业总体战略模式

以设计企业发展态势为基准，可以把设计企业的总体战略划分为发展战略、稳定发展战略和收缩战略这三种模式，如图2-8所示。

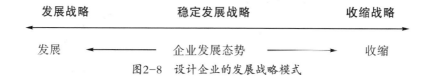

图2-8 设计企业的发展战略模式

（一）稳定发展战略

设计企业的稳定发展战略指的是准备在战略规划期内使企业的资源分配和经营状况基本保持在目前状况和水平上的战略。实施稳定发展战略的设计企业不是不发展、不增长，而是稳定、非快速地发展。实施稳定发展战略的设计企业一般具有以下的特征：

①对过去的业绩满意，继续追求既定的或与过去相似的战略目标；

②期望所追求的业绩按基本稳定的比例递增；

③继续向市场提供相同或基本相同的产品或服务。

稳定发展战略主要有无变化战略、维持利润战略、暂停战略和谨慎实施战略。

实施稳定发展战略对设计企业的外部环境和内部实力都有一定的要

求。一般要求企业的外部环境相对稳定，即宏观经济缓慢增长、产业技术创新速度缓慢、消费者需求偏好较稳定、处于行业或产品的成熟期、竞争格局相对稳定。

内部实力不够雄厚，往往是设计企业选用稳定发展战略的重要原因。设计企业外部环境较好，但资源不充分，应采取稳定发展战略，以局部市场为目标稳扎稳打。如果外部环境较稳定，无论设计企业的资源充足与否都应采取稳定发展战略。外部环境不利、资源丰富的设计企业可采用稳定发展战略，资源不足的设计企业应视情况而定。

（二）发展战略

设计企业的发展战略，顾名思义，指的是设计企业以比较快的速度发展的战略。设计企业可以通过产品—市场战略、一体化战略和多元化战略模式实现发展。

（1）设计企业核心能力内扩张——产品—市场战略

美国管理学家伊戈尔·安索夫提出的产品—市场战略，如表2-3所示，可应用于设计企业发挥自己的核心能力，通过现有企业的资源和能力实现发展。

表2-3　设计企业的产品—市场战略

市场	产品	
	现有产品	新产品
现有市场	市场渗透战略	产品发展战略
新市场	市场发展战略	多角化经营战略

①市场渗透战略：设计企业利用现有的产品扩大市场销量。主要手段有扩大产品使用人的数量、用量和改进产品的特性以增加销量。

②市场发展战略：设计企业利用现有的产品开拓新的市场。其实施的关键是寻找需要自己现有产品的市场。

③产品发展战略：设计企业对现有市场投放新产品或增加产品的品种，以扩大市场的份额、增加销售收入为目标的发展战略。其核心是产品改进和新产品开发。

④多角化经营战略：设计企业同时在新产品和新市场方面开拓的战略。该战略普遍应用于大中型设计企业。

（2）设计企业核心能力外扩张——一体化战略和多元化战略

设计企业的一体化战略指的是其通过纵向或者横向的投资或者兼并，扩大企业的规模，实现企业的发展。一体化战略可以划分为纵向一体化战略（沿产业链的一体化发展，如图2-9所示）和横向一体化战略（与处于相同行业、生产同类产品或工艺相近的企业实现联合）等类型。

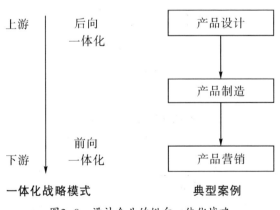

图2-9　设计企业的纵向一体化战略

设计企业的多元化战略指的是其选择进入新的行业领域以更多地占领市场和开拓新市场的战略。多元化战略可以划分为相关多元化战略（收购、兼并或投资与自己在技术、市场、产品等方面具有相同或相近特点的业务）和非相关多元化战略（收购、兼并或投资其他行业的业务）。

（三）收缩战略

收缩战略指的是企业从目前的战略经营领域和基础水平收缩和撤退，对现有的产品和市场领域实行收缩、调整和撤退的策略。实施该战略的企业通过严格控制资源、削减各项费用支出、投入最低限度的经营资源维持企业的运营。收缩战略具有短期性的特征，因为市场竞争如逆水行舟，不进则退，企业不可能长期处在防御的被动状态下求得生存。

实施收缩战略有助于企业在恶劣环境下节约开支和费用，以改变不利处境；能在企业经营不善的情况下最大限度地降低损失；帮助企业更好地实行资产的最优组合。但是，企业实施收缩战略的尺度难以把握，容易扼杀具有发展前途的业务和市场；容易引起内部人员的不满，导致员工工作情绪降低。

收缩战略主要有三种实施模式，即抽资转向战略（企业缩小规模和减少市场占有率，或者进入新的市场领域发展的战略）、放弃战略（企业回收资金、另谋出路的战略）和清算战略（企业资不抵债或无力扭亏为盈时，对自己的资产和债权、债务进行清算、转让，以偿还债务、收回剩余资金的战略）。

二、设计企业竞争战略模式

设计企业的竞争战略指的是在给定的一个业务或行业内，经营单位为了取得竞争优势而实施的战略模式。工业经济时代的竞争以提供产品的效用，以及顾客能够买得起的定价为中心。在这一历史时期，波特提出了由差异化战略、成本领先战略和集中化战略这三种模式构成的竞争战略体系。从本质上来看，它是以顾客的效用价值、价格价值这两类价值为基础建立的竞争战略体系，如图2-10所示。

分类维度	效用	价格
广泛市场	差异化战略	成本领先战略
局部市场	集中化战略	

图2-10　传统竞争战略模式

设计企业的设计产品或设计服务属于文化知识型的产品，它具有边界的无形性、市场的广泛性等特点，其竞争覆盖更广泛的顾客价值维度。因此，本书基于设计企业价值空间分析模型，建立设计企业的竞争战略模式理论构架，如图2-11所示。

分类维度		以产品为中心　　　　　　　　　　　　　　　　　以市场为中心			
顾客价值空间		效用	价格	关系	速度
竞争战略模式	广泛市场	差异化战略	成本领先战略	公共关系战略	时基战略
	局部市场	集中化战略			

图2-11　设计企业竞争战略模式体系

（一）差异化战略

（1）差异化战略的含义和实现途径

设计企业的差异化战略指的是设计企业创造出与众不同的产品或服务以区别于竞争对手的战略模式。设计企业通过差异化战略可以建立起稳固的竞争地位，从而获得高于行业平均水平的收益。

设计企业实施差异化战略并不是说就可以忽视成本因素，只是这时的企业关注焦点是创造与众不同的设计产品或服务。设计企业仍然需要注重控制产品或服务的成本以确保产品价格具有市场竞争力，否则企业设计的产品会因为价格太高而失去市场。

一般说来，设计企业可以通过以下几个途径实施差异化战略：

①产品设计创意或商标形象的差异化；

②产品技术和艺术风格的差异化；

③顾客服务上的差异化；

④销售分销渠道上的差异化。

（2）差异化战略的优点与不足

设计企业实施差异化战略能够带来很多的益处，它容易建立起客户对本企业设计能力的认同和信赖，增加与客户的讨价还价能力，增强相对于竞争对手、替代品的竞争优势，而且高附加值能够减少回收投资的时间，降低经营风险。

差异化战略也存在一些风险和不足，主要是其高成本带来的高价格限制了产品的市场销量。一旦竞争对手能够模仿本企业的产品，而本企业又没能及时推出新的差异化产品时，本企业的竞争优势将荡然无存。

（二）成本领先战略

（1）成本领先战略的含义和要求

成本领先战略又称低成本战略，指的是设计企业将自己的产品成本控制在低于竞争对手的水平，甚至是同行业中最低的成本的战略模式。实现成本领先战略需要一整套具体政策：经营单位要有高效率的设备，积极降低经验成本，紧缩成本开支，控制间接费用以及降低研究与开发、服务、广告等方面的成本。要达到这些目的，必须在成本控制上进行大量的管理工作。为了与竞争对手相抗衡，企业在质量、服务及其他方面的管理也不容忽视，但降低产品成本则是贯穿整个战略的主题。

成本领先战略的理论基石是规模效益（单位产品成本随生产规模的增大而降低）和经验效益（单位产品成本随生产总量的增加而增加、节约成本的能力增强），它要求设计企业必须具有较高的市场占有率。如果设计企业的市场占有率不够大，则其生产规模有限，难以通过足够多的销量来获得足够的收益。

（2）成本领先战略的优点与不足

设计企业实施成本领先战略的优点是能够以低成本优势在价格竞争以及与替代品的竞争中求得生存，在与客户的交易中也可以利用自己的低成本优势掌握更多的主动权，也可以利用自己的低成本优势让欲加入该行业的其他设计企业望而却步。

成本领先战略的实施也存在一些风险和不足。设计企业实施成本领先战略的本质是薄利多销，但是，过于注重成本控制也容易让企业丧失对市场发展的预见能力，而且产品设计的创意和质量水平不够高也容易被后来者模仿和替代。此外，设计企业实施成本领先战略还容易受到通货膨胀的影响，因为通货膨胀会导致企业投入的成本升高而降低成本优势，从而丧失本企业相对于采用其他竞争战略的设计企业的竞争优势。

(三)公共关系战略

设计企业的公共关系战略指的是企业为改善与社会公众的关系，促进公众对组织的了解及支持，对企业与社会公众之间传播沟通的目标、资源、对象、手段、过程和效果等基本要素进行管理，以达到树立良好组织形象、促进商品销售目的的一系列促销活动。公共关系战略具有情感性、双向性、广泛性、整体性和长期性的特点。

设计企业的公共关系策略主要有品牌形象公关策略、宣传促销公关策略和危机管理公关策略。

①品牌形象公关策略。品牌形象是一个综合性的概念，它是社会各界对企业的价值观、历史、产品等因素的认知而产生的综合印象[①]。品牌形象公关策略的目的是在社会公众中为设计企业、设计师建立起良好的品牌形象。品牌形象公关策略既可以利用市场上对设计企业、设计作品的好评进一步提升自己的社会形象，也可以利用它为设计企业、设计师和设计作品或者服务重新定位、重塑形象。设计企业应该主动搜索与鉴别设计宣传信息，科学策划宣传题材，甚至通过开展有新闻价值的活动来创造宣传题材。

②宣传促销公关策略。宣传促销公关策略是设计企业营销人员利用公共关系的机会为设计企业所做的促销活动。宣传促销公关策略的目的是通过积极主动的方式影响目标受众，以达到促进该设计企业的产品销售的目

---

① 胡晓云，等. 品牌传播效果评估指标[M]. 北京：中国传媒大学出版社，2007.

标。宣传促销公关策略通常采取的方式主要有与媒体合作、举办活动、赞助群众艺术活动，以及建立同有关社会团体及社会名人的联系[1]等。

③危机管理公关策略。危机管理公关策略是指设计企业应对突发的危机而采取的一系列公共关系活动的组合。对于一个设计企业而言，并非所有的突发状况都称之为危机。危机具有意外性、破坏性、紧迫性、聚焦性等特点。互联网大大加快了危机的传播速度，极易造成更大的损害。设计企业应该在危机产生的第一时间正面回应以把握舆论导向权，在保证真实的前提下设置对企业有利的舆论，积极创造新闻点来增加正面报道篇幅[2]，及时应对、减少和消除不利影响。

（四）时基战略

设计企业的时基战略也称时基竞争战略，指的是以时间为基础的竞争战略模式。在时间就是生命、时间就是金钱的现代社会，那些能比竞争对手更快地满足消费者需求的企业，会比同一领域的其他企业发展得更快，获取的利润更多。企业实施时基战略的途径主要有多点经营竞争战略、快速反应竞争战略。

①多点经营竞争战略。多点经营竞争战略主要是指在地理位置上设置更多的厂家，以多点经营的方式服务于顾客。它不仅是企业经营的一种模式，更是企业基于速度维度的一种重要竞争战略。譬如，连锁经营以相同的经营理念、经营方式在不同的地方为顾客提供相同的产品与服务，这是

---

① 西沐. 中国艺术品市场概论（上下卷）[M]. 北京：中国书店，2010.
② 田川流. 艺术管理学概论[M]. 南京：东南大学出版社，2011.

一个典型例子。多点经营对企业而言能赢得更多的顾客群体，它解除了范围空间对顾客造成的种种不便，能以更方便、更快捷的方式为顾客提供更好的服务。

②快速反应竞争战略。快速反应竞争战略的核心就是"快速反应"，即一贯比竞争对手更快制定管理决策，开发新产品，向消费者交货。快速反应的公司成本通常比竞争对手低。因为生产材料和信息在公司运营中快速流转，消耗的间接费用更低，也不会以存货形式积存。此外，公司能更有效地创新，因为它能在给定时间里构思和设计更多的新产品，为消费者提供更多的选择。时基竞争战略的关键问题是如何协调速度与质量。

美国管理学家维顿认为，在当代的经济环境中，一个企业要想生存就必须比竞争者更快地发展、生产和运送产品及服务。安迪·格罗夫认为，从根本上讲，英特尔成功唯一的武器是速度。在战略管理领域，速度经济被拓展了内涵，用来表现企业的快速反应能力，即企业在竞争环境的突变中，能否迅速做出反应的能力。企业求得生存和发展的关键不再是组织的大型化和稳定化，而是必须具备高度的柔性和快速的反应能力。

（五）集中化战略

设计企业的集中化战略是指其经营活动集中于某一特定的细分市场、产品线的某一部分或在某一地域上的市场。如同差异化战略一样，集中化战略也可呈现多种形式。虽然成本领先战略和差异化战略二者是在整个行业范围内达到目的，但集中化战略的目的是更好地服务于某一特定的目标，它的关键在于能比竞争对手提供更为有效和效率更高的服务。因此，企业既可以通过差异化战略来满足某一特定目标的需要，又可通过低成本战略服务于这个目标。尽管集中化战略不寻求在整个行业范围内取得低成本或差异化，但它是在较窄的市场目标范围内来取得低成本或差异化的。

同其他战略一样，设计企业运用集中化战略也能在本行业中获得高于一般水平的收益，主要表现在：

①集中化战略便于集中使用整个企业的力量和资源，更好地服务于某一特定的目标；

②将目标集中于特定的部分市场，企业可以更好地调查研究与产品有关的技术、市场、顾客以及竞争对手等各方面的情况，做到"知彼"；

③战略目标集中明确，经济成果易于评价，战略管理过程也容易控制，从而带来管理上的简便。

根据中小型企业在规模、资源等方面所固有的一些特点，以及集中化战略的特性，可以说集中化战略对中小型企业来说可能是最适宜的战略。

设计企业运用集中化战略也有相当大的风险，主要表现在：

其一，由于企业全部力量和资源都投入了一种产品、服务或一个特定的市场，当顾客偏好发生变化、技术出现创新或有新的替代品出现时，就会发现这部分市场对产品、服务需求下降，企业就会受到很大的冲击；

其二，竞争者打入了企业选定的部分市场，并且采取了优于企业的更集中化的战略；

其三，产品销量可能变少，产品要求不断更新，造成生产费用的增加，使得采取集中化战略企业的成本优势得以削弱。

三、设计职能领域战略模式

设计职能领域战略（简称设计职能战略）是设计企业中最基础性的设计战略，其包含设计企业的市场营销战略、设计战略、生产战略、人力资源战略、财务战略等多种职能领域的战略。

设计职能战略是设计企业对设计职能领域的全局性谋划。根据不同的划分标准，可以将设计职能战略划分为不同的层次和战略类型，如表2-4所示。

表2-4　设计职能战略的层次和模式类型

序号	层次	分类标准	策略模式
1	产品定位	设计的产品关键要素的方向定位	价值创新战略
			标准化战略
2	市场范围	设计的产品拟服务的市场范围	全球化战略
			本土化战略
3	业务领域	设计活动涉及的业务领域的多少	业务集中化战略
			业务多元化战略

第一个层面的设计职能战略选择是基于设计产品的定位。设计企业既可能是通过实施价值创新战略进行创新产品设计，以获得超越竞争优势；也可能是通过标准化而建立起形式统一、便于顾客识别的产品体系，或建立起品种简约、模块化的便于生产的产品系列。

第二个层次的设计职能战略选择是基于企业设计的产品的市场覆盖范围。企业设计的产品既可能是面向全球市场销售，即实施全球化战略；也可能是针对本土市场进行产品设计，即实施本土化战略。

第三个层次的设计职能战略选择是基于企业设计活动的业务领域。企业可能在一个或者很少的几个很集中的业务领域从事设计活动，即实施业务领域集中化战略；也可能在多个业务领域，甚至是彼此不相关的设计领域从事设计活动，即业务领域多元化战略。

（一）以设计产品定位为标准进行分类——价值创新战略和标准化战略

（1）价值创新战略

索尼公司的创始人盛田昭夫曾经说过："市场是去创造的，而不是去跟随的。"乔布斯认为，消费者并不知道自己需要什么，直到我们拿出自己的产品，他们才发现，这是他们要的东西。这些观点告诉我们，设计活动不仅仅要适应市场的需要，更要积极地去创造需求。价值创新战略指的是设计企业以价值创新为目标开展设计活动，以期获得超越竞争的优势。也就是说，设计企业通过价值创新从而开发出远高于竞争对手的产品价值，能够为顾客提供更多"顾客让渡价值"的产品，从而将潜在的消费需求极大地挖掘出来，并且相对于竞争对手形成差异化竞争优势。

例如，苹果公司产品的成功，就是该公司创新性的产品改写了手机的价值定位——由传统的通信工具发展成为手持信息终端，并且提供了独特的用户体验，从而改写了手机产品的历史，极大地挖掘了潜在的用户群体。

（2）标准化战略

标准化战略指的是通过产品的识别、产品形式和产品品种的标准化，以达到增强本企业设计的产品在市场上的辨识度或者提高产品的生产效率的目的。标准化战略包括一致化战略、通用化战略和简约化战略。

一致化战略指的是设计企业使自己的产品在形式、功能、技术特征、程序、方法等方面具有一致性，并将这种一致性用标准规定下来，以消除混乱、建立秩序，并增强自己产品的市场辨识度。以ALESSEY公司设计的生活用品"一家人"为例，该系列产品以动植物为原型，以类似的形式符号设计出一组生活用品，大大增强了产品与消费者之间的亲和力，如图

2-12所示。

图2-12 ALESSEY公司设计的生活用品"一家人"

通用化战略指的是设计企业通过建立可重复使用的设计和通用模块，使得设计工作能更加快速有效地进行。例如，ALESSEY公司以威尼斯水上剧场为原型，设计出一套咖啡具产品系列，形成了一套极具辨识度的产品系列，如图2-13所示。

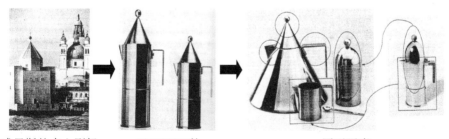

威尼斯的水上剧场　　　　ALESSEY的　　　　　　　原型要素
　　　　　　　　　　　　咖啡壶　　　　　　　　　分解与重构

图2-13 通用化战略——ALESSEY公司产品设计原型的形成、衍变及其模块化运用

简约化战略指的是设计企业对一定范围内的产品种类或产品的结构及构成要素进行缩减，包括对产品外部（产品品种）的简约化和产品内部（结构及构成要素）的简约化。简约化战略是标准化活动中最常见的形式和最常用的方法。简约化的对象包括构成产品系列的品种、规格、原材料的品种、工艺装备的种类、零部件的品种规格、构成零件的结构要素等。简约化战略的特点是所需要的投资较少而收效很显著，所以其应用非常普遍。

（二）以设计产品的市场范围为标准进行分类——全球化战略和本土化战略

（1）全球化战略

全球化战略指的是设计企业设计的产品以标准化方式进行大批量地生产，并以同一品牌名称在全球销售。全球化战略的特点是通过同一产品满足广泛的市场需求，因而将产品制造过程的复杂程度、管理的复杂程度和市场推广的费用降至最低。

实施全球化战略首先是对市场共性的需求进行调查和分析，在此基础上设计同一产品和塑造同一品牌。

运用全球化战略设计的产品既可能是以低成本取胜（即通过成本领先战略获取竞争优势，如我国很多的企业通过设计廉价、大批量生产的产品获取全球的竞争优势），也可能是以具有独特的差异化竞争优势的产品进行全球竞争（即通过差异化战略获取竞争优势，如苹果公司取得了全球竞争的优势）。

（2）本土化战略

本土化战略指的是设计企业以同一品牌针对不同地区的消费者的习惯

和需求设计并提供具有当地特色的产品。不同地域的消费者具有其独特的亚文化、消费习惯等特征，设计企业根据当地顾客的需要生产符合其需要的产品，就能够更好地吸引这些消费者。

实施本土化战略首先是进行品牌的忠诚度分析，然后分析本土消费者的需求特征，最后根据当地消费者的特征设计出差异化的产品。

（三）以设计业务领域的范围为标准进行分类——业务集中化战略和业务多元化战略

（1）业务集中化战略

第一种情况是企业在成本领先战略模式下实施设计业务集中化战略，其特点体现在两个方面：一是设计领域比较稳定，如企业的设计活动集中在工业设计领域，或者是工业设计领域中更小的一个或很少几个子行业中；二是企业的设计活动的重点是控制成本以获取低成本优势，求得生存与发展。该战略的优点是企业集中力量在某一个或很少几个领域发展，便于积累经验，形成精益管理体系，减少不可预见的风险。该战略的缺点是设计业务领域单一，容易丧失对市场变化的洞察力和对新技术变革的敏感性，而且一旦受到强有力的竞争对手的挑战时将面临巨大的风险。

第二种情况是企业在差异化战略模式下实施业务领域集中化战略，其特点体现在两个方面：一是企业的设计活动围绕核心专业领域开展；二是企业设计活动的重点是开发出独具特色的产品。该战略的优点是企业能够集中力量在某一个或者少数几个设计领域进行"深耕"而积累丰富的专业经验，并且对顾客需求形成很强的专业分析能力，容易培养起核心竞争力。但是，差异化的产品需要多专业领域能力的配合，而采用该战略模式的企业的设计业务领域比较狭窄，其制约了企业的产品设计能力，面对业务领域更为健全的企业的竞争就容易落于下风。

（2）业务多元化战略

第一种情况是企业在成本领先战略下的业务领域多元化战略，其特点体现在两个方面：一是企业的设计业务涉及多个专业领域；二是企业设计活动的重点是以低成本赢得市场竞争优势。低成本的产品附加值相对较低，市场利润往往也比较低，难以为企业多领域的设计团队的高水平运作提供充足的资源条件支持，不利于设计系统的可持续发展。

第二种情况是在差异化战略下的业务领域多元化战略，其特点体现在两个方面：一是企业的设计业务涉及多个专业领域；二是企业设计活动的重点是通过开发出独具特色的产品以赢得市场竞争优势。该战略的优点是通过差异化的产品设计获取市场竞争优势的同时也取得了高收益，为多领域的设计团队的发展提供了良好的资源保障；通过专注市场研究，形成敏锐的市场需求识别能力。该战略的缺点是独具特色的创新型产品开发难度大且容易为竞争对手模仿，一旦企业不能够持续推出新产品，就容易陷入被动。

第三节　设计战略实施管理

一、设计资源规划

设计资源规划过程首先是提出资源需求和资源确认，在此基础上进一步选择关键资源、确定资源需求的优先级、测试主要的假设，最后编制出具体的设计资源计划表。

（一）设计战略资源需求分析

（1）设计战略资源需求

基于设计企业价值链，以设计企业战略和设计职能战略为依据进行资源需求分析，将分析结果列入基于设计企业价值链构建的设计战略资源需求表，如表2-5所示。

表2-5　设计企业战略资源需求表

辅助活动	基本活动				
	需求分析	设计策划	设计表达	市场营销	设计服务
知识					
人员					
管理					
合作					

以某一设计企业为例，基于该公司的设计战略对其战略资源的需求进行系统分析后，将分析结果列入设计企业的战略资源需求表，如表2-6所示。

表2-6　某设计企业的战略资源需求表

辅助活动	基本活动				
	需求分析	设计策划	设计表达	市场营销	设计服务
知识	市场调查、分析知识	设计知识、管理知识、营销知识	设计知识、管理	设计谈判、签订合同、招投标等知识	设计知识、管理沟通知识

表 2-6

辅助活动	基本活动				
	需求分析	设计策划	设计表达	市场营销	设计服务
人员	设计师的协调能力、收集识别有用信息能力	设计师、团队构思创新能力	设计师的设计表达能力、协作能力	设计人员的专业技能	模型（样机）制作能力、对生产系统的熟悉程度
管理	设计战略能力、协调能力	设计管理者的概念能力、协调能力	设计项目管理、设计知识管理能力	设计沟通技能、精通相关法律	沟通与协调能力
合作	市场分析资源	设计创新资源与能力	设计资源	专业技能	专业技能

（2）设计资源一致性分析

以设计企业战略资源需求表为依据，进行战略资源的一致性分析，包括战略资源需求与现有资源的一致性（新增资源、变动原有资源、重新安排资源）和资源间的一致性（资源之间的一致性关系和相互之间的联系），如图2-14所示。

通过资源之间的一致性分析后，就可以初步确定设计企业战略实施所需要的资源，包括新增的资源、改进的资源和重新配置的资源。

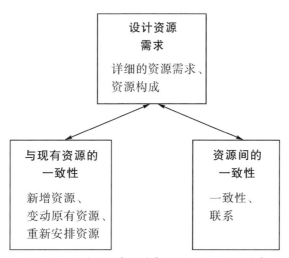

图2-14　设计企业战略对资源配置的一致性要求

（二）关键资源选择

因为企业的资源投入能力是有限的，不同资源在设计企业战略实施的过程中的关键性是不同的，因此，确定了设计企业的战略资源需求后还需要确定关键资源。不同的设计战略对关键资源的需求有一定的差异。以设计企业竞争战略为例，不同竞争战略模式对设计战略资源需求的特征如表2-7所示。

表2-7　支持不同战略的主要技能和资源

战略类型	低成本战略	差异化战略	公共关系战略	时基战略
主要能力	"过程"设计； 劳动力管理； 易于生产的产品； 低价分销	"产品"设计； 营销； 创造性的本领； 研究能力； 品牌形象塑造	营销； 公司形象	"过程"设计； 产品易于生产； 创造性的本领； 研究能力

续表 2-7

战略类型	低成本战略	差异化战略	公共关系战略	时基战略
基本要求	严格的成本控制； 详细汇报； 结构化高； 量化目标	松散的控制； 简单汇报； 很强的协调、协作； 基于市场的激励	松散的控制； 简单汇报	结构化高； 严格进度控制； 量化目标

（三）设计资源优先级规划

设计资源优先级规划指的是设计战略资源的排序以及编制资源获取和投入使用的时间表。资源的获取和运用存在重要度的差异和投入使用的时间先后的差别。故此，在确定了设计企业的主要资源和关键资源后，还需要进行设计资源优先级规划。

在设计资源优先级规划书中，将设计战略所需的资源的获取与投入表示成一系列的行为顺序，或者按时间的优先级进行安排。

（四）测试主要假设

计划战略和资源规划都是基于一定的假设条件制定的，这些假设可能是关于资源的可获得性，或者是关于组织适应现有资源的能力，或是关于如何协调某战略所需资源。假设还可能与环境有关，如市场是否会增长、是否获得资金，或设计合作方能否及时交货等。

在设计资源优先级规划书完成后，应该针对上述的市场情况、价格接受程度、竞争活动和成本水平等的假设进行测试，以便弄清楚编制的资源规划对各种假设的依赖程度。例如，通过对某项设计资源的预算所基于的战略环境因素假设进行测试，可以进一步明确该设计资源预算的最好、最坏和最可能的假设情况。

（五）编制设计资源计划表

（1）关键成功因素和关键任务的资源需求计划

关键成功因素和关键任务指的是设计企业战略成功所依赖的主要因素。将关键成功因素和关键任务列入设计战略资源需求表，如表2-8所示，并编制相应的设计战略需求计划，确定设计战略资源建设的重点，并为具体的财务计划与预算、人力资源计划等辅助计划的编制提供依据。

表2-8　某工业设计公司的关键设计资源需求计划

辅助活动	基本活动				
	需求分析	设计策划	设计表达	市场商务	设计服务
知识	市场分析的信息获取速度和广度需要提高	—	设计知识平台的知识更新	—	—
人员	—	设计策划方案质量不够高，与用户的期望有一定的差距	三维设计模型建构能力不足	—	提高设计师对生产系统的熟悉程度
管理	提升设计战略能力、协调能力	—	设计项目协同管理	设计沟通中精准把握顾客诉求、提出方案	—
合作	—	产生行业一流水平的策划方案	—	—	—

（2）制定财务计划与预算表

设计战略资源需求计划的实施需要投入一定的财力。因此，需要有保证设计战略资源需求计划付诸实施的财务计划与预算。

财务计划就是把设计战略资源需求计划转换成以财务语言表示的财务说明或条款。然后，将财务计划中的各种资金筹措、运用的计划用预算表进行具体化。

（3）制定人力资源计划表

人力资源计划涉及人力资源配置、招聘和选择、培训和发展三个方面的问题，设计企业需要从这三个方面确定自己的人力资源计划：

①人力资源配置：详细考虑设计企业战略对人力资源的要求，包括所要求的人数、人员所应拥有的技能和水平等；

②招聘和选择：将设计企业战略与公司的使命、即将经历的变革程度联系起来，确定需要招聘的人员需求计划；

③培训和发展：根据设计战略实施对公司变革的影响程度，确定与之相匹配的人员培训和发展计划。

二、设计战略组织

（一）设计组织结构模式及其构建

（1）设计组织结构模式及其表达

设计组织结构模式指的是设计组织或者团队内各要素之间的排列顺序、空间位置、聚散状态、联系方式所构成的一种模式，是整个管理系统的框架。一般采用组织结构图将组织结构直观地表达出来，如图2-15所示。图中：

方框"□"代表岗位，其中的文字是岗位的名称；

实线 "—" 代表直线职权，即上级对直接下级的指挥关系；

虚线 "--" 代表职能职权，即上级在职能领域对下级的指导关系；

点画线 "–·–" 代表参谋职权，即上级对下级提供指导性的意见，以及下级向上级提供建议。

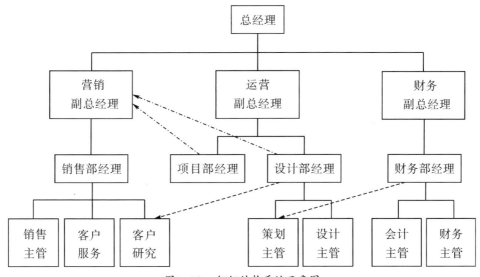

图2-15　组织结构系统示意图

（2）设计组织结构构建

确定组织结构构建的目标。构建组织，首先要确定组织的目标。组织构建的目标包括两个层次。一个是整个组织发展的目标，它决定了组织构建的方向（它确定了一个组织要做什么、做到什么程度，即明确了组织的边界）。另一个层次是组织构建活动所要实现的目标（有效集聚新的组织资源要素，同时协调好组织中部门与部门之间、人员与任务之间的关系，使员工明确自己在组织中应有的权利和应承担的责任）。

根据组织结构构建的原则建立组织体系。确定组织的结构模式需要遵循因事设职、分工与协作相结合、统一指挥、权责对等等原则。

（二）设计企业典型的组织结构模式

设计企业常用的组织结构模式主要有直线型、直线—职能型和事业部型，这三种组织结构模式各具特点和适用范围，如表2-9所示。

表2-9　三种常用组织结构模式比较表

类型	优点	缺点	适用范围
直线型	结构比较简单、责任分明、命令统一	行政负责人需通晓多种知识和技能，亲自处理各种业务	适用于规模较小、活动比较简单的企业
直线—职能型	既保证了企业管理体系的集中统一，又可以在各级行政负责人的领导下充分发挥各专业管理机构的作用	职能部门之间的协作和配合性较差，办事效率低，需要上层领导进行大量的组织协调工作	适用于绝大多数中小型企业
事业部型	高层管理部门摆脱了日常繁杂的行政事务，可以专注于公司的战略决策事务，并能够发挥事业部经营者的灵活性和主动性	机构重复，会造成管理人员增多和管理成本增高；各事业部之间的相互支持与协调困难，容易出现各自为政的部门主义倾向	适用于大型企业或面临着复杂、多变的市场环境的企业

（1）直线型

直线型组织结构是一种最早、最简单的组织形式。它的特点是设计企业的各级行政单位从上到下实行垂直领导，下属部门只接受一个上级的指令，各级主管负责人对所属单位的一切问题负责。直线型组织结构只适用于规模较小、活动比较简单的组织。以小型的设计室为例，其结构如图2-16所示。

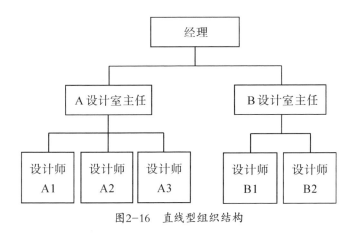

图2-16　直线型组织结构

（2）直线—职能型

直线—职能型组织结构，也称直线参谋型结构，是在直线型结构的基础上将从事同类专业活动的业务集中在同一职能部门而形成的一种分工协作的组织模式。绝大多数的中小型企业都采用这种组织结构形式。以某一个中型设计公司为例，其直线—职能型组织结构模式如图2-17所示。

（3）事业部型

事业部型组织结构指的是设计企业按照产品类别、地域、市场用户以及流程等不同的业务类型分别组建若干个事业部（即业务单位），并由这些事业部进行独立业务经营和分权管理的一种分权式结构类型，如图2-18所示。

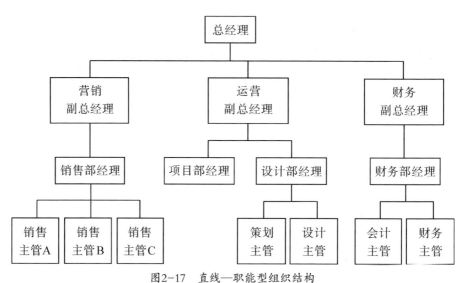

图2-17　直线—职能型组织结构

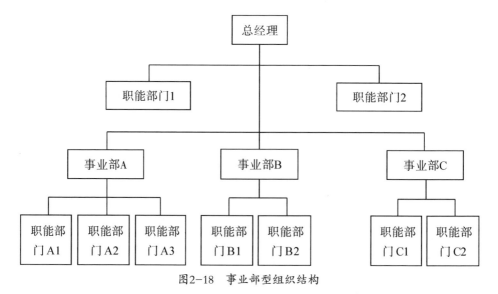

图2-18　事业部型组织结构

事业部型组织结构中的每一个事业部都必须具备三个基本的要素，即独立的市场、独立的利益、独立的自主权，按照"集中政策，分散经营"的管理原则运营。

三、设计战略领导

（一）设计战略领导方式与设计战略匹配

领导的基本类型可以划分为维持型领导者和变革型领导者。

维持型领导者一般也称事务型领导者，他们通过明确角色和任务要求激励下属向着既定的目标努力，通过协作活动提高下属的生产率水平，并且尽量考虑和满足下属的社会需要。他们对组织的管理职能推崇备至，勤奋、谦和而且公正，以把事情理顺、工作有条不紊地进行为傲。这种领导者重视非人格的绩效内容，如计划、日程和预算，对组织有使命感，并且严格遵守组织的规范和价值观。

变革型领导者鼓励下属为了组织的利益而超越自身利益，并能对下属产生深远而且不同寻常的影响，如美国微软公司的比尔·盖茨。这种领导者关心每一个下属的日常生活和发展需要，帮助下属用新观念分析老问题，改变他们对问题的看法，能够激励、唤醒和鼓舞下属为达到组织或群体目标而付出加倍的努力[1]。

设计战略管理职能是设计企业中高层领导者的重要职能，他们的领

---

[1] 韩永升. 论科技团体的创造性领导[D]. 沈阳：东北大学，2004.

导能力必须与企业的战略相匹配。只有这样，才能实现设计战略的既定目标。下面以设计业务领域的职能战略与领导方式之间的关系为例进行分析。

对于成本领先战略下的设计领域集中型设计战略，企业的设计领域比较稳定，以控制成本获取低成本优势为中心任务，因此需要企业的设计管理者具有比较强的成本控制、规范化管理的能力，领导者的领导类型应该具有显著的维持型特征。

对于差异化战略下的设计领域集中化战略，企业的设计领域比较稳定，但是企业必须不断开发出与竞争对手的产品相比有差异化优势、独具特色的产品，因此需要企业领导者具有很强的创新能力，领导者的领导类型应该具有显著的变革型特征。

对于成本领先战略下的设计领域多元化战略，企业涉及的设计领域比较多，但是工作的重点是以低成本为主，因此需要企业领导者最经济地运用各领域的设计资源以实现战略目标。也就是说，领导者必须具有很强的成本控制能力和资源整合能力，领导者的领导类型应该具有显著的维持型特征；同时，领导者也应该具有一定的变革型领导者特征，以适时调整因环境变化而带来的组织中多种设计领域之间的复杂关系。

对于差异化战略下的设计领域多元型设计战略，企业的设计领域众多，而且必须不断开发出与竞争对手的产品有差异化优势的产品，要求企业的领导者不仅要关注业务前沿技术与知识的发展，而且要随时关注跨组织的合作设计，领导者的领导类型应该具有典型的变革型特征。

（二）设计战略领导者与被领导者的关系——领导权变理论

领导权变理论认为，不存在一种普遍适用的领导方式，领导工作强烈地受到领导者所处的客观环境的影响。因此，领导权变理论着重研究影响领导行为和领导有效性的环境因素，即领导者、被领导者和领导环境三者之间的相互影响，其目的是要说明在什么情况下、哪一种领导方式才是最好的。领导权变理论认为，决定领导方式的环境因素有三个：

①职位权力：领导者的职权越大，群体成员遵从的程度越高，领导环境就越好；

②任务结构：任务的明确程度和部下对这些任务的负责任程度；

③上下级关系：即群体成员爱戴、信任领导者和乐于追随领导者的程度，上下级关系是否融洽。

由于下属的能力对于领导的成败至关重要，领导权变理论提出了下属成熟度的概念。成熟度指的是个体能够并且愿意完成某项具体任务的程度。下属的成熟度分为工作成熟度（能力）和心理成熟度（愿意）。领导者采用的领导方式受下属的成熟度M的影响（M1表示低成熟度，M4表示高成熟度），如图2-19所示。

领导方式

授权 （S4）	参与 （S3）	推销 （S2）	告知 （S1）
M4 有能力 且愿意	M3 有能力 不愿意	M2 没能力 但愿意	M1 没能力 不愿意

成熟（左侧） 不成熟（右侧）

下属的成熟度

图2-19　领导权变模型

　　S1是告知（指导）型领导方式，它是针对低成熟度、需要得到明确而具体的指导的下属所采取的领导方式。领导者明确告诉下属具体该干什么、怎么干以及何时何地去干。

　　S2是推销型领导方式，它是针对能力不足但是有很强的工作意愿的下属所采取的管理方式。领导者明确告诉下属具体该干什么、怎么干，下属掌握了完成任务的能力后，就会主动地完成任务，而不需要领导者的进一步影响。

　　S3是参与型领导方式，它是针对有能力但工作意愿不强的下属采取的管理方式。领导者与下属共同决策，监督下属完成任务。

　　S4是授权型领导方式，它是针对高成熟度、既有意愿又有能力完成任务的下属采取的管理方式。领导者提供极少的指示性行为与支持性行为，工作任务主要由下属独立完成。

（三）设计战略领导策略

　　设计战略的实施将导致企业设计领域的变革，相应地需要改善领导环境、提升领导者的领导能力。

　　（1）提升设计领导者的决策能力

　　设计战略的制定和实施既可能给企业的发展带来机会，也可能带来危险甚至灾难。苹果公司产品设计的成功创造了神话般的奇迹，而摩托罗拉产品设计的失败则给公司的发展带来了致命的灾难。因此，企业设计领导者要提升自身的决策与管理能力，以提高管理决策的正确性，降低风险。

　　第一，设计领导者要掌握科学的决策方法，提高决策能力。

　　第二，设计战略管理者必须学习和掌握设计专业知识，提高对设计发展方向的洞察力，合理配置组织的设计资源，营造企业的设计创新文化。

第三，设计领导者应该有预见性地培养组织的持续设计创新能力，持续不断地向市场提供新的创意和产品。

（2）提升设计管理者的职位权力

根据领导权变理论的观点，领导者的职位权力越大，群体成员遵从的程度越高，领导环境就越好。提高领导者的职位权力，一方面需要上级管理者实施分权的组织结构，让设计管理者拥有更多的决策权，另一方面需要设计管理者提升自己的领导能力，提高下属的遵从程度。

设计管理者的下属主要是从事知识生产的人员，采用科学、合适的工作成果考核与激励方法有利于充分发挥领导者的职位权力，提高下属的遵从程度。

在工作能力的考核上，以正确识别、运用设计人才为目的，做到量才适用、合理分配，促进各类设计工作人员转变工作作风、提高办事效率，以充分调动人才的积极性。

在员工激励方面，设计管理者以鼓励参与为手段，消除下级的恐惧心理、增强他们的自信，并改善决策及实施过程，让员工通过参与决策获得成就感。同时针对知识型员工的特点实行"风险分担，利益共享"的激励方式，例如通过股票期权等方式把优秀员工的收益与企业的发展前景紧紧捆绑在一起。

（3）实施分权的任务结构

设计师主要从事创新性强的知识创造活动，应该采取分权的任务结构而不是等级制的管理，以充分发挥员工的主动性和创造性。

在工作内容的安排上，构建分权的宽松、自主的工作环境。领导者规定出一定的范围和界限，根据任务的要求充分授权，并提供创新活动所需的资源，员工们在这些范围和界限内按照自己认为的最佳方式去工作，把每一位员工都当作创造性贡献的源泉。

在工作时间的安排上，实行弹性工作制，根据设计人员的特性进行工作设计，避免僵硬的工作规则，注重对结果的控制，让设计人员自由支配时间以充分发挥其创造性。

（4）营造良好的上下级关系环境

通过培养设计人才以提高他们的专业能力和积极向上的团队精神，提升他们的成熟度，营造出良好的上下级关系环境。

在设计人才培养方面，根据不同阶层的人才的不同特点，建立健全人才培养、选拔和任用机制。针对年轻的设计人才积极向上的意愿强烈、创新能力强，但知识、经验不足而容易造成重大失误的特点，领导者应以提升他们的实践能力为首要目标。针对中坚力量的设计人员对工作有自信的特点，领导者应以提高他们个人的专业能力、管理能力与解决问题的能力为重点。针对老一辈设计人员的设计经验丰富但是容易僵化和故步自封的特点，领导者应通过转换或轮换工作以重新焕发他们的能力。

在设计组织文化方面，设计领导者应该积极营造团队精神，形成强大的团体竞争力。团队精神是设计团队成员为了团队的利益和目标而相互协作、尽心尽力的意愿与作风。设计领导者应该通过科学的激励和引导，将设计团队成员的前途与团队命运联系在一起，培养团队成员对团队的强烈归属感与一体感，愿意为团队的利益与目标尽心尽力。

四、设计战略控制

（一）设计战略控制因素——设计战略风险及防范

设计战略风险主要源于设计领导、设计能力、设计市场和设计环境等方面的风险，如表2-10所示。

表2-10　设计战略风险的主要来源

序号	设计风险类型		设计风险特点
1	设计领导风险	设计战略决策风险	设计战略制定和实施过程中设计领导者决策能力不匹配的风险
		设计战略落实风险	设计领导者对设计战略重视不够，导致设计战略得不到有效的落实
2	设计能力风险	设计师能力风险	设计师的设计能力与设计战略的需要不匹配的风险
		设计师流失风险	设计团队缺乏凝聚力，导致设计师过多流失的风险
3	设计市场风险	设计目标风险	设计创新目标制定不恰当所带来的风险
		设计需求风险	顾客对设计的需求变化导致的设计资源配置风险
		设计竞争风险	市场竞争环境变化对企业设计活动造成的风险
4	设计环境风险	设计知识产权风险	企业的设计知识产权保护不力而被竞争对手侵权，或者竞争对手知识产权垄断对企业造成的风险
		设计政策法规风险	对政府政策法规不了解，或者政府的政策法规变化对企业设计活动带来的风险

（1）设计领导风险控制

企业设计领导者要提升自身的决策与管理能力，进而提升管理决策的正确性，以降低风险。

一是提升设计领导者的决策能力。设计战略作为一种职能战略，需要设计领导提升管理决策能力，在德国等一些工业设计强国，设计领导与公司的管理者是在同一层级的，设计部门已经成为企业架构中的上层部门。制造型的企业中，至少应该有一个直属负责产品设计团队的副总裁，如果总裁乃至整个管理层都能懂些设计就更好了。管理层必须把工业设计问题提升到企业发展战略的层面上来重新审视。

二是学习设计专业知识，提高对设计发展方向的把握能力，合理配置组织的设计资源，营造企业的设计创新文化等。

三是培养组织的持续设计创新能力。围绕企业产品寿命周期的特点进行设计战略资源的配置。一般而言，当一种产品投入市场时，就应该着手对新产品进行构思和研究；当原有产品进入成长期后，新产品就要投入市场，这是新产品投入市场的最佳时机；当老产品进入衰退期后，新产品应进入成长期，适时接替老产品，使企业保持销售旺势。

（2）设计能力风险控制

设计战略的目的就是为了培养企业的设计能力，为设计活动提供持续、有效的支持。设计能力源于企业培育的优秀的设计师、设计组织能力。

一是从艺术和科学两个方面培育设计师的创新能力。其主旨是通过合适的设计行为，为企业降低风险、分担风险、创造机遇、谋求成功。设计师面对风险以理性为前提，尽可能从不确定环境与后果预测中寻找安全的设计方案。因此，根据设计战略进行设计员工的能力培养、提升设计员工的素质，一方面需要为设计师营造宽松的环境，这样便于激发设计员工的艺术想象和创造力；另一方面需要设计师具备科学的设计理论和思路，将设计活动与企业的产品特点、社会需求紧密结合。

二是构建具有强大的凝聚力的创新团队。建立良好的创新文化，对员工产生强大的凝聚力，构建起创新团队。调查显示，当员工的流失率大于25%时，企业人力资源管理会出现风险，进而增加企业运作的人才风险。

（3）设计市场风险与防范

一是要确定明确的设计目标。设计的目的是使设计对象满足用户的需求，当人们需要某种产品时，就意味着可以进行该产品的设计开发，但能否设计出来、设计出来能否制造出来、制造出来能否带来良好的经济效益，需要综合考虑到社会、经济、技术的相关因素。

二是把握好设计创新的度。设计只有被市场接受和认可，才能产生效益最大化。创新过度，不仅浪费金钱，而且贻误战机，所以必须加快产品研发速度。面对瞬息万变的市场，企业对产品的"新"要把握合适的度，这个度包括"程度"和"速度"。

三是重视竞争对手的创新。创新活动是一个"进化"的过程。在这个过程中，各种创新主体相互竞争，优胜劣汰，只有最先成功完成创新活动的企业才能获取最丰厚的市场回报。因为最先完成创新活动的企业常常能利用专利、技术标准等手段，率先构造技术垄断优势。而后续完成同类创新的企业，不仅没有先机，而且在技术上还会受制于最先获得创新成功的企业，其预想的创新收益将会因此大打折扣。

（4）设计环境风险控制

一是有效识别和控制知识产权风险。企业在通过合作设计、委托设计、购买设计等方式以获得更加理想的设计方案的过程中，重视知识产权的权属问题，明确知识产权的分配权属，能避免产生纠纷；同时，通过建立知识产权管理体系，积极申报知识产权以获取知识产权保护，防止其他企业仿冒，从而影响企业的盈利。

二是有效识别和规避政策法规风险。设计受到许多政策法规因素的影响，涉及社会、经济、文化等多方面的法律法规。法律法规的影响，既可能对设计的发展产生有利的作用，也可能对其产生限制作用。例如，设计选择的产品材料安全性、设计是否侵犯了竞争对手的知识产权等，都会对企业带来致命的影响。因此，设计活动要建立起法律意识，在设计的材料选择、文化内容选择、知识产权等方面进行全面的分析，有效规避政策法规风险。对于大型企业，需要建立起专门的法律部门以防范这一风险。

（二）设计战略控制手段——平衡计分卡

（1）平衡记分卡的概念和特征

通常采用平衡记分卡对企业的战略绩效进行控制。平衡计分卡（Balanced Score Card，简称BSC）就是根据企业组织的战略要求而精心设计的指标体系。卡普兰和诺顿认为，平衡计分卡是一种绩效管理的工具。它将企业战略目标逐层分解转化为各种具体的相互平衡的绩效考核指标体系，并对这些指标的实现状况进行不同时段的考核，从而为企业战略目标的完成建立起可靠的执行基础。

①平衡计分卡是一个系统性的战略管理体系。它是基于企业的总体战略、运用系统理论建立起来的战略管理与执行的工具。

②平衡计分卡是一种先进的绩效衡量的工具，平衡计分卡将战略分成财务、客户、内部营运流程、学习与成长这四个层面的具体目标，并从这四个角度分别设计合适的绩效衡量指标，形成可量化、可测度、可评估性的指标体系。

③平衡计分卡作为一种沟通工具，精心设计的绩效指标使得设计企业抽象的战略转变为清晰、直观、具体的指标体系，易于为组织各级成员理解和认同。

④平衡计分卡注重绩效指标之间的因果关系。平衡计分卡与设计企业的其他绩效管理系统相比较，其主要的差别就在于更加注重各项指标之间的因果关系。

（2）平衡记分卡的分析内容

平衡记分卡是一种革命性的战略评估与管理系统，它通过财务、客户、内部营运流程、学习与成长这四个层面，对设计企业的战略绩效进行系统地评估，如图2-20所示[1]。

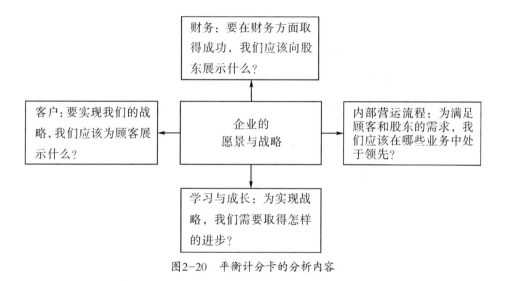

图2-20　平衡计分卡的分析内容

①财务层面

财务性指标是一般企业常用于绩效评估的传统指标。财务层面指标衡量的主要内容包括收入的增长、收入的结构、降低成本、提高生产率、资产的利用和投资战略等。

---

① 刘林青，等. 企业战略管理实验实训教程[M]. 武汉：武汉大学出版社，2008.

财务性绩效指标可以揭示企业的战略及其实施和执行是否正在实现预期的经济目标（如收入、利润等）。但是，不是所有的长期战略都能够在短时期内就产生显著的财务盈利。

②客户层面

平衡记分卡要求设计企业将自己的战略分解为具体的与客户相关的目标和重点工作内容。设计企业应该专注于目标客户和目标市场，根据他们的要求制定相应的绩效指标。

客户最关心的内容主要在时间、质量、性能、服务和成本这五个方面。设计企业必须在这五个方面建立起清晰的目标，然后将这些目标细化为具体的指标。

客户层面的指标衡量的主要内容为市场份额、老客户挽留率、新客户获得率、顾客满意度、从客户处获得的利润率等。

③内部营运流程层面

平衡记分卡中的指标体系构建顺序，通常是首先制定财务、客户方面的目标与指标，然后再确定企业内部流程层面的目标与指标。这种方式有利于突出与股东和客户目标息息相关的因素，以这些因素为指引进行流程设计。

内部运营流程绩效指标应该选择对客户满意度和实现财务目标影响最大的业务流程为核心。内部运营指标既包括短期的现有业务的改善，又涉及长远的产品和服务的创新。内部运营流程层面指标涉及设计企业的改进与创新过程、经营过程和售后服务过程。

④学习与成长层面

学习与成长的目标为其他三个方面的目标提供了基础架构，是驱使财务、客户、流程三个方面取得良好的战略绩效的动力。面对激烈的全球竞争，设计企业今天的技术和能力无法确保其实现未来的业务目标，这需要员工终生学习与成长来适应未来发展的需要。

学习和成长层面的指标涉及员工的能力、授权与相互配合等方面。

（3）平衡记分卡的分析原理

平衡计分卡分析的内容中，其核心是处理好财务指标和非财务指标、长期目标和短期目标、结果性指标与动因性指标、组织内部群体与外部群体、领先指标与滞后指标这五项平衡。

①财务指标和非财务指标的平衡。设计企业不仅要考核财务指标，同时也要对非财务指标（客户、内部营运流程、学习与成长）进行量化考核，使得设计企业的考核更为系统、全面。

②长期目标和短期目标的平衡。平衡计分卡把设计企业的长期目标具体分解为财务、客户、内部营运流程、学习与成长这四个方面的具体考核指标，实现了组织的长期目标与短期目标的平衡。

③结果性指标与动因性指标之间的平衡。平衡计分卡以有效实现设计企业的战略为动因，以可衡量的指标为目标管理的结果，寻求结果性指标与动因性指标之间的平衡。

④组织内部群体与外部群体的平衡。平衡计分卡中，股东与客户为外部群体，员工和内部业务流程是内部群体。在执行战略的过程中，平衡计分卡的运用可以有效地平衡好这两类群体间的利益。

⑤领先指标与滞后指标之间的平衡。财务、客户、内部营运流程、学习与成长这四个方面包含了领先指标和滞后指标。财务指标是一个反映设计企业历史业绩的滞后指标，而后三项指标则是领先指标，平衡记分卡的运用使得企业有了一个平衡领先指标与滞后指标的强有力工具。

第三章
设计资源管理

第一节　设计师管理

一、设计师需求计划

（一）设计师需求预测

设计师需求预测是指根据企业的发展规划和企业的内、外部条件，选择适当的预测技术，对设计师需求的数量、质量和结构进行预测。

（1）设计师需求预测的内容和方法

①设计师需求预测的内容

设计师需求预测的内容既与企业内部的发展有关，也与人力资源市场上设计师人才供给环境有关。设计师需求预测的内容包括设计师需求的数量预测、环境预测、合理结构预测、增减数量预测。

a.设计师需求数量预测：其主要任务是根据企业的内、外部环境和设计战略的要求，预测计划期内所需要的设计师人员数量；

b.设计师环境预测：其主要任务是预测社会经济发展（行业结构及整个社会消费需求的变化）、科技发展（新技术、新工艺、新材料、新设备的发展趋势）、社会发展（人口、教育、生态、社会基础结构的变化）对设计师的供给和需求的影响；

c.设计师合理结构预测：其主要任务是对企业未来所需的设计师团队的专业结构预测、学历结构预测、年龄结构预测、职称结构预测等；

d.设计师增减数量预测：其主要任务是减员需求预测和补充量预测，即预测在计划期内企业的设计师自然减员、调出和内部晋升的数量，以及可能得到的设计师补充量。

②设计师需求预测的方法

设计师需求预测可以从两个方向开展，一个方向是自上而下的预测，另一个方向是自下而上的预测。

a.自上而下的预测方法：由企业的最高层来预测整个企业在计划期内对设计师的总体需求情况；

b.自下而上的预测方法：由企业的基层经理人员对各自部门的设计师需求进行预测，自下而上逐层汇总，然后由高层管理者进行综合平衡。

c.前两种方法的综合：将以上两种方法进行综合运用，通过自上而下、自下而上的多次来回综合与平衡，得到企业对设计师需求的数量预测结果。

（2）设计师需求预测需考虑的因素

企业是基于一些因素的可能变化来预测未来对设计师的需求的。影响企业对设计师需求的因素主要有以下几个方面：

①市场与顾客对企业产品与服务的特殊要求；

②可能的设计师流动率；

③组织结构及其设置的必要性；

④现有设计师的工作情况；

⑤设计师的劳动定额与负荷；

⑥未来的设计任务计划及可能变动的情况；

⑦导致设计效率提高的技术与管理方面的变化；

⑧本部门能够获得的与设计有关的资源。

（3）设计师需求预测的过程

设计师需求预测过程分为现实设计师需求预测、未来设计师需求预测、未来流失设计师需求预测和确定设计师需求的总量这四个阶段。

① 现实设计师需求预测

首先，要根据企业设计战略和经营活动计划进行职务分析，进行设计师需求的总体测算；其次，对企业是否存在设计师缺编、漏编、超编及是否符合职务资格要求进行统计；最后，各部门管理者再将设计师现实需求的统计结果进行讨论并修正，汇总得到企业对设计师的现实需求。

② 未来设计师需求预测

未来设计师需求预测是以企业设计战略和规划为依据，对企业中各部门的设计工作量进行统计分析，并根据设计工作量的变化情况（工作量增加或者减少）确定各部门未来所需要的设计师数量及岗位、职务。

③ 未来流失设计师需求预测

未来流失设计师需求预测的内容包括对近期内可能要退休的设计师进行统计，根据以往数据预测未来可能发生的设计师离职情况。将这两个方面的情况进行综合汇总，计算出未来可能流失的设计师情况。

④ 确定设计师需求的总量

将现实设计师需求、未来设计师需求和未来流失设计师需求情况进行汇总、综合统计和分析，就得到了企业整体的设计师需求情况，包括设计师需求数量、专业和能力要求等。

（二）设计师需求计划的内容体系

设计师需求计划的内容包括两个层次，即综合计划和专项计划。综合计划和专项计划的内容都由计划目标、政策、实施步骤和预算等要素构成，如表3-1所示。

表3-1　设计师需求计划的内容体系

计划类别		目标	政策	实施步骤	预算
综合计划		总目标（绩效、总量、素质、职工满意度等）	基本政策（如扩大、收缩、改革、稳定等）	总体步骤（按年安排，如完善人力信息系统等）	总预算
专项计划	设计师补充计划	类型、数量、对设计师结构与绩效的改善	人员标准；人员来源；起点待遇	拟定标准；广告宣传；考试；录用	宣传、挑选费用
	设计师使用计划	部门编制；设计师结构优化及绩效改善；职务轮换	任职条件；职务轮换范围及时间	根据企业内部制度规定	按使用规模、类别及人员状况确定工资、福利预算
	设计师接替及提升计划	后备设计师数量保持；提高设计师结构及绩效目标	选拔标准、资格、试用期；提升比例	根据企业内部制度规定	职务变化引起的工资变化
	设计师教育培训计划	素质及绩效改善；培养类型数量；提供新设计师；转变态度及作风	培训时间的保证；培训效果的保证（如待遇、考核、使用）	根据企业内部制度规定	教育培训总投入；脱产损失
	设计师评价及激励计划	降低设计师流失率；提高士气水平；绩效改进	激励重点；工资政策；奖励政策；反馈	根据企业内部制度规定	增加工资、奖金额度
	设计师劳动关系计划	减少非期望离职率；干群关系改进；减少投诉率及不满	参与管理；加强沟通	根据企业内部制度规定	法律诉讼费
	设计师退休解聘计划	部门编制；劳务成本降低及生产率提高	退休政策；解聘程序等	根据企业内部制度规定	安置费，人员重置费

（1）综合计划

设计师需求的综合计划是计划期内对设计师开发利用的目标、政策、实施步骤及预算的总体安排。该计划是对一个企业设计师需求的总体情况的计划，主要包括以下的内容：

①设计师需求计划的目标和任务；

②设计师需求的政策及说明；

③对企业内部设计师的需求与供给预测，包括设计师的需求数量、设计师的合理结构、设计师增减数量、设计师的市场供给与可获得性等情况的预测；

④设计师净需求统计，包括企业对设计师的需求数量、结构（专业结构、学历结构、年龄结构、职称结构）等；

⑤各类设计师获取的途径，包括通过社会和市场招聘、与教育及培训机构联合培养、企业自己培养等。

综合计划的制订需要综合考虑设计师需求计划体系中各专项计划之间的平衡，以及设计师需求计划与企业发展规划和经营计划之间的平衡。

（2）专项计划

设计师需求的专项计划是对设计师的补充、使用、接替及提升、教育培训、评价及激励、劳动关系、退休解聘等专项活动的具体计划。该计划是设计师需求的总体计划的细化，其中常用的专项计划有以下几种：

①设计师招聘计划：该专项计划的内容主要包括企业在未来一段时期内需要的设计师类别、数量、时间、特殊设计师人才的供应问题与解决办法（从何处、如何招聘），以及拟定录用条件、成立招聘小组、准备招聘广告与费用、制定招聘进度表等；

②设计师升迁计划：该专项计划的内容主要包括企业在未来一段时期内现有设计师能否升迁、现有设计师经培训后是否适合升迁、过去组织内

的升迁渠道与模式、过去升迁渠道与模式的评价等；

③设计师减员计划：该专项计划的内容主要包括企业在未来一段时期内设计师裁减的对象、时间与地点，哪些设计师经过培训可避免裁减，帮助被裁设计师寻找新工作的具体步骤与措施，被裁减的设计师的补偿等；

④设计师培训计划：该专项计划的内容主要包括企业在未来一段时期内需要培训的新设计师的人数、内容、时间、方式、地点，现有设计师的再次培训（部门培训、公司整体培训）计划，培训费用的估算等。

二、设计师能力评价与培育

设计师的能力评价包括设计师专业能力评价和设计师的心理能力评价。设计师专业能力评价指的是对设计师的知识水平和实践能力的评价。设计师的专业能力一般采用笔试、口试和现场操作考试的方法进行评价（测试）。心理能力评价指的是对设计师的气质、思维敏捷性、个性、特殊才能等进行的评价，从而确定其适应某种岗位的潜在能力。常用的、适合设计师心理能力评价的方法有魏氏成人智慧量表法、明尼苏达空间关系测验法等。本书主要研究设计师专业能力（设计师的知识水平和实践能力）评价的指标和方法。

（一）设计师的专业能力结构

根据斯滕伯格提出的智力成分亚理论，可以将设计师的设计能力划分为设计管理能力、设计操作能力和知识获取能力，如表3-2所示。

表3-2　设计师能力结构体系

一级能力指标	二级能力指标	三级能力指标及其内涵
设计管理能力	设计计划能力	确定目标的能力——拟定设计活动目标并有效推进执行的能力
		选择方法的能力——运用设计决策方法的能力
		设计任务分解能力——根据设计任务的要求对整个设计任务进行细化分解的能力
		设计时间分配能力——根据设计任务合理安排设计工作时间的能力
		设计模式选择能力——设计任务按一定的方式，串联、并联或循环的形式，以促进任务完成的能力
	设计组织能力	善于与团队中的成员进行交流，有效协作及合理配置资源，完成设计任务的能力
	设计控制能力	确定设计过程要素、进程及工作成果等标准，衡量绩效及纠偏的能力
	环境反应能力	设计师受客观事物，比如市场竞争、商品流通、国内外贸易、消费群体的心理因素等刺激时，神经中枢及大脑思维的感觉器官所做出的反应能力
设计操作能力	设计调研能力	设计审美能力——辨别、领会事物的美的信息的能力
		设计感受能力——从生活中发掘设计创意、创新的信息并加以情感化的能力
		设计观察能力——对社会、经济和技术因素的变化信息进行考察的知觉能力
	概念生成能力	设计信息组合能力——指运用综合力、概括力、抽象力、推理力、论证力、判断力等能力，把部分或个体结合成整体
		设计信息比较能力——根据不同的设计信息组合的特征，进行比较分析的能力
	设计表达能力	运用文字表达、速写表现、技术图纸、模型制作、平面及三维软件等技术进行设计表达的综合能力

续表 3-2

一级能力指标	二级能力指标	三级能力指标及其内涵
知识获取能力	知识收集能力	信息跟踪能力——追踪行业发展前沿信息的能力
		信息检索能力——掌握文献信息检索、网络信息查询的途径
		信息调研能力——掌握各种调研技术、调研方法
		信息处理能力——对收集的信息进行加工、利用的能力
	知识内化能力	分析经过选择编码的信息的内部联系，根据信息的内部联系，形成适当的信息结构（即知识体系）
	知识整合能力	知识的关联比较能力——对新旧知识进行比较，建立相互之间的联系
		知识的新旧组合能力——通过新知识与老知识的相互组合构建新的知识体系

（1）设计管理能力

设计管理能力指的是设计师运用管理职能整合利用设计资源、高效率地完成设计目标的能力。设计师的设计管理能力由设计计划能力、设计组织能力、设计控制能力、环境反应能力这四个能力构成。

设计计划能力指的是设计师确定设计目标，并选择合适的实施方法制订设计活动计划的能力，它包括确定目标、选择方法、设计任务分解、设计时间分配和设计模式选择这五项能力。

设计组织能力指的是将设计资源进行系统的整合运用，以保证设计活动有效运行的能力。设计组织能力包括设计团队合作能力和设计资源组织能力。

设计控制能力指的是对设计过程要素、进程及工作成果等确定标准、衡量绩效及纠偏的能力。

环境反应能力指的是设计师受客观事物，比如市场竞争、商品流通、国内外贸易、消费群体的心理因素等刺激时，神经中枢及大脑思维的感觉器官所做出的反应能力。

（2）设计操作能力

设计操作能力指的是设计师形成设计创意并进行可视化表达的能力，包括设计调研能力、概念生成能力和设计表达能力。

设计调研能力指的是设计师收集设计信息，并将设计信息进行初步加工处理的能力，具体包括设计审美能力、设计感受能力和设计观察能力。

概念生成能力指的是将设计调研收集的信息进行精加工处理，形成设计概念的能力。设计概念能力包括设计信息组合能力、设计信息比较能力。

设计表达能力指的是设计师根据设计调研的信息和设计概念定位进行设计方案的可视化表达的能力。设计表达能力主要包括运用文字表达、速写表现、技术图纸、模型制作、平面及三维软件等技术进行设计表达的综合能力，以及运用语言进行设计理念等的表达的能力。

（3）知识获取能力

知识获取能力指的是设计师收集、内化、整合知识的能力。知识获取能力由知识收集能力、知识内化能力和知识整合能力组成。

知识收集能力指的是设计师收集信息、加工信息的能力，主要强调的是知识获取的途径及技术，由信息跟踪能力、信息检索能力、信息调研能力和信息处理能力构成。

知识内化能力是指设计师将获取的信息进行相关性分析并在自己的头脑中形成相对稳定知识体系的能力。

知识整合能力是指对设计师将获取的新知识与自己的老知识进行关联比较和新旧组合的能力，包括知识的关联比较能力和知识的新旧组合能力。

（二）设计师能力评价

（1）定性评价方法——专家意见法

设计师能力的定性评价方法通常采用专家意见法（这里的专家包括企业的专业领导者、人力资源管理领域的专家、专业技术领域的专家等）。

现代设计活动常常是在团队合作的条件下完成的，需要设计师具有良好的合作精神。创意设计活动是一种具有很强的不确定性且日益复杂的工作，需要创造者具有极强的耐心和毅力。因此，设计企业在采用专家意见法评价设计师的能力时，往往将专业能力评价与心理能力评价相结合设计专家评分表。例如，某设计公司招聘设计师的面试阶段，要求设计师现场设计一个作品并介绍自己的设计思路，其专家评分表如表3-3所示。

一般情况下，专家评分表中的评分标准不仅要提出明确的评分项目，还应该对各评价项目制定具体的评分标准和分值，为专家评价设计师的能力提供依据。

表3-3　设计师能力评价专家评分表实例

序号	评分项目	评分标准	单项分值	单项得分
1	设计经历	专利数、设计获奖等级与数量、从事重要产品设计的经历	0～20分	
2	创作水平	作品主题准确性、完整性、新颖性	0～40分	
3	内容陈述	知识准确性、系统完整性、内容层次性、表达逻辑性和简洁性	0～30分	
4	形象举止	衣着、举止、态度	0～10分	
			总　分：____分　专家签名：____	

（2）定量评价方法

采用定量评价的方法进行设计师能力评价的过程包括确定评价指标、确定评价指标权重、评价实施与计算等。

①确定评价指标

企业可以基于表3-2的设计师能力结构体系，根据设计企业对设计师能力要求的特点（不同层级的设计师、不同岗位的设计师的能力要求特点），对设计师能力指标进行选择和具体化。评价指标的确定需要遵循针对性、关键性、系统性等原则。

针对性指的是设计师能力评价指标及其评价的问题应该针对企业的特点（企业规模、战略、设计水平等）和设计岗位的具体要求确定。

关键性指的是设计师能力评价指标及其评价的问题不宜过多，而是聚焦企业对设计师最关键的能力要求进行评价。

系统性指的是设计师能力评价指标及其评价问题的选择应该系统、全面，能够覆盖拟聘用设计师的岗位对设计师的主要能力要求。

②确定评价指标权重

确定评价指标后，应该对设计师的各项评价指标及其评价问题赋予权重。以工业设计师为例，研究发现，高、中、初级工业设计师的专业能力评价指标的权重如表3-4至表3-8所示[①]（仅供一般性参考，不同企业、不同设计岗位的设计师能力评价指标和权重均会有所不同）。

表3-4　高、中、初级工业设计师一级能力评价指标权重

设计师级别	一级能力指标		
	设计管理能力	设计操作能力	知识获取能力
高级工业设计师	0.395	0.321	0.286

[①] 曹南南. 国产大制作电影的艺术消费行为研究[D]. 武汉：武汉理工大学, 2017.

续表 3-4

设计师级别	一级能力指标		
	设计管理能力	设计操作能力	知识获取能力
中级工业设计师	0.356	0.338	0.326
初级工业设计师	0.260	0.440	0.299

表3-5　高、中、初级工业设计师二级能力评价指标权重

一、设计管理能力

设计师级别		二级能力指标			
		设计计划能力	设计组织能力	设计控制能力	环境反应能力
1	高级工业设计师	0.131	0.088	0.102	0.074
2	中级工业设计师	0.076	0.087	0.089	0.104
3	初级工业设计师	0.043	0.040	0.078	0.099

二、设计操作能力

设计师级别		二级能力指标			
		设计调研能力	概念生成能力	设计表达能力	—
1	高级工业设计师	0.067	0.121	0.133	—
2	中级工业设计师	0.099	0.116	0.123	—
3	初级工业设计师	0.116	0.100	0.224	—

三、知识获取能力

设计师级别		二级能力指标			
		知识收集能力	知识内化能力	知识整合能力	—
1	高级工业设计师	0.084	0.085	0.117	—
2	中级工业设计师	0.092	0.082	0.152	—
3	初级工业设计师	0.098	0.073	0.128	—

表3-6　高级工业设计师能力评价指标体系的权重分配

一级能力指标	权重	二级能力指标	权重	三级能力指标	权重
设计管理能力	0.395	设计计划能力	0.131	确定目标的能力	0.041
				选择方法的能力	0.024
				设计任务分解能力	0.019
				设计时间分配能力	0.019
				设计模式选择能力	0.028
		设计组织能力	0.088	—	—
		设计控制能力	0.102	—	—
		环境反应能力	0.074	—	—
设计操作能力	0.321	设计调研能力	0.067	设计审美能力	0.021
				设计感受能力	0.020
				设计观察能力	0.026
		概念生成能力	0.121	设计信息组合能力	0.050
				设计信息比较能力	0.071
		设计表达能力	0.133	—	—
知识获取能力	0.286	知识收集能力	0.084	信息跟踪能力	0.018
				信息检索能力	0.014
				信息调研能力	0.025
				信息处理能力	0.027
		知识内化能力	0.085	—	—
		知识整合能力	0.117	知识的关联比较能力	0.050
				知识的新旧组合能力	0.067

表3-7 中级工业设计师能力评价指标体系的权重分配

一级能力指标	权重	二级能力指标	权重	三级能力指标	权重
设计管理能力	0.356	设计计划能力	0.076	确定目标的能力	0.019
				选择方法的能力	0.014
				设计任务分解能力	0.013
				设计时间分配能力	0.011
				设计模式选择能力	0.019
		设计组织能力	0.087	—	—
		设计控制能力	0.089	—	—
		环境反应能力	0.104	—	—
设计操作能力	0.338	设计调研能力	0.099	设计审美能力	0.044
				设计感受能力	0.027
				设计观察能力	0.028
		概念生成能力	0.116	设计信息组合能力	0.058
				设计信息比较能力	0.058
		设计表达能力	0.123	—	—
知识获取能力	0.326	知识收集能力	0.092	信息跟踪能力	0.019
				信息检索能力	0.018
				信息调研能力	0.022
				信息处理能力	0.033
		知识内化能力	0.082	—	—
		知识整合能力	0.152	知识的关联比较能力	0.056
				知识的新旧组合能力	0.096

表3-8 初级工业设计师能力评价指标体系的权重分配

一级能力指标	权重	二级能力指标	权重	三级能力指标	权重
设计管理能力	0.260	设计计划能力	0.043	确定目标的能力	0.012
				选择方法的能力	0.009
				设计任务分解能力	0.007
				设计时间分配能力	0.007
				设计模式选择能力	0.008
		设计组织能力	0.040	—	—
		设计控制能力	0.078	—	—
		环境反应能力	0.099	—	—
设计操作能力	0.440	设计调研能力	0.116	设计审美能力	0.055
				设计感受能力	0.037
				设计观察能力	0.024
		概念生成能力	0.100	设计信息组合能力	0.057
				设计信息比较能力	0.043
		设计表达能力	0.224	—	—
知识获取能力	0.299	知识收集能力	0.098	信息跟踪能力	0.014
				信息检索能力	0.028
				信息调研能力	0.030
				信息处理能力	0.026
		知识内化能力	0.073	—	—
		知识整合能力	0.128	知识的关联比较能力	0.060
				知识的新旧组合能力	0.068

③评价实施与计算

首先，采用笔试、技能测试、专家评价等方式，对设计师能力进行评价，得到被评价设计师的各评价指标的得分；

然后，对每一个设计师的能力评价得分进行计算与汇总，得到每一个被评价设计师的设计能力综合得分及其各设计能力指标得分的分布特点。

（三）设计师培训

设计师培训指的是企业为了提高设计师的劳动生产率和提高设计师对职业的满足程度，采取各种方法对设计人员进行的教育培训类的投资活动。

（1）培训的类型

设计师培训的形式很多，常用的培训形式主要有以下几种类型：

①按照培训对象的范围，可以划分为全员培训、初级设计师培训、中级设计师培训、高级设计师培训、管理人员培训等；

②按照培训时间的阶段划分，可以划分为职前培训（就业培训）、在职培训、职外培训等；

③按照培训时间的长短不同，可以划分为脱产培训（在培训期间离开工作岗位）、半脱产培训、业余培训（利用工作以外的时间培训）等；

④按照培训单位的不同，可以划分为企业自己培训、委托大专院校或社会办学机构培训、企业同大专院校联合培养等；

⑤按照培训教学手段的不同，可以划分为面授、函授、多媒体技术授课等。

此外，还有许多其他有效的培训形式，如设计竞赛、现场教学等。

（2）培训的方法

设计师培训的一般方法可以从在职培训和脱产培训两个方面进行分类。此外，企业还可以采用设计创意培训方法，如表3-9所示。

表3-9　设计师培训的主要方法和内容

方法大类	具体方法		培训内容
一般职业培训方法	在职培训	职务轮换	通过横向的工作岗位交换，让设计师从事另一些职位的工作，从而丰富工作经历
		预备实习	让设计师跟随富有经验的设计师、管理者等人员工作一段时间，接受其指导和鼓励
	脱产培训	面授讲座	通过面授讲座的形式向设计师传授特定的专业设计技术和技能、人际关系及解决问题的技能
		多媒体授课	借助多媒体、网络向设计师展示其他培训方法不易传授的设计技术和技能
		模拟演习	通过做实际的或模拟的设计工作学习设计技能，如案例分析、实验演习、角色扮演和小组互动等
		仿真操作	在一个模拟现实的设计工作环境中，模拟特定的设计项目训练设计师的设计能力
设计创意培训方法	头脑风暴法		培训设计师学会组织和运用会议方式集思广益、共同解决创意问题的方法
	检查单法		培训设计师运用检查单把现有事物的要素进行分离，然后按照新的要求和目的加以重组或置换部分因素，获得新创意的方法
	类比模拟发明法		拟人类比培训：培训设计师模仿人的生理特征、动作用于创意设计
			仿生类比培训：培训设计师模仿其他生物的特性用于创意设计
			原理类比培训：培训设计师按照事物的原理推及其他事物用于创意设计
			象征类比培训：培训设计师使用引起联想的样式或符号进行创意设计
	综合移植法		培训设计师应用或移植其他领域里发生的新原理或新技术用于创意设计
	希望点列举法		培训设计师学习和掌握对客户群体的希望点进行搜集整理的方法

三、设计师绩效评价与激励

（一）设计师绩效评价

设计师绩效评价的过程就是将设计师的工作绩效同要求其达到的工作绩效标准进行比对的过程。设计师绩效评价过程包括评价准备、评价实施、结果反馈、结果运用等阶段，如图3-1所示。

图3-1　设计师绩效评价的过程

（1）设计师绩效评价准备

设计师绩效评价的准备工作主要有确定评价标准和指标、权重；在此基础上，设计评价表格，并对承担具体的评价工作的人员进行培训。这里主要介绍设计师评价标准和权重这两个方面的基础性问题。

①确定绩效评价标准的类型和表现形式

设计师绩效评价标准一般分为工作业务标准和工作行为标准这两类：

a.工作业务标准：即企业设计业务领域的重点绩效标准（企业设计业务领域常见的重点业务标准有市场领先、客户满意、利润保证、技术创新、产品领先等）；

b.工作行为标准：即设计师为完成业务活动所拟定的手段（重要措施）的执行程度的标准，它反映的是设计师对待设计工作的态度和意愿。

设计师绩效评价标准的表现形式有数量标准、质量标准、时间标准和成本标准：

a.数量标准：包括每月、季度完成的设计作品、设计项目数量、收入等指标；

b.质量标准：包括顾客对设计作品的满意度、设计工作的差错率、设计失误导致的时间损失和经济损失、返工或完全废弃的设计作品百分比等指标；

c.时间标准：包括完成工作的天数、完成每个单位工作的时间、错过设计任务计划截止期的百分比或数量、尚未按时完成的工作还需要延迟的天数等指标；

d.成本标准：包括设计实际成本与预算偏差的百分比、比以前的工作所节省的金额等指标。

②确定绩效评价标准的权重

设计师绩效评价的权重指的是每一个绩效指标的相对重要度。对于不同专业领域、不同级别的设计师，即使是同样的评价标准和指标，其重要度也是不同的。表3-10所示为确定评价标准的权重的案例。

表3-10　不同级别的员工绩效评价因素的权重

评价种类	评价因素	级别			
		普通员工	初级管理者	中级管理者	高级管理者
提升评价	成绩	20%	25%	25%	25%
	工作态度	50%	40%	35%	30%
	能力	30%	35%	40%	45%
奖金评价	成绩	40%	50%	60%	70%
	工作态度	60%	50%	40%	30%

（2）设计师绩效评价实施

①设计师绩效评价方式

设计师绩效评价方式的种类比较多。按照评价时间的不同，可以分为日常评价与定期评价；按照评价主体的不同，可分为主管评价、自我评价、同事评价和下属评价；按照评价结果的表现形式的不同，可分为定性评价和定量评价，如表3-11所示。

表3-11　设计师绩效评价的方式

序号	分类标准	评价方式	具体方式	备注
1	评价的时间	日常评价	日常开展的经常性评价	对被评价者的出勤情况、产量和质量实绩、平时的工作行为所做的经常性评价
		定期评价	按照固定考察期所进行的评价	如年度评价、季度评价等
2	评价的主体	主管评价	上级主管对下属员工的评价	优点：减少被评价者的心理压力、保证评价结果的可靠性；缺点：主观性较强
		自我评价	被评价者本人对自己的工作状态及成果做出评价	优点：透明度比较高；缺点：由于被评价者自我要求的差异性，评价往往"倾高"
		同事评价	同级的同事之间进行评价	优点：民主性较高；缺点：易受被评价者个人交际情况的影响
		下属评价	下级员工对其直属上级的评价	通常选取员工代表，利用打分法进行评价；评价结果可公开也可不公开

续表 3-11

序号	分类标准	评价方式	具体方式	备注
3	评价的结果	定性评价	以语言或者高低的相对层级/次序的形式表示评价结果	评价结果以文字描述,或以高低的相对次序(优、良、中、差,或 A、B、C、D 分级等)形式表现
		定量评价	以数字的形式表示评价结果	评价结果以分值或系数等数量的形式表示

②设计师绩效评价方法

关键绩效指标法(Key Performance Indicator)是企业中广泛运用的绩效评价方法,该方法也非常适用于设计师的绩效评价。KPI法符合"二八定律",即用20%的指标就能够评价80%的工作业绩。

KPI法用衡量设计师绩效目标实现程度的关键指标作为绩效评价标准,这些关键指标是企业战略目标在设计活动中的具体体现。运用关键绩效指标法进行绩效目标评价的目的是建立起一种工作机制,将企业的战略目标转化为企业员工的自主行动,以不断地增强企业的核心竞争能力,求得企业长期的生存与发展。

运用KPI法选择评价指标的标准有三条,即指标的关键性、指标的可操作性和职位的可控制性。指标的关键性指的是设计师绩效评价指标应该是最重要的指标;指标的可操作性指的是评价指标的绩效数据或者信息是可以获取和衡量的;职位的可控制性指的是关键绩效指标衡量成果是该职位员工可控制和影响的内部因素所决定的,而不受外部的不可控因素的影响。

运用KPI法评价设计师绩效的过程包括以下几个步骤:

步骤一:确定组织目标。企业确定组织层面的绩效标准,作为具体设计活动的统领性标准。

步骤二：确立关键业务标准。企业将组织层面的绩效标准分解为各设计岗位、设计活动的关键业务标准（如市场领先、客户满意、利润保证、技术创新产品领先等方面的标准），以及各指标的权重。关键业务标准的确立应该经过自上而下、自下而上的反复沟通，以达成切实可行的共识性标准。

步骤三：确立关键行为标准。企业围绕关键业务标准的要求，确定设计师完成关键业务活动所需要采取的关键行为措施，以及各指标的权重。

步骤四：确定关键绩效标准的指标值。企业以历史数据为基础，结合未来的设计环境和条件，确定关键绩效指标的指标值。

某公司运用KPI法建立的某一岗位的设计师绩效评价标准案例如表3-12所示。

表3-12　某公司某一岗位设计师绩效评价指标体系和权重

评价指标		权重	完成情况	得分
工作业务标准（80%）	设计标准达成率	20%		
	顾客对设计工作的评价	25%		
	顾客的评价和其他评价反馈意见的完成率	15%		
	设计计划完成率	30%		
	设计过程规范性	10%		
工作行为标准（20%）	文档记录	60%		
	团队合作	40%		
其他说明	对工作目标/标准的补充说明：		员工签名：	

（3）设计师绩效评价结果反馈与运用

设计师绩效评价工作结束后，一般会将评价结果告知员工，使之明白自己的绩效水平。但是，由于设计创意的不确定性以及设计评价存在比较强的主观性，使得设计师的日常绩效评价结果存在比较大的波动。为了不影响设计师的工作心态，一些设计企业往往只是在一定的时间节点（如年度、半年度等重要的考核节点）将工作绩效排名告知领先、落后的员工，以激励先进、鞭策落后，其他设计师则不会被告知绩效排名情况。

最后，企业运用绩效评价结果针对性地对员工进行激励（包括对绩效良好的员工的奖励和对绩效差的员工的惩罚），进而起到促进员工积极向上的效果。此外，企业还应该针对设计师绩效评价中发现的评价指标及其权重存在的问题进行改进，进一步提高绩效评价工作的合理性。

（二）设计师激励

（1）设计师激励的手段

设计师激励的手段主要有物质激励和精神激励这两种类型。物质激励的形式主要是工资、奖金和福利等。精神激励的主要形式包括表彰与批评、吸引员工参与管理和满足员工的成就感等，可以采用目标激励、荣誉激励、培训激励、晋升激励、参与激励、环境激励等众多的精神激励方式。设计师激励的手段如表3-13所示。

表3-13　设计师激励的手段

类别	激励形式	内容	要求
物质激励	工资	设计师定额劳动的报酬，表明设计师具备担任目前岗位职务的能力	一是二者必须有机地结合起来，在不同的历史阶段、不同的环境条件下，采取恰当的"激励组合"；二是由于二者都以激发设计师的工作积极性为目的，就必须通过人事考核、绩效评价等科学的方法，客观评价人的行为表现和工作成果，这样才能收到实效
物质激励	奖金	设计师业务绩效的额外报酬，意味着设计师具有为公司创造经济价值的能力	
物质激励	福利	为设计师解决家庭负担过重及后顾之忧的问题，让设计师安心工作	
精神激励	目标激励	使设计师个人的目标与组织的目标协调一致，通过目标激励获得一种满足感	
精神激励	荣誉激励	公开承认设计师的成绩，并授予象征荣誉的奖品、光荣称号等，满足其尊重需求及成就感	
精神激励	培训激励	提高设计师达到目标的工作能力，既满足其求知需要，又调动其工作积极性	
精神激励	晋升激励	提拔设计师到更重要的工作岗位上，满足其自我实现的需要	
精神激励	参与激励	让设计师在企业的重大决策和管理事务中发挥作用，培养其参与意识，激发其工作动力	
精神激励	环境激励	创造一个良好的环境，使设计师心情舒畅、精神饱满地工作	

（2）设计师激励的基准和方法

①薪酬激励

确定设计师薪酬的基准有计时工资制和计件工资制，确定设计师薪酬的方法有职位工资制、技能工资制和市场定价工资制，如表3-14所示。

表3-14　确定薪酬的基准和方法

	类型	含义	优点	缺点
确定薪酬的基准	计时工资制	按照设计师的工作时间来计算报酬	依据设计师在岗时间和技术水平客观地确定工资标准；对设计师的工作和生活有较大的保障性	不能全面反映同等级设计师在同一工作时间内产出的劳动量和劳动成果的差别，在一定程度上造成了平均主义
	计件工资制	按照设计师的合格作品数量（或作业量）和预先规定的计件单价来计算报酬	激励设计师提高工作效率、自愿加班加点以提高产量	设计师因为追求数量而责任心降低、作品的创意水平和合格率降低
确定薪酬的方法	职位工资制	根据设计师所承担的职位的价值确定其工资报酬，"对岗不对人"	易于操作，只要职位评价合理就能够在一定程度上调动设计师的工作积极性	由于职位的缺乏而不能及时得到晋升的员工会产生不公平感
	技能工资制	根据设计师的实际工作质量和数量确定报酬的多元组合工资类型	能够起到鼓励设计师提升专业能力的作用	过度专注当前目标的完成；企业的薪酬成本不易控制；对顶尖业务骨干的进一步激励比较困难
	市场定价工资制	根据地区及行业人才市场的薪酬调查结果，来确定设计岗位的具体薪酬水平	通过薪酬策略吸引和留住关键人才；降低企业内部设计师之间的矛盾	要求企业良好的发展能力和盈利水平；企业内部薪酬差距会很大，影响组织内部的公平性

②目标激励

设计师目标激励是企业通过设置合理的设计工作目标，激发设计师的工作积极性和创造性，从而实现组织的总体目标。设计师目标激励的过程包括三个步骤：

a.设置目标，树立信心：企业设定近期、中期和远期目标。其中，近期目标要让设计师切实感受到个人的工作绩效与企业整体目标之间的关系，使之具有高度的责任心；中、远期目标则要让设计师看到未来美好的前景。

b.分解目标，责利挂钩：把企业的整体目标分解到设计职能部门，再由设计职能部门帮助确立设计师个人的目标，以具体指导设计师的实际行动。

c.创设目标环境，保证目标实施：在目标设置后，企业管理者要努力为设计师实现目标营造一个良好的内部环境，以激发和保持设计师的积极性和创造性。

第二节　设计知识管理

一、知识的内容与设计知识管理

（一）知识的来源和类型

（1）知识的来源

从知识管理的角度来看，知识是逐步发展的，它从噪声中分拣出数据、转化为信息、升级为知识、升华为智慧。图3-2所示是知识的五个演进层次，它们可以双向演进。

图3-2　知识的五个相关概念及其关系

知识演进的过程，是信息管理和分类的过程，它让信息从庞大无序发展到分类有序。这就是一个知识管理的过程，也是一个让信息价值升华的过程。

（2）知识的类型

按照知识获取的方式进行分类，可以将其划分为显性知识和隐性知识，如表3-15所示。隐性知识是指存在人头脑中的隐性的、非结构化、不可编码的知识[①]。显性知识是指可以用某种符号系统来表达的知识[②]。

表3-15　企业知识管理的类型和特点

序号	特征	隐性知识	显性知识
1	性质	个人的、特定的隐含结构（个人的思想、经验等）	可编辑、可表述
2	来源	个人学习和实践过程中的直接经验，以及与有经验的人的接触和思想交流	通过学习、教育、训练来获得，并储存在大脑中
3	存在状态	非结构化、难以记录、难以编码、难以用语言表达	结构化，可以用语言、文字进行口头和书面表达
4	表现形式	个人经验、个人想法、洞察力、分析能力、价值观、各种判断、思想、创新等	人们记忆的文字、科学知识、资料、作家的名篇等
5	存在的地点	存在于人的大脑、心灵深处	储存于文件、数据库、网页、电子邮件、书籍、图表中
6	开发过程	在实践中落实、在错误中尝试	阐述隐性知识，理解和解释信息

①　胡刃锋. 产学研协同创新隐性知识共享机制[M]. 北京：光明日报出版社，2018.
②　刁丽琳. 产学研合作契约类型、信任与知识转移的关系研究[M]. 北京：中国经济出版社，2016.

续表 3-15

序号	特征	隐性知识	显性知识
7	转换过程	通过比喻、类推的想象化的方法将隐性知识转化成显性知识	通过理解、消化吸收，将显性知识转化成隐性知识
8	信息技术支持	难以用信息技术进行管理、共享和支持	可以用现有的信息技术支持
9	需要的媒介	需要丰富的、多媒介的渠道进行沟通和传递	可通过传统的电子渠道传递

科学知识是人们将探索、研究、感悟宇宙万物变化规律而得到的各种知识进行细化分类而逐渐形成的知识体系的总称，是人类认识世界的精华。科学知识可以划分为自然科学知识、社会科学知识和思维科学知识。自然科学知识是揭示大自然中有机或无机事物和现象的规律的科学知识，包括天文学、物理学、化学、地球科学、生物学等学科知识。社会科学知识是关于人类社会的各种社会现象的科学知识，包括经济学、政治学、法学、伦理学、历史学、社会学、心理学、教育学、管理学、人类学、民俗学、新闻学、传播学等学科知识。思维科学知识指的是揭示思维活动规律和形式的科学知识，包括社会思维、逻辑思维、形象思维和灵感思维等科学知识。

（二）设计知识管理的含义和管理对象

（1）设计知识管理的含义

知识管理是一个内涵宽泛的概念，专家和学者们试图从不同的角度定义知识管理。人们首先是在生产实践中总结知识管理的含义，如美国德尔福集团创始人之一卡尔·弗拉保罗认为知识管理就是运用集体的智慧提高应变和创新能力。随着人们对知识管理认识的深入，对知识管理的定义更具操作性，如"知识管理是运用先进的信息和通信手段，将企业知识作为'资本财产'来进行管理的一套独特的企业管理实践活动"[1]。

综合各位专家学者的观点，可以将知识管理定义为：知识管理是将知识、信息的生产、分配、使用、共享与企业生产经营活动及发展战略有机结合起来使之增强组织绩效并形成竞争优势的管理活动过程。

设计知识管理是在设计战略的指导下，在知识管理制度和相关工具的支持下，以产品设计知识为核心，通过获取、整合和共享等知识管理过程，运用集体智慧提高企业整体的设计响应和产品创新能力的管理活动。设计知识管理的概念具有以下特点：

一是设计知识管理的对象为企业的产品或服务设计知识；

二是设计知识管理是在企业的设计战略指导下开展的；

三是设计知识管理的目标是提升企业整体的设计响应和产品创新能力，即快速实现响应客户，以及不断地进行产品的创新。

（2）设计知识管理的对象[2]

设计知识管理的对象可分为三种类型：

a.设计对象的知识，主要包括设计的行业规范、各种设计约束和要求、产品实例表等；

b.设计过程的知识，主要包括设计手册、经验数据和计算模型、设计修改经验表等；

c.专家和工程师所具备的设计知识及经验，它既是对知识的管理，也

---

① 姜国政，方家平. 知识管理：21世纪企业管理新模式[J]. 当代经济，2001（9）：30-31.

② 蒋祖华，苏海. 工程设计类知识管理技术研究[J]. 计算机集成制造系统，2004（10）：1225-1232.

是对人的管理（可以以专家和工程师的专业知识特点为关键词建立专家信息库）。

（三）设计知识管理的发展趋势

随着知识经济的发展，知识管理将和当初的信息管理一样快速发展，并将对设计领域产生翻天覆地的影响。设计知识管理的发展将呈现出从信息向知识、从等级管理向网络管理、从被动培训向主动学习、从本地（一国）向全球、从竞争战略向合作战略这五个方面的转变趋势。

（1）从信息向知识的转变

设计知识管理不只是管理信息和信息技术，其重点在于对设计知识的创造和运用以及对以设计师为核心的人的管理。组织中的员工持续不断地将信息（例如图纸、资料、备忘录、报告等）转变成可以交流和共享的设计知识，使其充分发挥潜力、塑造组织的核心能力。

（2）从等级管理向网络管理的转变

随着信息时代向知识经济时代的跨越，设计知识管理的模式已由原先的等级管理模式转变为扁平化的网络管理模式。企业建立的共享设计知识的网络平台，加快了设计师之间和设计师与其他人员之间的信息与知识传递、交流、反馈，进而提高了知识传播效率，减少了管理层级，增加了组织的利益，提升了组织的应变能力。

（3）从被动培训向主动学习的转变

知识经济时代的知识发展日新月异，组织的设计知识管理鼓励员工主动搜寻知识，通过知识网络平台和培训为员工丰富自己的知识体系提供条件，以增强组织的竞争力。在这样的背景下，员工可以有更丰富的资源用于主动学习，以适应知识的快速更新和组织的发展。同时，鼓励和促进员工之间的直接接触和交流，也有助于在员工中建立起更加浓厚的相互理解、信任和开放的人文环境①。

（4）从本地（一国）向全球的转变

设计活动是一种以知识创造为核心的生产活动。在知识经济和全球化时代，知识的全球化传播既给企业带来了机遇，也形成了巨大的全球竞争压力。企业应该立足于全球化竞争，从设计知识的成本、时间以及质量三个方面进行控制，提高设计知识管理的知识生产、获取、共享和利用的有效性和效率。

（5）从竞争战略向合作战略的转变

计算机与信息网络的快速发展、网络云服务的兴起，使得即时分享设计信息与知识的系统应运而生，设计知识管理的核心概念也由此得到了跨越时空的发展。企业应该顺应时代的发展，通过组织之间的合作和国际交流合作进行全球化的设计知识管理，以充分利用社会资源、增强自己的创意和创新能力。

二、设计知识创造与运用管理

设计知识管理是涉及整个组织所有方面的一项系统的工程。设计知识管理活动的过程首先是在分析企业内外部知识环境的基础上确定知识管理目标，然后建立知识管理组织，开展知识共享，并对企业的知识资产进行有效的管理。这一过程如图3-3所示。

① 刘峰. 知识型企业的知识管理[D]. 北京：首都经济贸易大学，2003.

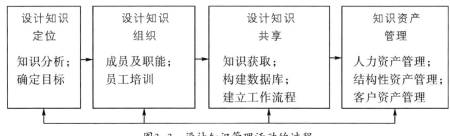

图3-3 设计知识管理活动的过程

（一）设计知识管理定位

（1）设计知识管理环境分析

知识管理专家Amrit Tiwana认为知识是战略驱动的原动力，战略又在更高层面上驱动了知识管理；在知识管理和组织战略间加强联系，有利于知识管理系统传递应有的价值。[①]显然，企业的设计知识管理是与企业战略密切互动的，战略环境分析是设计知识管理的重要内容和基础。

设计企业和设计活动中客观地存在着大量的知识，它们存在于流程、实际操作、诀窍、客户信任、管理信息系统、企业文化中。设计知识管理在21世纪被许多企业看成企业的基本战略，设计知识管理环境包括了企业内部环境和企业外部环境。

设计知识管理的内部环境通常是指企业的内部环境或知识环境，涉及的范围非常广泛，主要包括设计及其密切相关的专业知识、结构性知识（如数据库中储存的知识）、客户知识等；外部环境指的是企业外部的与

① 蒂瓦纳（Tiwana，A.）．知识管理十步走：整合信息技术、策略与知识平台[M]．2版．董小英，等译．北京：电子工业出版社，2004.

设计知识获取与运用相关的社会、文化、地理等环境因素（例如，保守的地域文化观念容易阻碍设计师之间的设计知识交流）。

（2）制定知识管理目标

企业设计知识管理的目标可以划分为综合目标和具体目标。设计知识管理的综合目标主要是通过实施设计知识管理而提高企业盈利能力。具体目标是企业建立起逻辑关系明确的设计知识管理目标体系，它清晰地描述企业自己的设计知识管理的方向和重点，并作为驱动设计知识管理的动力和衡量标准，让设计知识管理在企业的各个层级得到很好的贯彻落实。

企业设计知识管理的具体目标主要包括以下内容：

a.积累和扩大企业的设计知识资源：注重从外部汲取信息和知识，并进行积极的消化和吸收，把它变为企业自己的有用资源；

b.创造设计知识运用的环境条件：通过创造适宜的环境和条件（包括构建知识管理信息网络平台、建立知识管理制度体系等），充分开发和有效利用企业的设计知识资源，促进以创新、创意为目的的设计知识生产；

c.实现企业组织内部设计知识的交流与共享：通过设计知识的交流与共享以充分利用设计知识，促进组织发展；

d.塑造企业组织的持久创新能力和核心竞争力：将企业的设计知识生产和设计知识资源融入企业的产品或服务的生产流程之中；

e.重点管理好企业的设计知识资产：将与设计相关的人力资产、结构资产、客户资产进行统筹管理，服务企业知识创新和企业发展。

（二）设计知识管理组织

（1）设计知识管理者及其作用

企业从事设计知识管理活动的成员一般有高级知识主管（CKO）、知识管理的项目经理、知识管理的专业人员和设计师等一线工作人员这四个层次：

a.高级知识主管：CKO全面负责企业的设计知识管理工作，负责建立企业的知识文化，创造知识管理的技术基础结构（共享资源的网络系统、交换信息的手段等），让知识管理产生经济效益；

b.知识管理的项目经理：对具体的设计知识形式进行管理，对与设计知识相关的特定活动予以改进；

c.知识管理的专业人员：从知识的拥有者那里获取知识，对知识进行提炼、储存；

d.设计师等一线工作人员：在完成本职工作的过程中创造知识、储存知识和传播知识。

（2）设计知识管理部门的职能

企业的设计知识管理部门根据组织的知识管理目标，构建知识管理体系，负责设计知识的获取、加工、储存与运用，具体表现为以下几个方面的职责：

a.了解公司的内部环境及公司的设计信息和知识需求；

b.建立和造就一个能够促进学习、积累知识和知识共享的环境和基础结构（技术基础结构、规章制度体系等）；

c.监督和保证知识库内容的质量、深度、风格，以及知识库设施的正常运行；

d.加强知识集成、产生新的知识，促进知识共享；

e.管理企业外部的知识网络。

（3）设计知识管理的企业组织协同[①]

企业开展设计知识管理时，必须按照设计知识管理的要求对企业的组织结构做适当的调适，以适应组织设计知识创造与共享的要求。

①加强企业的知识界面管理

知识界面是指为了完成同一任务或解决某一问题，企业之间、企业内部各组织部门之间、各有关成员之间在知识交流方面的相互作用关系。

企业的知识界面分为三个层次，包括企业整体层面上的知识界面、企业内各职能部门之间知识的协调和联系方式、同一个职能部门内部的不同小组之间的知识界面。

企业进行设计知识管理，就必须根据设计知识创造与共享的特点建立知识界面管理的组织措施和制度规范，促进组织内部以设计知识为核心的知识创造与共享。

②建立扁平网络化组织

可以把企业的经济活动分为两个层次，一个是经营管理层，另一个是价值流小组层。经营管理层确定企业的发展方向，制定战略规划和计划。价值流小组层是企业内部价值流的运作者，或者外部顾客创造价值的衔接者。

网络化的组织指的是企业利用知识管理技术基础设施所建立的网络，把经营管理层和各个价值流小组连接成一个层级少、信息通畅、联系紧密的整体。设计企业建立扁平网络化的组织有利于知识资源的管理，以促进设计企业内知识的生成、共享和使用。

（4）知识型员工的设计知识培训

企业的设计知识存在于每个设计师及其相关员工之中，因此知识型员工培训是设计知识管理的最基本的要素。

知识型员工培训指的是组织为开展业务及培育人才的需要，对知识型

---

① 王如富，徐金发. 知识管理的组织基础[J]. 科研管理，2000（5）：16-20.

员工进行的有目的、有计划的训练活动。

　　企业的知识型员工培训是建立在个人的知识管理的基础上，Dorsey教授认为个人知识管理的内容由七个方面构成[1]，如图3-4所示，企业的知识型员工培训的内容应该围绕这些方面开展。

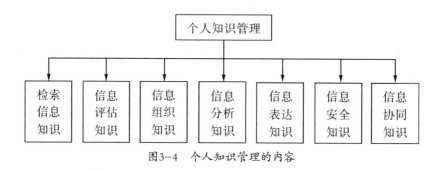

图3-4　个人知识管理的内容

（三）设计知识共享管理

　　企业建立知识管理的重要目的就是为了实现知识的共享。知识共享是对知识进行分析与综合思考的过程，它将创新的知识由隐性知识转化为显性知识，通过知识管理数据库储存和调用，并以工作流程为载体实现在企业中共享。

　　（1）共享的基础——设计知识收集、加工与储存

　　设计知识共享的基础是企业建立起设计知识的收集、加工与储存的工

---

① 校辉. 整车开发项目实施方法论和流程研究及应用[D]. 上海：上海交通大学，2010.

作和管理机制。设计知识的收集包括内部知识的收集和外部知识的收集；知识的加工包括将收集的知识进行提炼、分类、整合，完善和优化企业的设计知识体系；知识的储存指的是企业建立储存与管理设计知识的资源条件。

将员工头脑中的隐性知识转化成企业需要的显性知识，从而帮助更多的管理者和员工更好地完成决策、管理、运营、操作等工作，是企业收集设计知识、构建企业核心竞争力的重要手段。企业通常借助设计流程的开发、设计流程的自动化、设计质量控制、设计绩效评价、设计过程再造、设计项目管理框架构建、设计信息技术应用、设计标准化和策略、设计产品创新等方式，将隐性知识转化成企业需要的显性知识。

一般情况下，设计师由于担心自己的隐性知识显性化或社会化后，会使自己失去竞争优势，往往不愿与他人分享自己的经验和知识。但是，设计师的个人知识只有通过显性化或社会化后，才能不断上升为组织知识，从而转化为组织的资源和财富。因此，企业需要建立愿意分享知识的组织文化。

建立愿意分享知识的组织文化，首先要让设计师以开阔的眼界意识到分享知识并创造新的知识，是设计师自己和组织持续保持在某领域的先进性的最佳方法；同时，组织也应该为知识的提供者提供必要的保护，如保证设计师在组织中的地位，将设计师为组织做出的贡献与其个人利益联系起来[①]。

知识的共享也可能会导致企业的核心知识泄密，进而丧失企业的核心

---

① 黄雷. 提升工业设计师创新能力的知识管理研究[D]. 上海：上海交通大学，2008.

竞争力。故此，企业需要建立起一套核心知识运用的严格保密措施，例如设置企业知识库的共享权限、关键工艺与产品技术知识的分离使用、与接触和创造关键知识的员工签订保密协议等。

（2）共享的手段——知识管理数据库（知识管理平台）

现代企业运用信息技术为主的硬件和软件构建起知识管理数据库，具体包括企业内部网络和外部网络、决策支持系统、管理信息系统、电子数据传输系统、文件管理系统、数据存储、共享交流软件、项目管理等。这些技术可以对数据、信息、知识进行收集、整理，并产生新知识，形成商业决策和企业知识资产。

由于每个企业的企业组织、流程、绩效管理方式存在很大的差别，因此，知识管理对每个企业来说是独一无二的，如同人的指纹一样，具有唯一性。每一个企业应该根据自己的特点建立起一个适合自己的设计知识管理解决方案。

尽管企业知识管理解决方案不具备普适性，但在管理系统结构、基本方法等方面仍然具有共性。以上海浩汉工业设计公司的知识管理系统为例，该系统的功能分为项目管理、绩效管理、知识运用、知识积累四个方面，如图3-5所示。其中，项目管理的内容包括计划管理、进度控制等；绩效管理的内容包括员工绩效（进度、质量、排序等）和组织绩效（平衡计分卡）；知识运用的内容包括了知识共享与知识交流；知识积累的内容包括了内部知识储存和外部知识收集。

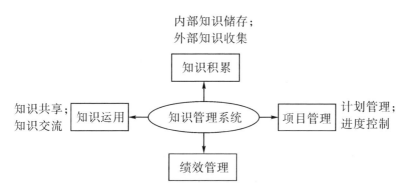

图3-5 上海浩汉工业设计公司的知识管理平台结构

（3）共享的载体——共享知识的工作流程

设计知识的共享是在各类"实体"的工作流程中得以实现的，这些流程表现为设计流程、展示流程、制造流程、作业流程、服务流程、订单处理流程、库存流程、运输流程等。在组织工作流程的构建和运行过程中，都应该充分考虑设计知识共享的要求。

在组织流程构建时，通过组织投入、激励机制、人员素质培养、企业文化建设、核心业务运营等因素中充分考虑与设计知识的结合，让知识共享紧密地融入企业的工作流程中。

在组织流程运行的过程中，建立起知识的储存与调用、在线讨论、新闻组和论坛等机制。在线讨论帮助团队成员利用交流软件来共享知识；新闻组和论坛是自由交流的场所，让参加者彼此交换意见，提供信息、建议等。在这些自由的在线交流过程中，人们将自己的隐性知识显性化，为交流者共享，人们就可以从中发现一些问题的解决方法。

（四）设计知识资产管理

知识资产是指企业拥有或控制的、不具有独立实物形态、对生产和服务长期发挥作用并能带来经济效益的知识。知识资产是企业创造价值不可缺少的特有资源，它既是企业知识创新的基础，又是创新产出和创新过程的调节因素。

现代知识的发展突飞猛进，企业的知识资产是动态的，会随着环境的变化和自身的发展而不断创造新的知识、放弃落后的知识。企业的知识资产可以分为人力资产、结构性资产和客户资产，如表3-16所示。

表3-16　企业知识资产的内容与管理

序号	资产类型	资产内容	获取方法	相互关系
1	人力资产	企业所拥有的具有专业知识与技能的员工	以人为本的企业文化、适当的激励机制，使员工的潜力得到最大的发挥	知识资产会随员工的流动而流失，通过知识管理可使人力资产转化为企业的结构性资产
2	结构性资产	通过数据库或程序等方式记录、储存或复制的知识	建立知识管理系统，提高企业知识共享水平，加强知识产权保护等	结构性资产是支持人力资产和获取客户资产的知识平台
3	客户资产	企业所拥有的全部客户价值的总和	重视客户关系，建立忠实的客户群，使其成为企业的合作者	使其他知识资产最终转化为利润

人力资产是企业所拥有的具有专业知识与技能的员工。企业的知识来源于员工，并通过员工运用于企业的设计生产活动。因此，企业应该从知识管理的角度重视、用好人力资产，把人才与企业的知识体系融为一体。

　　结构性资产是可以通过数据库或程序等方式记录、储存或复制的知识。结构性资产是企业知识管理的基础工作，是企业知识资产管理的基础性工作。企业应该充分发挥结构性资产的作用，将其作为企业重要的、构建自己核心能力的资产加以管理和运用。

　　客户资产是企业所拥有的全部客户价值的总和。企业的利润来源于客户，客户的需求、对企业产品的满意度和建议，都是企业发展所需要的宝贵知识。因此，企业应该重视客户资产的重要性，与他们建立良好的关系，持续追踪和识别他们的需求和想法，并将这些知识纳入自己的知识管理体系。

三、设计知识产权管理

（一）知识产权的基本内容

（1）专利权

　　专利权简称专利，是指发明创造人或其权利受让人对特定的发明创造在一定期限内依法享有的独占实施权，包括发明专利、实用新型专利和外观设计专利这三种类型。专利权的特征表现为独占性、法定性、地域性和时间性，如表3-17所示。

表3-17　专利权的特征

序号	特征	内容
1	独占性	专利权拥有者全面享受专利的占有、使用、处分和收益权益
2	法定性	专利权的取得必须经过申请、审查、公告、批准等一系列法定程序

续表 3-17

序号	特征	内容
3	地域性	在一国批准的专利权只在这一国家有效，在其他国家内不能受到保护，要在其他国家享有专利权，必须依该国专利法申请并获准该国的专利
4	时间性	专利权的保护有一定的时间限制，超过这一期限，专利权终止，相应的专利技术进入公有领域，人人都可以无偿使用

（2）商标权

世界知识产权组织对商标所下的定义是，"将一个企业的产品或服务与另一个企业的产品或服务区别开的标记"。商标是现代市场营销组合中最具个性化、差异化的产品组成要素，在品牌文化创立中有着极其重要的特殊功能。商标的基本功能是为了指明商品与服务的来源，划分为文字商标、图形商标、组合商标、立体商标等类型，如表3-18所示。

商标权指的是商标的所有人对其商标所享有的独占的、排他的权利。我国商标权的取得实行在国家工商局注册的原则，而且实行申请在先原则。因此，商标权实际上指的是商标所有人申请、经国家商标局确认的专有权利。

表3-18 商标的类型

序号	类型	含义	特点
1	文字商标	指以文字构成的商标，不附载任何其他的符号	文字可以是汉字、拼音字、数字、外文字母、少数民族文字等
2	图形商标	仅仅以图形构成商标标志	形象鲜明生动，但表意不明确，不易称呼

序号	类型	含义	特点
3	组合商标	由文字和图形组合构成的商标	文字往往能反映企业名称和经营者的其他信息，图形则给人以直观的印象，便于公众记忆与识别。这种商标图文并茂，使用较多
4	立体商标	三维商标，通常由具有立体感的图形和文字所构成	立体商标有取代作为产品外包装的外观设计之势

（3）著作权

著作权又称版权，是指作者、其他主体及其合法继承人在法律规定的有效期内依法享有对文学、艺术和科学作品的发表权、署名权、修改权、保护作品完整权、使用权和获得报酬权等各项专有权利。根据《中华人民共和国著作权法实施细则》规定，著作权法所称作品，指文学、艺术和科学领域内，具有独创性并能以某种有形形式复制的智力创作成果。

《中华人民共和国著作权法》规定的作品种类包括：文字作品；口述作品；音乐、戏剧、曲艺、舞蹈、杂技艺术作品；美术、建筑作品；摄影作品；电影作品和以类似摄制电影的方法创作的作品；工程设计图、产品设计图、地图、示意图等图形作品和模型作品；计算机软件；法律、行政法规规定的其他作品。

著作权包括人身权（又称精神权）和财产权两大类。

著作权的人身权包括发表权、署名权、修改权和保护作品完整权，其内容如表3-19所示。作者的这一精神权利的保护不受时间限制，但在行使时却又受到一定的限制。例如为了建筑物的扩建、重建、修缮而对原设计建筑作品做必要的改动，这是著作权法所允许的。

表3-19　人身权的内容

类型	含义	特点
发表权	作者有权决定自己创作的作品是否公之于众的权利	作品必须在一定范围内公开或者有一定数量的复本
署名权	以创作者身份，在作品上署名的权利	创作者有权决定在自己设计创作的作品原件或复制品上是否署名，署真名、笔名、艺名、别名或假名
修改权	作品创作完成后，为作品增加一些新的部分或者删除一些旧的部分所进行的改动	只有作者自己才有权修改作品，作者有权禁止别人未经作者许可的修改
保护作品完整权	保护作品不受歪曲、篡改的权利	未经作者授权，任何人不得改变作者的观点、作品的内容和形式，不得歪曲、篡改作品，以致破坏作品的完整性和损害作者的声誉

　　著作权的财产权，包括复制权、发行权、出租权、展览权、表演权、放映权、广播权、信息网络传播权、摄制权、改编权、翻译权和汇编权。具体内容如表3-20所示。

表3-20　财产权的内容

序号	类型	内容
1	复制权	著作权人有权决定作品是否复制或许可他人复制（传统的复制方式有：印刷、复印、拓印、录音、录像、翻录、翻拍等）
2	发行权	通过出售方式或赠予方式向公众提供作品的原件或复制件的权利

续表 3-20

序号	类型	内容
3	出租权	有偿许可他人临时使用电影作品和以类似摄制电影的方法创作的作品、计算机软件的权利
4	展览权	公开陈列美术作品、摄影作品的原件或者复制件的权利
5	表演权	公开表演作品以及用各种手段公开播送作品的表演的权利
6	放映权	作者对自己的作品是否通过放映机、幻灯机等技术设备公开再现作品而享有的权利
7	广播权	以无线方式公开广播或传播作品，以有线传播或者转播的方式向公众传播广播的作品，以及通过扩音器或者其他传递符号、声音、图像的类似工具向公众传播广播的作品的权利
8	信息网络传播权	以有线或无线方式向公众提供作品，使公众可以在其个人选定的时间和地点获得作品的权利
9	摄制权	以摄制电影或类似方法将作品固定在载体上的权利
10	改编权	改变作品，创作出具有独创性的新作品的权利
11	翻译权	将作品从一种语言文字转换成另一种语言文字的权利
12	汇编权	将作品或者作品的片断通过选择或编排，汇集成新作品的权利

（二）设计知识产权战略

（1）知识产权利用战略

知识产权利用战略指的是企业充分利用企业自己所拥有的或者其他组织所拥有的知识产权的战略。知识产权利用战略包含知识产权收买战略、知识产权使用权购买战略、合理利用和回输知识产权战略、充分利用失效知识产权战略、知识产权交叉许可战略这五种类型，其含义和作用如表3-21所示。

表3-21 知识产权利用战略

序号	类型	定义	作用	适用范围
1	知识产权收买战略	企业把与某产品有关的知识产权全部买下，从而成为新的知识产权所有人	把技术转让出去收取高额使用费；对其他侵权企业进行起诉，获取高额的知识产权赔偿费	财力雄厚的企业
2	知识产权使用权购买战略	通过购买知识产权产品的生产权就可以迅速、顺利地生产出新产品	弥补企业开发能力的不足，减少投资风险，同时又有利于迅速进入并占领市场	既无开发能力又缺少开发资金，但迫切需要新产品的企业
3	合理利用和回输知识产权战略	将他人的知识产权技术进行改进或创新，开发新的知识产权技术和产品；将原输出国的知识产权再开发，形成新的知识产权回输	冲破其他公司的知识产权堡垒，确立自己的知识产权	技术能力比较高的企业
4	充分利用失效知识产权战略	对已经到期的知识产权继续开发创新，重新组织知识产权申请	不会构成侵权行为，风险小、效率高，有失效的基本知识产权做基础，对于开发新的知识产权有一定的借鉴性和实用性	中小型企业
5	知识产权交叉许可战略	许可别人使用自己的知识产权来换取无偿使用对方知识产权的许可，互惠互利、共同发展	可以限制该知识产权持有人从其知识产权中获取丰厚的利润，争取用"小"知识产权换取"大"知识产权的机会	需要企业领导者具有过人的胆识、超前的眼光及敏锐的知识产权意识

（2）竞争防御的知识产权战略

竞争防御的知识产权战略指的是企业为了在知识产权的申请、运用方面取得竞争优势而实施的知识产权战略。竞争防御的知识产权战略可以划分为抢先申请知识产权战略、申请外围知识产权战略、请求宣告对手知识产权无效战略、阻止对手知识产权独占战略、知识产权包围战略、知识产权迂回战略这六种类型，其含义和作用如表3-22所示。

表3-22　竞争防御的知识产权战略

序号	类型	定义	作用	适用范围
1	抢先申请知识产权战略	企业为了保护自己的新技术、新产品，主动、及时地对其基本技术申请知识产权的一种战略	基本技术是企业的法宝、制胜武器，谁掌握了基本技术，谁就掌握了在该技术领域中的垄断地位和优势权	中小型企业
2	申请外围知识产权战略	企业围绕基本知识产权技术，开发与之相配套的外围技术，并及时申请知识产权	研究开发与主体技术相配套的外围技术，将其申请知识产权，构筑严密的知识产权保护圈	财力雄厚企业
3	请求宣告对手知识产权无效战略	各国专利法都明确规定了专利权无效宣告条款，即专利权被授予后，任何人都可以依法向专利局复审委员会提出宣告该专利权无效的请求	以确凿证据证明该知识产权无效，就可以排斥该知识产权人的独占实施权，避免本企业可能受到的威胁和损失	大型企业
4	阻止对手知识产权独占战略	以公开发明内容来阻止竞争对手申请知识产权的战略	企业自身虽然不能取得知识产权，但可以阻挠他人获得知识产权	大型企业

续表 3-22

序号	类型	定义	作用	适用范围
5	知识产权包围战略	以外围技术为突破口，重点开发，以形成自己的技术优势，并及时取得知识产权	突破知识产权限制，并及时取得知识产权	财力雄厚企业
6	知识产权迂回战略	证明本企业产品未落入对方知识产权保护范围，并运用使用替代技术、提出先用权、停止生产等方法的迂回战略	突破知识产权壁垒，促进企业产品发展	中小型企业

（三）设计知识产权管理组织

（1）组织结构模式

企业的知识产权管理部门通常是知识产权部、特许合同部、知识产权管理部等。小型设计企业可能没有专门的知识产权管理部门，但是一般会设置管理知识产权的专职人员和归口管理部门。鉴于知识产权在企业发展中的重要地位，知识产权管理部门通常由企业的高层管理者直接管理。

一些企业设置专门的部门开展知识产权管理工作。例如，某公司所从业人员8万人，公司总部的知识产权部有知识产权管理人员320名；知识产权部下设五个分部，其中的三个分部按照企业的产品分类进行知识产权管理，另外的两个分部分别管理国内、国外及本企业的知识产权合同。该公司所属的11个研究所和30家工厂也分别设有知识产权管理机构和人员，工作人员不在上述的320名之内。公司每年投入知识产权技术开发的费用高达28亿元。

有些企业虽然设置了知识产权部门，但是大部分工作人员都分散在各业务部门。例如，日本企业知识产权管理人员占职工总数的比例一般为0.2%左右。有1.1万名职工的索尼公司设有知识产权总部，管理全公司的156名知识产权工作人员，但是这些知识产权工作人员分散在特许部、业务部、合同部等业务部门开展相关的知识产权管理工作。

（2）组织职责

企业的知识产权部门承担了与知识产权的培育、申请、维持、利用、激励、管理等有关的职能，具体表现在以下几个方面：

a.跟踪和培养本企业的知识产权；

b.承办国内外知识产权的申请和维持工作；

c.负责知识产权调查，其中包括研究开发新产品、新技术前的知识产权调查，及时核查知识产权公告（说明书）、公报，搜集、积累、使用与本企业有关的知识产权情报；

d.负责签订、管理知识产权许可合同；

e.对职工进行知识产权教育；

f.负责商标权管理工作；

g.知识产权战略研究；

h.对知识产权创造成果的奖励与表彰；

i.对其他知识产权的管理。

第三节　设计财务管理

一、设计财务管理概述

（一）财务管理的含义和内容

（1）资金运动

在设计企业经营过程中，伴随着有形或者无形资源不断运动着的是它们的价值运动过程。由于设计企业资源的价值运动过程可以用货币（通常称之为资金）的形式表现出来，故此，这种资源的价值运动过程也被称为资金运动。伴随着设计企业经营活动的开展，其资金也随之处于不断运动之中的，其间的资金形态不断变化：

a.在设计项目获取、资源投入阶段，设计企业资金由货币形态转化为知识、固定资产、原材料等形态——固定资金、储存资金；

b.在设计创作阶段，设计活动消耗的生产资料价值——固定资金和储存资金，以及设计师和相关人员的劳动所创造的劳动价值，共同转化为有形、实物态的资金——生产资金和设计作品资金，或者无形的设计服务资金；

c.在设计作品交付和服务阶段，设计企业与客户进行沟通，将设计作品交付给客户并被客户接受后，设计作品资金形态、设计服务资金形态转化为货币资金形态。

（2）财务管理的概念和内容

设计企业财务管理指的是对设计企业的资金运动所进行的计划、组织、监督和调节活动，是设计企业管理的重要组成部分。设计企业财务管理活动产生于设计企业经营活动中客观存在的财务活动、财务关系，这些活动的复杂性也决定了设计企业财务活动内容的多样性：

a.从设计企业资金运动的角度来看，其内容包括资金筹集管理、资金投放管理、资金耗费管理、资金收入和资金分配管理；

b.从设计企业创立与变更的角度来看，其内容包括设计企业设立、合并、分立、改组、解散、破产的财务处理。

（二）筹资与投资

（1）筹资

设计企业的筹资活动指的是企业借助一定的渠道、采取适当的方式筹措资金的财务活动，是设计企业开展财务管理活动的首要环节。设计企业筹集资金的渠道指的是企业取得资金的来源，设计企业筹集资金的方式则是指企业取得资金的具体形式。

筹资渠道解决资金从哪里来的问题，筹资方式则解决如何取得资金的问题，这两者之间既有联系，也有显著的区别。对于同一渠道的资金而言，设计企业往往可以采用不同的方式取得。同样的筹资方式，设计企业也往往能够将其运用于不同的筹资渠道。

设计企业的资金来源渠道主要有国家财政资金、银行信贷资金、非银行金融机构资金、其他企业单位资金、设计企业职工资金和民间资金、企业自留资金、赞助这七个方面，如表3–23所示。

表3-23　筹资渠道的类型和资金来源

类型	定义	来源
国家财政资金	依据国家权力通过无偿的方式或国家信用的方式筹集、分配和使用的货币资金	国家和地方政府
银行信贷资金	银行向企业提供各种短期贷款和长期贷款	个人储蓄、单位存款等
非银行金融机构资金	一些机构为了一定目的而聚集资金，但可将一部分暂时闲置的资金投资给企业	信托投资公司、证券公司、融资租赁公司、保险公司、企业集团的财务公司等
其他企业单位资金	企业和某些事业单位在生产经营过程中产生的一部分较长时期闲置的资金	联营、入股、购买债券及各种商业信用等
设计企业职工资金和民间资金	本企业职工和城乡居民的投资，都属于个人资金渠道	本企业职工和城乡居民的入股和证券
企业自留资金	企业内部形成的资金，主要是指企业利润所形成的公积金	公积金
赞助	社会组织以提供资金、产品、设备、设施和免费服务等形式无偿赞助社会事业或社会活动的公关专题活动资金	私人、企业、社会团体、政府组织、社区艺术基金会、私立基金会、企业非营利基金会

（2）投资

设计企业的投资活动指的是企业对其现有资金的一种运用活动，其目的是在未来一定时期内获得与风险成比例的收益。设计企业的投资活动既可以是对有形资产的投资，也可以是对无形资产的投资，还可以是购买金融资产，或者是取得这些资产的权利。设计企业通过投资所取得的收益既包含经济收益，也包含社会收益。

设计企业投资活动的类型很多，可以将其划分为短期投资和长期投资、对内投资和对外投资、直接投资和间接投资、初创投资和后续投资。

①按投资回收期限分类——短期投资和长期投资

设计企业的短期投资也称流动资产投资，是指回收期在一年以内的投资，主要包括现金、应收款项、存货、短期有价证券等投资。如果长期证券能随时变现，也可以称之为短期投资。

设计企业的长期投资是指回收期在一年以上的投资，主要包括固定资产、无形资产、对外长期投资等。因为长期投资中对固定资产投入的比重很大，有时长期投资也专指固定资产投资。

②按投资的方向不同——对内投资和对外投资

设计企业的对内投资指的是把资金投入到购置企业内部经营性活动所需资产的投资，包括取得固定资产、无形资产、其他资产和垫支流动资金等。

设计企业的对外投资是指企业为购买国家及其他企业发行的有价证券或其他金融产品，或以货币资金、实物资产、无形资产向其他企业（如联营企业、子公司等）注入资金而发生的投资。

③按投资行为的介入程度——直接投资和间接投资

设计企业的直接投资指的是把资金直接投入保障企业的行政和生产活动顺利进行的资产。直接投资包括企业内部直接投资和对外直接投资，前者形成企业内部直接用于生产经营的各项资产，后者形成企业持有的各种股权性资产（如持有子公司或联营公司股份等）。

设计企业的间接投资也称证券投资，指的是企业把资金投入购买特定投资对象发行的股票、债券、基金等证券类金融资产，以获取利息、股利和资本红利的投资。

设计企业的对内投资属于直接投资，对外投资主要是间接投资（但是，对外投资也有直接投资）。

④按投资的时机不同——初创投资和后续投资

设计企业的初创投资是指企业最初成立时所进行的投资活动，它形成了企业后续运营活动所需的原始资产。

设计企业的后续投资是指企业在发展过程中进行的各项投资活动，其内容包括维持原规模运转的更新性投资、扩大规模的追加性投资、为调整方向而进行的转移性投资。

二、资产、负债与所有者权益

（一）资产、负债、所有者权益的概念

资产是企业拥有或者控制的能以货币计量的经济资源，包括各种财产、债券和其他权利；负债是指企业所承担的能以货币计量的在未来将以资产或者劳务偿付的债务；所有者权益（也称净资产）是指企业投资人对企业净资产的所有权。资产、负债、所有者权益的相关概念如表3-24所示。

表3-24 设计企业与资产、负债、所有者权益相关的概念

序号	概念	含义	具体实例
1	流动资产	流动资产包括货币资金、短期投资、应收及预付款项、存货、待摊费用、一年内到期的债券投资等	—
2	长期投资	反映企业投资的、预计不会在一年内兑现红利的资产	包括股票投资、债券投资和其他投资

续表 3-24

序号	概念	含义	具体实例
3	固定资产	反映企业中使用年限在一年以上、单位价值在规定标准以上，并在使用过程中保持原来物质形态的资产	—
4	无形资产	可以在较长时期内（一年以上）使用而没有实物形态，并能为企业提供经济效益的资产	专利权、土地使用权等
5	递延资产	设计企业不能全部直接计入当年效益，而在以后年度分期摊销的各项费用	开办费等
6	其他长期资产	设计企业除上述资产以外的各种资产	冻结存款、冻结物资等
7	递延税项	由于税法与会计制度在确认收益、费用或损失时的时间不同而产生的会计利润（利润总额）与应税所得之间的时间性差异	如递延税款借项、递延税款贷项

企业的资产价值总量等于企业的负债额和所有者对企业投资额的总和，即存在下列平衡公式：

$$资产=负债+所有者权益$$

（二）资产负债表

企业的资产、负债、所有者权益三者之间的关系可以用企业资产负债表来表示，如表3-25所示。

表3-25 资产负债表

编制单位：　　　　　　　年　月　日　　　　　　　　　单位：万元

资产	期初数	期末数	负债及所有者权益	期初数	期末数
流动资产		346.95			
长期资产		25	流动负债		81.3
固定资产		508	长期负债		250
无形资产		25	递延负债		
递延资产		5			
其他长期资产			负债总计：		331.3
递延税项					
			实收资本		500
			资本公积		
			盈余公积		50
			未分配利润		28.65
			所有者权益合计：		578.65
			负债和所有者权益		
资产总计：		909.95	总计：		909.95

　　在表3-25中，资产通过两种方式进行计算，一种是对设计企业所有资产的汇总计算，另一种是运用公式"资产=负债+所有者权益"进行计算：

　　a.计算方式一：资产=流动资产+长期资产+固定资产+无形资产+递延资产+其他长期资产+递延税项=346.5+25+508+25+5=909.95；

　　b.计算方式二：资产=负债+所有者权益=流动负债+长期负债+递延负债+所有者权益（实收资本+资本公积+盈余公积+未分配利润）=81.3+250+500+50+28.65=909.95.

（三）资金运作流程表

（1）损益表（利润表）

设计企业的损益表也称利润表，是反映企业在一定期间内的经营成果的财务报表。损益表由企业的收入、费用和利润这三项会计要素构成，它是动态反映企业资金运动的会计报表。损益表的结构原理为：

收入–费用=利润

某设计企业损益表的典型实例如表3–26所示。在该表中，有以下几个方面的财务数据计算关系：

a.产品销售利润=产品销售收入–产品销售成本–产品销售费用–产品销售税金及附加，如（以月为例）"1000–450–120–150=280"；

b.营业利润=产品销售利润+其他业务利润–管理费用–财务费用，如（以月为例）"280+100–80–20=280"；

c.利润总额=营业利润+投资收益+补贴收入+营业外收入–营业外支出，如（以月为例）"280+280+60–15=605"；

d.净利润=利润总额–所得税，如（以月为例）"605–199.65=405.35"。

表3–26　某设计企业的损益表（利润表）

编制单位：　　　　　年　月　日　　　　　单位：万元

项目	本月数	本年累计数
一、产品销售收入	1000	4500
减：产品销售成本	450	1800
减：产品销售费用	120	620
减：产品销售税金及附加	150	600

续表 3-26

项目	本月数	本年累计数
二、产品销售利润	280	1480
加：其他业务利润	100	400
减：管理费用	80	330
减：财务费用	20	80
三、营业利润	280	1470
加：投资收益	280	860
加：补贴收入		
加：营业外收入	60	150
减：营业外支出	15	75
四、利润总额	605	2450
减：所得税	199.65	793.65
五、净利润	405.35	1611.35

（2）现金流量表

设计企业的现金流量表是反映企业在一定会计期间内现金收入和支出的一种会计报表。它通过会计期间内营业所得现金收入（本期现金流入量）减去需要现金支付的费用（本期现金流出量）以后的余额（或不足额，即本期现金净流量），来说明企业财务状况的变动。现金流量表的结构原理为：

本期现金流入量 – 本期现金流出量＝本期现金净流量

某设计企业现金流量表的典型实例如表3-27所示。在该表中，有以下几个方面的财务数据计算关系：

a. 本期"现金"净增（减）额＝营业活动现金净流量+投资活动现金净流量+理财活动现金净流量＝22000+16500+（–40000）＝–1500；

b. 期末"现金"余额＝期初"现金"余额+本期"现金"净增（减）额＝21000+（–1500）＝19500。

表3-27　现金流量表

编制单位：　　　　　　　年　月　日　　　　　单位：元

项目	本期数	本期余额
营业活动现金流量		
销货收入收现	587500	
进货付现	（465500）	
销售费用付现	（91250）	
财务费用：利息支出付现	（5000）	
所得税付现	（3750）	
营业活动现金净流量		22000
投资活动现金流量		
出售设备	45000	
购买长期投资	（18000）	
租入固定资产改良支出	（10500）	
投资活动现金净流量		16500
理财活动现金流量		
发放现金股利	（40000）	
理财活动现金净流量		（40000）
本期"现金"净增（减）额		（1500）
期初"现金"余额		21000
期末"现金"余额		19500
不影响"现金"的投资与理财活动		
发行股票购买设备		49500
提取盈余公积		2000

注：表中带括号的数字为减项或负数。

三、设计企业财务预算与控制

（一）设计企业财务预算

（1）财务预算的类型

菲利普·科特勒和乔安妮·雪芙认为，预算有三项功能：

一是预算以金额数目的形式记录了组织在未来一定时期内的实际目标；

二是预算可以作为一种监控组织未来一定时期内财务活动的工具，同时也为经理人员和董事会提供了一个衡量组织是否已经达到了当年的财务目标的标准；

三是预算可以协助组织更有信心地预测一定时期内的营销策略和战术的发展。

设计企业的财务预算可以分为日常经营活动的经营预算和针对特定职能部门或者专项项目的专项预算这两种类型。

①经营预算

设计企业的经营预算是指企业对日常发生的各项活动所制定的预算。它主要包括销售预算、生产预算、销售与管理费用预算、生产成本预算、利润预算、现金预算等。设计企业首先编制销售预算，然后逐层细化，最后得到现金预算，一般过程为：

a.编制销售预算（某设计企业2018年度销量表实例如表3-28所示）；

表3-28　某设计企业2018年度销量表

	A	B	C
1	时间	销售量（件）	销售额（元）
2	第一季度销售量	1900	199500
3	第二季度销售量	2700	283500
4	第三季度销售量	3500	367500
5	第四季度销售量	2500	262500
6	总计	10600	1113000

销售单价：105元/件

b.根据销售预算，编制运作预算、销售与管理费用预算；

c.根据运作预算编制直接材料预算、直接人工预算和制造费用预算，在此基础上编制单位运作成本预算；

d.根据销售预算、销售与管理费用预算、运作成本预算，编制利润预算；

e.最后根据上述预算编制现金预算（复杂的预算需要考虑资金的来源、筹措与运用；现金预算表包括现金收入、现金支出、现金余额、现金余缺和现金筹资与运用，某设计企业的现金预算表如表3-29所示）。

表3-29　某设计企业的现金预算表

单位：元

季　度	1	2	3	4	全年
期初**现金**余额	4000	5563	5049	4842	4000
加：销售现金收入	84700	108550	140300	133950	467500
现金收入合计	88700	114113	145349	138792	471500
减：**现金支出**					
直接材料	26637	30535	34882	33895	125949
直接人工	20340	27740	33660	27240	108980
制造费用	11551	13771	15547	13621	54490
销售费用	10192	11351	12651	11351	45545
管理费用	2500	2500	2500	2500	10000
所得税	10067	10067	10067	10066	40267
设备购置	10950	6000	24000	28000	68950
长期贷款利息	900	900	900	900	3600
投资者利润	2000	2000	2000	2000	8000
合　计	95137	104864	136207	129573	465781
现金余缺	（6437）	9249	9142	9219	5719
筹资与运用					
银行短期借款	12000				12000
偿还银行借款		（4000）	（4000）	（4000）	（12000）
支付借款利息		（200）	（300）	（400）	（900）
期末**现金**余额	5563	5049	4842	4819	4819

以上的各项预算编制完成后，汇总到财务部门并进行分析、审查和调整，最终形成总体预算上报设计企业的最高管理机构审核批准。经设计企业最高管理机构审核批准的全面预算就作为企业的正式预算。

②专项预算

设计企业的专项预算也称专案预算，是针对各职能部门或者专项项目所进行的预算，例如企业人力资源招聘的预算、员工工资预算、投资开发某一个产品设计项目的预算等。

　　复杂的专项预算既需要考虑资金的用途，也需要考虑资金的来源，因此，这类专项预算往往按照资金的来源和支出两个方面进行预算。

　　（2）财务预算的编制方法

　　设计企业财务预算的编制方法有固定预算、弹性预算、增量预算、零基预算、定期预算和滚动预算等，如表3-30所示。

表3-30　财务预算的编制方法

序号	预算方法	内容	区别
1	固定预算	也称静态预算，它是只根据预算期内正常、可实现的某一固定的业务量（如生产量、销售量等）水平作为唯一基础来编制预算的方法	固定预算是针对某一特定业务量编制的，弹性预算是针对一系列可能达到的预计业务量水平编制的
2	弹性预算	也称可变预算，主要用于费用预算，它按固定费用（在一定范围内不随产量变化的费用）和变动费用（随产量变化的费用）分别编制固定预算和可变预算，以确保预算的灵活性	
3	增量预算	也称调整预算，是指在基期成本费用水平的基础上，结合预算期业务量水平及有关降低成本的措施，调整原有关成本费用项目进行编制的预算	增量预算是以基期成本费用水平为基础，零基预算是一切从零开始。相比之下，增量预算较易编制，但容易造成预算冗余，从而不能很好地控制一些不必要发生的费用
4	零基预算	也称零底预算，指在编制预算时，所有的预算支出以零为基础，从实际需要与可能出发（不考虑其以往的情况如何），研究分析各项预算费用开支是否必要合理，进行综合平衡，从而确定预算费用	

续表 3-30

序号	预算方法	内容	区别
5	定期预算	也称阶段性预算，是指在编制预算时以不变的会计期间（如日历年度）作为预算期的一种编制预算的方法	定期预算一般以会计年度为单位定期编制，滚动预算不将预算期与会计年度挂钩，而是连续不断向后滚动，始终保持一个固定期间
6	滚动预算	滚动预算又称连续预算或永续预算，它是将预算期与会计年度脱离开，随着预算的执行不断延伸补充预算，逐期向后滚动，使预算期始终保持为一个固定期间的一种预算编制方法。按照滚动的时间单位不同，可以分为逐月滚动、逐季滚动和混合滚动	

（二）设计企业财务控制

财务效果指标是用来判断设计企业经营效果和财务状况的各种数值。它采用倍数或比例来表示财务上两种数据间的关系。

财务报表中有大量的数据，可以根据需要计算出很多有意义的比率，这些比率涉及企业经营管理的各个方面。财务效果指标一般可以划分为盈利能力、负债（偿债）能力和变现能力这三类指标。

（1）盈利能力

设计企业的盈利能力指的是设计企业赚取利润的能力。反映设计企业盈利能力的指标主要有销售净利率、资产净利率。

①销售净利率

销售净利率是指净利与销售收入的百分比。在会计制度中，净利是指税后净利润。销售净利率指标反映的是每一元销售收入带来的净利润是多少，它表示销售收入的收益水平。

②资产净利率

资产净利率是指企业净利与平均资产总额的百分比。该指标表明企业资产利用的综合效果。该指标的数值越大，说明资产的利用效率越高。

（2）负债（偿债）能力

设计企业的负债（偿债）能力反映企业偿付到期的长期债务的能力。反映企业负债能力的指标主要是资产负债率。

资产负债率是企业的负债总额除以资产总额的百分比。资产负债率反映的是在企业总资产中，通过借债获得的资产所占的比例。

资产负债率也可以用于衡量设计企业在清算时能够保护债权人的利益的程度。一般来讲，资产负债率较为合理的范围是第一产业低于20%、第二产业低于50%、第三产业低于70%。

（3）变现能力

设计企业的变现能力是企业产生现金的能力。变现能力取决于可以在近期转变为现金的流动资产的数量。反映变现能力的财务比率主要有流动比率和速动比率。

①流动比率

流动比率是指企业的流动资产除以流动负债的比值。它可以反映设计企业的短期偿债能力。影响流动比率的主要因素有营业周期、流动资产中的应收账款数额和存货周转速度等。

②速动比率

速动比率是指从流动资产中扣除存货部分后的数值，再除以流动负债值的比值。影响速动比率的重要因素是应收账款的变现能力。

一般地，流动比率大于2，表明企业偿债能力较强；速动比率大于1，表示该企业有足够的偿债能力。

第四章
设计营销管理

第一节　设计市场调查与管理

一、设计调查的目的和内容

（一）设计调查的目的

（1）从调查内容的用途确定

企业开展新产品调查的主要目的是用于了解顾客需求和设计新产品。相应地，其调查的目的主要表现为从构建企业顾客需求信息库到服务于产品设计的调查新产品开发设计的可行性、调查新产品概念设计信息、了解用户反馈信息以改进产品设计。

①构建企业顾客需求信息库

消费者是企业的设计产品或服务的最终购买者和服务对象，是产品设计的关键因素之一。企业要取得市场营销的成功，就必须研究消费者的设计需求、建立企业客户需求信息库。

不同的消费者群体的设计需求特征是不同的，需要根据企业特定产品的特征构建消费者需求信息库，指导企业的产品设计。

②调查新产品开发设计的可行性

新产品开发设计的可行性调查指的是对新产品开发设计的主要内容和配套条件，以及设计成果的经济效益和社会效益的预测与比较，从而提出设计项目或产品是否值得投资、如何开展设计活动的咨询意见的活动。

通过设计市场调查，确定拟设计什么新产品、如何开发设计、用什么新技术和新方法设计、是否能够得到这些新技术和掌握这些新方法，对产品设计与生产所需的设计师、专业技术人员的可得性、能力要求，以及产品设计对投资、设备、原材料、时间等的要求。

③调查确定新产品概念

新产品概念调查指的是从生成新的设计产品概念到正式开始新产品设计项目之间的一系列活动所需的市场信息调查活动。

当新产品概念无法从市场上得到时，只能通过调查潜在用户的有关生活方式、行为方式、操作情景和操作语境，挖掘有关设计信息，确定该产品的概念，建立设计指南。

④了解用户反馈信息以改进产品设计

企业的老客户群体，尤其是活跃的客户群体和为企业带来主要收益的客户群体，他们对企业产品设计的反馈意见，不仅决定了企业是否能够长期吸引这些客户，而且也能够更好地掌握企业顾客对企业产品设计的感受。因此，了解用户反馈信息对于改进产品设计、增强产品设计对用户的吸引力有着重要的作用。

针对现有产品的目标顾客群体，通过调查发现他们的需要及其变化，掌握他们的审美观念以及他们对产品定位的需求，从而为按照该用户人群的需要设计产品提供依据。

（2）从调查目标的性质来确定

①探索性调查

探索性调查目标是指收集初步信息，以帮助确定要调查的问题和提出假设。当市场调查的问题或范围不甚明确，无法确定究竟应研究些什么问题时，可采用探索性调查（亦称非正式调查）去找出问题，以便拟定假设、确定调查的重点。例如，某企业近几个月来销量明显下降，究竟是什么原因难以确定。是竞争激烈影响？是产品质量下降影响？还是销售中间商的不卖力影响？可能的影响原因很多，可通过探索性调查从中发现问题所在；至于问题究竟应该如何解决，则有赖于进一步的信息收集。探索性调查的资料来源有现存资料、请教有关人士和参考以往类似的实例。

②描述性调查

描述性调查目标是指对诸如某一产品的市场潜力或购买某产品的消费者的人口与态度等具体问题进行详细表述。多数的市场调查为描述性调查，例如市场潜力研究、市场占有率研究、销售渠道研究等。

③因果性调查

无论变量所处的环境如何，当且仅当一个变量的变化可导致另一变量的变化时，可以认为两个变量之间是因果关系。因果关系研究就是探索并建立变量之间可能的因果关系。在描述性调查中，收集变量的资料，并指出其间的相互关联。但是，变量之间究竟是何种关系，则是因果关系研究的任务。例如，从描述性调查的资料来看，销售与广告支出有关联，不过有关联不一定就表示两者之间有因果关系，有可能是竞争产品的质量下降或销售不力所造成的。就算销售与广告支出有因果关联，但何者为因？何者为果？销售增加是否一定因广告支出增加所影响。不一定，因为一些企业的广告支出预算是根据销售额的某一固定比例确定的。在市场调查的各种方法中，实验法是因果关系研究的重要工具。

（二）设计调查的内容

影响设计市场营销活动的因素众多，这些因素都有可能是某项调研活动的内容。一般地，设计市场调查的内容包括宏观环境因素和微观环境因素，如表4-1所示。

表4-1 设计市场调查的内容

因素		内容
宏观环境	人口环境	人口规模、人口增长率，人口的地理结构、流动趋势、年龄结构、性别结构、民族结构等
	经济环境	消费者收入水平、消费者支出模式和消费结构、消费者储蓄和信贷情况、经济发展水平、城市化程度、基础设施等
	自然环境	自然资源、企业所处的地理位置、气候、生态环境等
	技术环境	科学技术是社会生产力的新的和最活跃的因素
	政治与法律环境	政治局势、政策、法律（中华人民共和国公司法、中华人民共和国广告法、中华人民共和国商标法、合同法、中华人民共和国反不正当竞争法、中华人民共和国消费者权益保护法、中华人民共和国产品质量法、中华人民共和国外商投资法等）
	社会与文化环境	教育状况、宗教信仰、价值观念、消费习俗、审美观念等
微观环境	企业内部	品牌经理、定价专家、营销研究人员、营销人员等
	供应商	指向企业及其竞争者提供生产产品和服务所需资源的企业或个人
	营销中介	包括中间商、实体分配公司、营销服务机构及金融机构等
	顾客	顾客需要、顾客消费行为、顾客感知价值、顾客的品牌忠诚度等； 生产者市场、消费者市场、非营利组织市场、中间商市场、国际市场
	竞争者	欲望竞争者、属类竞争者、产品形式竞争者、品牌竞争者等
	公众	对实现营销目标的能力有实际或潜在利害关系和影响力的团体或个人（包括融资、媒介、政府、社团、社区等）

（1）宏观环境因素调查

宏观环境因素指的是所有企业都会面临的大环境，包括人口环境、经济环境、自然环境、技术环境、政治与法律环境、社会与文化环境等方面的因素。宏观环境因素的变化相对缓慢，但是从比较长远的时间来看，影响设计活动的宏观环境因素也是不断变化的。

　　企业可能不容易感觉到宏观环境因素对自己的设计活动的直接影响，但是，宏观环境因素不可避免地与企业之间有着千丝万缕的联系，或多或少地对企业营销活动和产品设计产生影响。企业应该监测宏观环境中的重要因素的变化，如经济发展的周期性规律、跨国和跨地域投资的政治与法律环境等，保证市场营销和产品设计活动的可持续发展。

　　（2）微观环境因素调查

　　微观环境因素是与企业的营销活动和产品设计活动有着直接联系的环境因素，包括企业内部因素、供应商、营销中介、顾客、竞争者、公众等。

　　微观环境因素直接作用于企业的市场营销活动和产品设计活动。企业应该通过市场调查密切关注微观环境因素的变化，及时采取应对措施，利用有利的条件应对不利的因素，高水平地开展市场营销和产品设计活动。

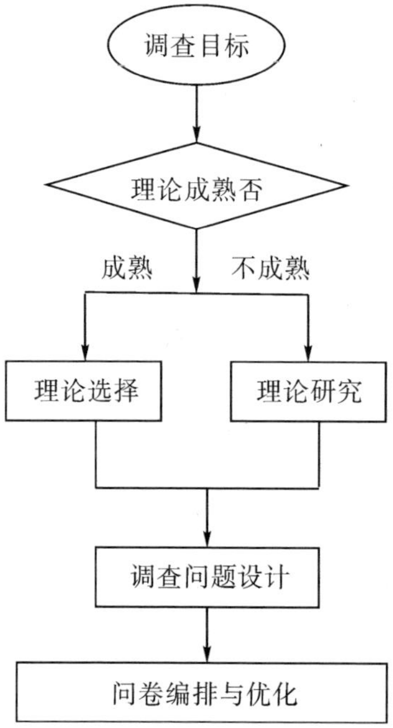

图4-1　艺术市场调查理论体系构建的思路

二、调查问卷设计

（一）调查问卷设计的过程

　　调查问卷的设计过程包括确定理论依据、调查因素测度和问卷编排与优化这几个阶段，如图4-1所示。

首先，根据设计调查目的确定调查问卷设计的理论基础。如果作为调查问卷设计的理论依据是成熟的、公认的理论，那么，调查者就可以直接选择现有理论（因为解决某一问题的理论可能存在多个流派，因此需要从中选择最适合的理论）作为调查问卷设计的理论依据。否则，调查者就需要首先根据调查目的开展理论研究，然后基于理论研究成果设计调查问卷。

然后，在确定了调查问卷设计的理论依据后，就可以对理论模型中的各个具体的理论因素进行测度（也就是设计出用于了解被调查者对理论模型中每一个因素的态度、状态等特征的问题）。

最后，按照一定的规律将设计出来的拟用于调查的问题进行编排，构建起完整的调查问卷初稿，并且运用科学的方法对调查问卷进行优化，设计出可用于调查活动的调查问卷。

（二）调查问卷的结构和内容

一份完整的调查问卷一般由封面信、指导语、问题与答案、编码和其他资料构成。

（1）封面信

封面信是用户问卷调查的自我介绍信。封面信的内容应该包括：

a.我是谁（身份）？

b.调查什么（内容）？

c.为什么调查（目的）？

d.为什么选你/您调查（调查对象的选取原因或方法）？

e.保密措施及致谢（争取调查对象的配合）。

（2）指导语

指导语是指导被调查者填答问卷的各种解释和说明。被调查者在很短的时间内接受调查问卷到完成调查，如果对调查问卷的填答方式不清楚，就容易造成误填答，进而导致问卷作废。

设计调查问卷的指导语的内容涉及问题选择的方式、问题跳转指导、不同类型问卷的填答要求、复杂问题答题方式解释等内容。

设计调查问卷中问题的选择方式通常采用"√"和"○"这两种方式。在一份调查问卷中，往往有一些题目不要某些类型的被调查者填答，遇到这样的情况就需要标记跳转符号。

封闭式问题回答的方法有单选、多选与限选（限定选择答案的个数），以及顺位式问题（要求被调查者按照问题的重要程度对选择的问题的编号进行排序）。调查问卷中有一些问题是开放式问题，并且要求被调查者采用填入式的方法进行回答。

如果调查问卷中无可避免地应用了一些被调查者可能难以理解的专有名词，则应该在指导语中对这些重要的词汇做出解释，以避免执行调查的人员和被调查者误解，影响调查数据的质量。

（3）问题与答案

问题与答案是问卷的主体内容。问卷的问题通常有三种，如表4-2所示。

表4-2　三种问题形式的比较

问题形式	定义	优点	缺点
开放式问题	受访者可以自由地用自己的语言来回答的问题类型	对部分问题反应迅速； 能为研究者提供大量信息	编辑与编码复杂； 访问员误差大
封闭式问题	受访者从一系列应答项中做出选择的问题类型通常分为双项选择题和多项选择题	减少访问员误差； 编码与数据录入简化	调查问卷设计复杂

续表 4-2

问题形式	定义	优点	缺点
量表应答式问题	类似封闭式问题，但受访者在选择答案后可以对其感觉强度进行测量	对受访者回答的强度进行测量；方便运用高级统计软件	受访者容易产生误解

李克特量表属于最常用的一种评分加总式量表。它是由美国社会心理学家李克特于1932年在原有的总加量表基础上改进而成的。该量表由一组陈述组成，以5度量表为例，其每一陈述有"非常同意""同意""不一定""不同意""非常不同意"五种回答，分别记为5、4、3、2、1。将每个被调查者对某一个问题的态度的得分进行汇总、计算平均值，这一平均值就可以说明被调查者的态度强弱或不同状态。

李克特量表通常使用5个回应等级（通常称之为"5度量表"）。但是，许多计量心理学者主张使用7或9个等级。一项最近的实证研究指出，5等级、7等级和10等级选项的数据，在简单的资料转换后，其平均数、变异数、偏态和峰度都很相似。因此，在调研活动中，5级李克特量表的使用最为广泛。

（4）编码

编码指的是赋予调查问卷中的每一个问题及其答案一个数字作为它的代码。设计调查问卷的编码分为预编码和后编码这两种类型。

预编码指的是在设计问卷的时候，在问卷中对每一个问题都预先给予一个明确的编码。也就是说，调查问卷中的每一个问题的编码就是预编码。

后编码指的是在问卷回收后，对问题中的不同态度、状态进行分类，然后对每一类给予一个编码。对于开放式问卷，需要对被调查者回答的问题进行分类总结，然后对这些问题进行分类编码。

（5）其他资料

调查问卷中的其他资料包括访问员姓名、日期、被访者的联系方式等。一份完整的调查问卷中应该包含这些内容，以保证调查活动的可追溯性。

当问卷设计出来并获得管理层的最终认可后，还必须进行预先测试（简称"预调查"）。通过预调查寻找问卷中存在的一些问题，诸如容易产生歧义的问题、不连贯的地方、不正确的跳跃方式、为封闭式问题寻找额外的选项，以及了解应答者的一般反应，并对其中存在的不足进行改进。在没有预先测试前，不应当进行正式调查。在问卷预调查过程中，应该尽可能吸纳将来会承担调查活动的访问人员参与。

在预先测试完成后，调查问卷中任何需要修改的地方都应当切实地得以修订。如果预先测试导致问卷产生较大的改动，应当进行第二次测试。在实施调查前应当再一次获得各方（与调查相关的客户、管理层、执行层等）的认同。

三、调查信息采集

（一）文献调查法

文献调查法又称间接调查法，它是设计调查人员利用企业内部的和企业外部的、过去的和现在的各种信息、情报资料，对调查内容进行收集、分析研究的一种调查方法。

文献调查法的优点是花费的时间、费用较少，不受时间和空间的限制，不受调查人员和被调查者主观因素的干扰。但是，文献调查法也有一定的局限性，主要表现在时效性差、缺乏一致性（文献文本中所记载的内容，大多数情况是为其他项目而做的）、信息利用率较低等。

（二）抽样调查法

抽样调查是指从调查总体中抽选一部分要素作为样本进行调查，根据调查所得结果推断总体的特征的一种专门性的调查活动。抽样调查法一般分为概率抽样和非概率抽样两种类型，如表4-3所示。

表4-3　抽样调查的样本抽取方法

抽样类型	抽样方式	说明
概率抽样	简单随机抽样	最基本的概率抽样，又称纯随机抽样
	等距抽样	又称系统抽样或机械抽样，它将总体各抽样单位按一定的标志和顺序排列以后，每隔一定的距离（间隔）抽取一个单元组成样本进行调查[①]
	分层抽样	又称类型抽样或分类抽样，它先按照某一标志将总体分成若干互不交叉、重叠的层，然后在每一层内进行独立的简单随机抽样[②]
	整群抽样	又称具类抽样、整体抽样或集团抽样
	多阶段抽样	又称多级抽样，指先通过抽取若干级中间组单位，最后再来抽取基本调查单位的一种抽样组织形式

① 柯昌波，许玉明，陈正伟. 广义抽样调查技术及应用[M]. 成都：西南交通大学出版社，2016.

② 耿修林. 符合性审计抽样方式及抽样规模[M]. 北京：北京邮电大学出版社，2013.

续表 4-3

抽样类型	抽样方式	说明
非概率抽样	方便抽样	又称偶遇抽样，指在一定时间内、一定环境里所能遇到的或接触到的人均选入样本
	定额抽样	又称配额抽样。配额抽样和分层随机抽样有相似的地方，都是事先对总体中所有单位按其属性、特征分类。但是，分层抽样是按随机原则在层内抽选样本，而配额抽样则是由调查人员在配额内主观判断选定样本
	主观抽样	根据调查者的主观判断、有目的地选择样本
	滚雪球抽样	指先从几个合适的样本开始，然后通过它们得到更多的样本，一步步扩大样本范围

抽样样本量的选择是抽样调查需要解决的一个重要问题，既可以采用理论计算确定样本量，也可以采用经验法确定样本量。这里主要介绍经验法确定样本量。一般认为，应保证样本容量与测量问项（问卷中问题的数量）的比例达到5：1，最好达到10：1。从调查的规模来看，小型调查的样本量在 100～300 个之间；中型调查的样本量在300～1000 个之间；大型调查的样本量在 1000～3000 之间。

（三）其他调查方法

（1）访谈法

访谈法是由访谈者根据调查研究所确定的要求与目的，按照访谈提纲或问卷，通过个别访问或集体交谈的方式，系统而有计划地收集资料的一种调查方法。访谈法又可以细分为焦点小组访谈法、深度访谈法和德尔菲法，如表4-4所示。

表4-4　不同类型的访谈法及其特点

序号	方法	概念	优点	缺点
1	焦点小组访谈法	由8～12人组成，在一名主持人的引导下对某一主题或观念进行讨论	参与者之间的互动作用可以激发新的思考和想法； 管理者能够直接观察受访者； 焦点小组访谈法相对容易执行	受访者相互间可能产生误导； 若受访者与目标市场人群不一致，可能产生反作用； 主持人可能因带有偏见而产生误差
2	深度访谈法	相对无限制的一对一会谈	消除群体压力，受访者会提供更真实的信息； 受访者的观点不会受他人的影响； 调查者可以观察受访者的隐藏感受和动机	成本比焦点小组访谈法高； 耗费时间较多，调查进度慢； 主持人无法使用群体动力刺激受访者的反应
3	德尔菲法	通过匿名式的访谈，轮番征询专家意见，最终得出预测结果	充分发挥专家的专业优势，准确性高； 将不同意见的分歧点总结出来，扬长避短	过程烦琐，操作复杂； 成本较高

（2）观察法

观察法是不通过提问或交流而系统地记录事件发展状况或行为模式的过程。观察法的类型主要有结构观察法、非结构观察法、完全参与观察法、不完全参与观察法和非参与观察法，如表4-5所示。

表4-5 不同类型的观察法

序号	观察方法	概念	优点	缺点
1	结构观察法	观察者根据事先设计好的提纲并严格按照规定的结构和计划进行的可控性观察	结构严谨,计划周密,观察过程标准化	观察缺乏弹性,影响结果的宽度与广度; 一般只用于验证性研究
2	非结构观察法	对观察内容与计划没有严格规定,根据现场实际情况进行观察	随意性强;可以适时调整;操作简单	资料收集难度大;难以进行定量分析; 一般只用于探索性研究
3	完全参与观察法	观察者隐瞒自己的真实身份和研究目的,加入到被观察者的群体活动中进行观察	深入了解一手资料	容易失去客观立场
4	不完全参与观察法	观察者不隐瞒自己的真实身份和研究目的,加入到被观察者的群体活动中进行观察	避免被观察者的心理疑虑	被观察者有可能不合作; 观察结果容易失真
5	非参与观察法	以旁观者的身份对被调查者进行观察	观察比较客观	不容易获得深入信息

（3）网络调查法

网络调查法指的是利用互联网的交互式信息沟通渠道来搜集有关统计资料的一种调查方法[1]。网络调查法具有突破时空限制、操作便利、实时

---

[1] 水延凯，等. 社会调查教程[M]. 5版. 北京：中国人民大学出版社，2011.

互动、成本低而效率高的优点。由于网络调查法实施的过程中，调查者与被调查者之间没有面对面的交流，因而问卷填答率会比较低，样本可能会缺乏代表性，需要对调查结果去伪存真。网络调查法一般不适合开放性问题的调查。

在很多情况下，如果不是经过缜密的安排，而仅仅是通过网络发放问卷或者通过网络采集第一手或者第二手数据，网络调查往往就具有自愿性、定向性、及时性、互动性、经济性与匿名性等特征。

网络调查法可以利用网络发放调查问卷进行调查和利用网络数据进行调查等具体的方法采集资料。

①利用网络发放调查问卷进行调查

利用网络发放调查问卷进行调查指的是通过互联网、计算机通信和数字交互式媒体等途径发布调查问卷来收集、记录、整理、分析信息的调查方法。这种调查方法的本质是在传统调查方法的基础上，利用网络的方式获取信息，两者之间也有显著的差异。

获取信息的途径多样。网络调查法既可以利用一些社交工具（如论坛、聊天工具、网络会议等）发放问卷、采集数据，也可以利用一些专业调查网站发放问卷、收集乃至分析信息。

获取信息的实时分析。对于专业调查网站或者调查软件，通过网络调查获取的信息可以实现实时的统计分析，从而大大提高调查工作的效率和效果。

②利用网络数据进行调查

利用网络数据进行调查的途径可以是以实时观察的方式（如利用"网上观察法"以网络为媒介对网民的行为、言论进行观察、记录和分析），也可以是以田野调查的方式（如针对特定的调查主题，利用网络社区、新闻评论、影视弹幕等大量评论信息进行统计分析，从中找出有价值的调查信息）。

此外，还可以利用一些商业网站提供的消费者消费量、质量评价等方面的大数据统计信息，如点击量、购买数量、评分等数据，用于调查分析。

四、设计调查预算与过程管理

（一）设计调查预算

市场调查费用的多少通常视调查范围和难易程度而定。不论何种调查，费用问题总是十分重要和难以回避的，故对费用的估算也是调查方案的内容之一。

（1）设计市场调查预算的科目

在进行经费预算时，一般要考虑以下几个方面：

a.调查方案策划费与设计费；

b.抽样设计费；

c.问卷设计费（包括测试费）；

d.问卷印刷、装订费；

e.调查实施费（包括培训费、交通费、调查员和督导员劳务费、礼品费和其他费用等）；

f.数据编码、录入费；

g.数据统计分析费；

h.调查报告撰写费；

i.办公费用；

j.其他费用。

（2）设计调查预算的方法

①费用计算方法

由于不同设计市场调查项目的差异性很大，市场调查费用计算的方法往往带有经验特点，通常采用专家估算法、类比估算法等方法进行调查费用的预算。

专家估算法。利用专家的经验，综合考虑影响成本估算的调查活动范围、人工费率、材料成本、通货膨胀、风险因素和其他众多变量，来确定设计调查项目的成本。

类比估算法。以过去类似项目的参数值（如范围、成本、预算和持续时间等）或规模指标（如调研活动、复杂性等）为基础，来估算当前调查项目的同类参数或指标的成本值。

②预算表达方法

设计调查预算既可以采用普通文本的方式直接进行表述，也可以采用表格的方式直观地进行表述，如表4-6所示。

表4-6　某产品设计调查费用预算表

序号	项目	金额（万元）
1	问卷设计，问卷印刷	2
2	调查与复核费用	1
3	数据处理（编码、录入、处理、分析）	1.5
4	地区市场调查公司代理费用	1.4
5	差旅及其他费用	0.8
合计	（人民币）	6.7

（二）设计调查过程组织与控制

（1）调查人员组织

①调查人员准备

同一项调查工作，由于承担调查工作的访问员的素质、性格、思想、观念等方面存在差异，得到的结果往往会存在显著差异，甚至大相径庭。因此，在选择访问员时必须非常慎重，应根据调查工作的性质、数据采集方法的复杂程度等因素选择符合要求的访问员。访问员应该具备一定的专业素质，并且在调查工作开始前应该得到必要的培训。

a.调查人员的素质要求。尽管对访问员的具体要求会随不同的调查项目而有变化，但是对他们的专业素质有着共性的要求，如健康、开朗、会交流、具有令人愉悦的外表、有文化、有经验等。

b.调查人员的培训。调查人员在上岗之前必须经过专业的入职培训，培训的内容包括工作态度培训、职业技能培训、问题处理技巧培训和市场调查专业知识培训等。

②调查人员的管理

调查人员的管理对调查项目实施过程的质量至关重要，它是决定调查工作执行能力高低的重要因素。调查人员管理的基本目标是规范、高效、全面、统一。调查项目管理者对调查人员的聘用和管理应坚持规模合理、规范统一、各尽所长的原则。

③现场督导人员

调查督导在设计调查过程中起着重要的控制作用，是不可欠缺的重要岗位。在设计调查项目实施的过程中，调查督导人员代表调查项目委托方、项目经理等人员，对调查员的调查活动进行指导、监控和协调。

调查督导的主要岗位职责一般包括协助制订调查方案、招募调查人员、项目实施培训、项目进度管理、访问过程管理、调查过程信息的收集与反馈、环节质量控制、实施现场管理、数据审查复核、异地项目督导等。

（2）调查过程控制

①数据质量控制

设计调查过程所获取的数据质量直接决定着调查工作的成败。由访问员引起的质量问题可能出于道德原因或非道德原因。

有一些调查数据质量问题是由于访问员的道德原因引起，这些问题主要包括：

a.访问员自填问卷，而不是按要求去调查被访者。

b.访问员没有对指定的调查对象进行调查，而是对非指定的调查对象进行调查。

c.访问员自行修改已完成的问卷。

d.访问员没有按要求向被访者提供礼品或礼金。

e.调查过程没有按照调查要求进行，如访问员将本当由访问员边问边记录的问卷交由被访者自填。

f.访问员为了获取更多报酬，片面追求问卷完成的份数，而放弃有些地址不太好找的调查对象。

有一些调查数据质量问题则可能是由于非道德方面的原因导致的随机误差，这些误差可分为指导语误差、提问误差、答案提示误差、量表转换误差、记录误差、理解误差等。

为尽量避免上述问题和误差的产生，必须要有对调查过程进行有效控制的监控方法和手段。监控的方法和手段主要有：日常检查与控制、抽样控制、作弊控制、问卷复核。

②调查成本控制

设计调查过程中将会产生大量的成本支出，设计调查管理者应该制定合适的成本追踪、成本控制的制度和程序，消除不必要的成本支出，提高调查工作的效益。管理人员应该严格控制以下几个与成本控制有关的要素。

a.监测数据收集、获取、分析等过程中产生的成本数据。

b.逐级进行成本汇报，成本报告中要显示与预算有关的真实成本。

c.及时发现超预算状态，确定原因，寻找解决问题的对策和措施。

d.如果由于设计调查的委托者提供的信息有误而发生项目成本超出预算，应尽早、及时与委托方沟通解决问题。

③调查进度控制

设计市场调查过程中，管理人员必须制订调查进度计划，及时了解和掌握计划完成进度，尽早了解调查项目是否能按期完成。如果设计调查过程中存在问题，管理者要及时采取措施来加快进程。

第二节　设计营销策略

一、市场细分与目标市场定位

市场定位的概念是由艾尔里斯和杰克·特劳特首先提出的，本意是指在消费者心目中为产品寻找一个位置。定位起始于产品，但并非是对产品本身做什么，而是指针对潜在顾客的心理采取行动，即要将产品在潜在顾客心目中找到一个适合的位置。①

① 王希俊，李精明．艺术管理[M]．长沙：中南大学出版社，2012.

　　企业开展产品设计活动首先要了解消费者的审美、情感需求和功能需求，在此基础上进行市场细分，然后根据自己的预期目标和实力选择拟为其服务的目标市场，以目标市场为对象进行设计产品和服务的创造活动。

（一）市场细分

　　所谓设计企业的市场细分，指的是设计市场营销者在市场调查的基础上分析与总结消费者的需求、行为等方面的差异，基于这些差异把有相似特征的消费者进行分类，组成由需求大致相似的消费者群构成的子市场，这些子市场就被称为细分市场。①

　　（1）市场细分的标准

　　一般采用地理、人口、心理、行为等标准进行市场细分，市场细分标准及设计市场细分的特征如表4-7所示。

表4-7　市场细分标准及设计市场细分的特征

序号	标准类型	标准的含义	细分标准	
			一般因素	设计市场的特征
1	地理细分	按照地理区域的差异将总体市场划分为不同的子市场	如国家、地区、州、县、城市、地段、街区等	注重运用各地域文化的差异性等因素
2	人口细分	按照人口特征（不同消费者和家庭需求）将总体市场细分为不同的子市场	年龄、性别、家庭人口、家庭生命周期、收入、职业、教育、宗教、种族和国籍等	注重运用家庭成员之间审美偏好的影响、接受审美教育的水平等因素

---

① 杨东篱. 文化市场营销学[M]. 福州：福建人民出版社，2014.

续表 4-7

序号	标准类型	标准的含义	细分标准	
			一般因素	设计市场的特征
3	心理细分	按照消费者的社会阶层、生活方式或个性特征等心理因素把消费者（总体市场）划分为不同的群体（子市场）	生活方式（价值、态度、需要、环境条件、社会期待、生存目的、兴趣、观点、习惯等）、社会阶层（注1）或个性特点（个人素质、认知模式、主观规范、知觉风险）等	注重运用审美价值诉求、审美偏好、审美认知模式等因素
4	行为细分	按照购买者对产品的了解程度、态度、使用以及反应，把购买者总体市场划分成不同的群体(子市场)	进入市场的程度（经常购买者、初次购买者、潜在购买者等）、消费数量（大量用户、中量用户、少量用户）、品牌偏好（单一品牌忠诚者、几种品牌忠诚者、无品牌偏好者）	注重运用影响人们消费行为决策和行动的审美和情感需求方面的因素

　　注1：菲利普·科特勒将社会阶层划分为社会名流、大笔财富、背景显赫阶层，有超凡能力、获得高收入和财富阶层，有专业和独立事业的部门负责人阶层，中等收入的白领和蓝领工人阶层，劳动阶层，有工作但收入低的阶层，靠福利金生活、生活贫困的阶层等7个层次[1]。

　　设计师设计的产品既可能是满足人们的情感需要，也可能是为了同时满足人们的情感需要和功能需要。由设计师设计的产品中，满足消费者的情感需求因素往往在产品的核心功能或效用中占有一定的甚至主要的地位。故此，运用心理细分往往是设计市场细分的基础性标准。此外，其他

---

　　① 科特勒. 市场营销[M]. 俞利军，等译. 北京：华夏出版社，2003.

市场细分标准在设计市场细分中的运用也有一些特点：

a.在运用地理细分标准时，往往会突出运用各地区中的地域文化等因素进行市场细分；

b.在运用人口细分标准时，往往会突出运用人们的审美经历、接受审美教育的水平、家庭成员之间审美特征的相互影响等因素进行市场细分；

c.在运用行为因素进行市场细分时，往往会突出运用影响人们消费行为决策和行动的审美和情感需求方面的因素进行市场细分。

（2）细分市场的模式

在选择地理、人口、心理、行为等标准进行市场细分时，可以采用单一变量法，也可以采用综合变量法或系列变量法。

单一变量法就是采用一个标准进行市场细分。采用一个标准进行市场细分，就是选择一个对购买者影响力最强的标准进行市场细分。该方法往往应用于通用性较大、挑选性不太强的产品。

综合标准细分法指的是综合运用多个标准进行市场细分。大多数产品都是受消费者的多种因素影响的。也就是说，企业将与自己的设计领域有关的、对消费者有很大影响的多个标准进行组合运用来对总体市场进行细分。

系列变量法也称为多层细分法，指的是运用两个及以上的市场细分标准，按一定顺序来逐步细分市场的方法。也就是说，运用系列变量法对总体市场进行细分，是由前后衔接的多次市场细分活动组合完成的。

（二）目标市场选择

（1）目标市场选择的标准

企业划分了细分市场，还需要对细分市场的有效性进行评估，从而选定拟为其服务的目标市场。目标市场指的是企业在市场细分的基础上，以满足消费者的现实或潜在需求为经营对象，依据组织自身的经营条件而选定或开拓的特定的细分市场。简而言之，目标市场就是企业设计的产品或服务的消费对象。

一般地，通常采用可衡量性、可接近性（可进入性）、可收益性（可行性）、可辨别性（差异性）、相对稳定性等标准[①]来判断细分市场的有效性。

可衡量性也称测量性，指的是细分市场的规模、购买力和基本情况是可以测量的。细分市场的规模测量就是对消费者的数量以及消费者的需求量的测量；消费者的购买力测量就是对消费者的购买能力的测量，它涉及对购买者的当前收入水平、经济发展趋势对消费者购买能力的影响等的测量与预测。

可接近性也称进入性，指的是细分市场中的消费者必须是企业能够运用其设计的产品去接近并为其提供服务的。是否能够接近细分市场，一方面需要测量企业的销售能力，也就是企业的营销能力是否能够更好地让自己设计的产品满足顾客的需要以超越竞争对手，从而赢得顾客的青睐；另一方面，需要测量企业的营销系统是否能够接触到消费者，从而有机会为消费者提供自己设计的产品或者服务。

可收益性也称实在性、足量性，指的是细分市场的规模必须足够大并且能够盈利。细分市场的规模测度，其本质上就是在准确判断消费者需求的基础上，将消费者对企业设计的产品或服务的需求规模和数量进行总体的测量，并与企业的经营目标进行匹配。

---

① 李康化. 文化市场营销学[M]. 上海：上海文艺出版社，2005.

可辨别性也称差异性，指的是企业对某一总体市场所划分的各细分市场要在概念上容易彼此区分出来，而且该细分市场对企业制定的不同的市场营销组合策略有不同的反应。测量细分市场的差异性，要求企业对消费者的需求特征有深入的理解，在此基础上才能够判断各类营销刺激因素对消费需求的影响程度。

相对稳定性指的是细分市场的规模、需求、竞争应该具有一定的相对稳定性。其中，消费者的需求是基础，因为市场规模是基于消费者的需求所决定的，而竞争的本质则是企业是否能够比竞争对手更好地满足消费者的需求。

（2）目标市场进入策略

企业确定了目标市场后，还需要确定进入目标市场的策略。一般地，企业进入目标市场的策略有集中市场营销策略、差异市场营销策略和无差异市场营销策略这三种策略类型，如表4-8所示。

表4-8　目标市场进入策略与审美需求的关系

序号	策略	模式	含义	与审美需求的关系
1	集中市场营销	产品——市场集中型	企业集中资源力量进入一个或少数几个细分市场，实行专业化营销	重视审美需求的个性、隐性、易变性的分析挖掘
2	差异市场营销	产品集中型	将整体市场划分为若干细分市场，针对每一细分市场制定一套独立的营销方案	找到不同市场的审美需求的共性
		市场集中型		找到同一市场的不同审美需求的细分群体
		产品——市场选择型		根据艺术产品提供的审美价值特征，确定其需求市场

续表 4-8

序号	策略	模式	含义	与审美需求的关系
3	无差异市场营销	全面覆盖型	企业将整个市场视为自己设计的某一个产品的目标市场，用单一的营销组合开拓市场	全面的审美需求——市场分析与获取，找出最具代表性和共性的审美需求

二、设计市场营销策略

（一）设计产品策略

（1）产品整体概念

菲利普·科特勒将产品定义为任何提供给市场并能满足人们某种需要和欲望的东西。这一概念有两个特点：一是产品是用于市场交换的，二是产品是围绕人们的需要开发的。菲利普·科特勒使用三个层次来表述产品整体概念，即核心产品、形式产品和延伸产品，如图4-2所示。

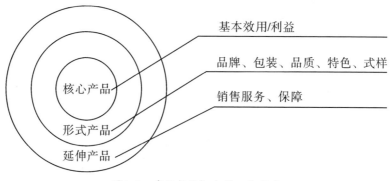

图4-2　产品整体概念的三个层次

核心产品指的是向顾客提供的产品的基本效用或利益，即顾客需求的中心内容；形式产品指的是核心产品借以实现的形式或目标市场对某一需求的特定满足形式；延伸产品指的是顾客购买形式产品时，附带获得的各种利益的总和。不同设计领域的产品整体概念的内涵有显著的差异，如表4-9所示。

表4-9　典型设计活动的设计产品层次

层次	名称	核心产品	形式产品		延伸产品
			直接	间接	
一	工业设计	情感价值、审美价值、实用（人性化/易用）价值	色彩、造型、材料、零部件等	品牌、品质、包装	制造服务、培训等
二	环境设计	神圣价值、精神价值、实用价值、活力价值、感觉价值	形象、结构、空间、景观等	品牌、品质	施工服务
三	视觉设计	情感价值、审美价值、感觉（视觉）价值	色彩、构图、肌理、光效等	品牌、品质	传播服务、鉴赏服务
四	动画设计	情感价值、审美价值、感觉（视觉、听觉）价值	角色、色彩、光效等	品牌、品质	传播服务、鉴赏服务

（2）产品组合与选择

①设计产品组合

企业生产和销售的全部产品项目的结构称为产品组合。它由产品线构成。产品线指的是使用功能相同但是规格不同的一组产品项目，如图4-3所示。

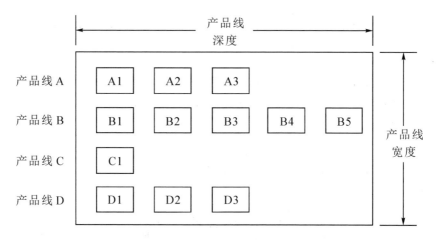

产品项目数：12个；产品线平均深度：3个；产品线数（宽度）：4个。

图4-3　产品组合

设计活动属于单件生产的活动，其产品品种往往是某一类型或者某一风格的产品，其产品线则往往是按照某一设计门类或者细分的设计领域类型进行划分。以某设计公司为例，该公司从事工业产品、环境产品、文化创意产品的设计，其产品组合如图4-4所示。

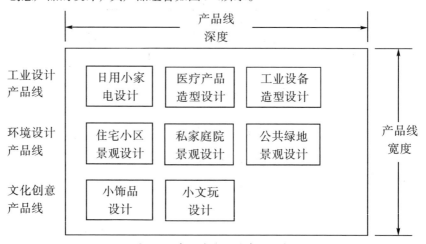

图4-4　某设计企业的产品组合

②设计产品选择

企业开展设计活动的产品种类多种多样，并且还会不断开发新的设计领域和设计产品。其中，有些产品能够盈利，有些则可能盈利困难甚至亏损。企业应该不断地对自己的产品结构进行选择、优化，提高整体的盈利能力。企业可以运用波斯顿矩阵选择自己的产品，不断优化产品组合，如图4-5所示。

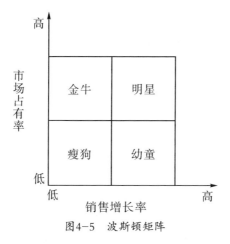

图4-5 波斯顿矩阵

对于金牛类的产品，它具有低增长率、高市场占有率的特征，产品选择的策略是以低投入维持市场，获取尽可能多的收益。

对于明星类的产品，它具有高增长率、高市场占有率的特征，产品选择的策略是以高投入保持高增长，以保护或者扩大明星类产品在市场中的主导地位。

对于幼童类的产品，它具有高增长率、低市场占有率的特征，产品选择的策略应该视具体的情况而定。对于有转换为明星类产品的幼童类产品，应该加大投入；否则，应该放弃没有发展前途的幼童类产品。

对于瘦狗类的产品，它具有低增长率、低市场占有率的特征，没有发展前途，企业应该放弃这类产品。

（3）产品生命周期

一般地，产品生命周期指的是产品从开发出来并进入市场开始，直到该类产品被市场淘汰所经历的时间周期。设计类产品的产品形态与传统工业企业的产品形态和创造方式有所不同。产品设计是单件生产活动，其产品生命周期往往不是某一具体的设计产品（作品）的设计周期，而是企业形成的某一种产品设计的设计风格、技术、产品特征等的组合所形成的特定产品类型的生命周期。

也就是说，设计类产品的生命周期是特定类型的设计产品从设计出产品、进入市场、有客户购买开始，直到最后没有顾客购买该类设计而退出市场为止所经历的全部时间。例如，某设计公司为摩托车生产企业提供摩托车造型设计方案，形成了简洁大方、经济适用的设计特色，这类设计作品从开始设计出来并进入市场，直到市场上不再有客户愿意购买该企业的这类设计作品为止，该设计公司的这类设计产品就经历了一个生命周期。

设计产品的生命周期一般会经历投入期、成长期、成熟期和衰退期这四个阶段，如图4-6所示。

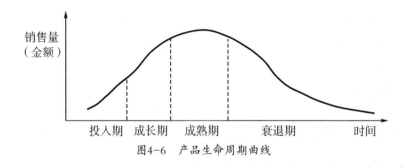

图4-6　产品生命周期曲线

投入期的主要特征是产品刚进入市场，顾客对产品尚不了解，市场销售渠道少、产品扩散慢，企业获得的设计合同数量和金额上升缓慢，成本和销售费用高且利润低（甚至亏损），但是产品市场竞争不激烈。这一阶段的主要任务是要看"准"该类设计的未来市场发展前景，以便缩短投入期，尽快进入成长期。

成长期的主要特征是市场局面已经打开、顾客增多、分销渠道畅通、销售合同数量及金额增长迅速、生产成本降低而利润大幅度上升，但是市场出现竞争逐渐激烈的现象。这一阶段的主要任务是要保证设计质量，防止设计作品粗制滥造而失信于顾客，设法使产品的销售和利润快速增长，收回投资。

成熟期的特征是销售合同的数量及金额大，但销售增长速度缓慢，而且随着市场需求渐趋饱和而销售增长率停滞不前，甚至呈现下降趋势。行业内设计能力开始出现过剩，市场竞争激烈，利润开始下降。这一阶段的主要任务是集中力量尽可能扩大市场、延长产品生命周期，为企业积累更多的资金。

衰退期的主要特征是产品老化而陷于被市场淘汰的境地，企业获得的设计合同数量和利润急剧下降，市场上以价格竞争作为主要手段。这一阶段企业的主要任务是抓好一个"转"字，即转入开发设计新产品或转入新市场，并且有计划地撤离处于劣势、没有前途的产品和行业领域。

（二）设计定价策略

（1）设计产品定价的影响因素

影响产品价格的因素很多，一般可以分为定价目标、产品价值、市场需求、竞争者的产品和价格这四类。

①定价目标

定价目标一般可以划分为当期利润最大化目标、市场占有率目标、稳定价格目标、维持生存目标、品牌建设目标等。

②产品价值

产品价值包括设计作品的效用或利益、设计师的声望或设计企业的品牌价值、成本价值、质量价值、新闻和轰动价值、历史价值、政治价值、保障服务价值（设计实施服务等）。

③市场需求

市场需求既受顾客收入水平的影响，又受需求的价格弹性影响。需求的价格弹性是表示需求量对价格变动反应程度的指标。

需求的价格弹性用系数E表示，即价格变动百分之一会使需求变动百分之几。如果E大于1，说明顾客对价格敏感，企业往往可以采取降价策略；反之，企业可采取提价策略。

④竞争者的产品和价格

竞争者的产品和价格对于企业自己的设计产品定价有着直接的影响。企业必须采取适当方式，了解竞争者所提供的设计产品或服务的质量和价格，并根据本企业的产品或服务的特点确定价格。

（2）设计产品定价方法

设计产品定价方法可以分为成本导向定价法、需求导向定价法、竞争导向定价法等，如表4-10所示。

表4-10 设计产品定价方法

序号	类型	方法	含义
1	成本导向定价法	成本加成定价法	基于设计作品创作过程中的各项花费、税收、预期的利润之和确定价格
		目标定价法	根据估计的设计收入和估计的成本投入来制定价格
		边际成本定价法	确定设计作品的价格时仅计算变动成本，而略去固定成本
2	需求导向定价法	认知价值定价法	根据客户对本企业的产品设计的认知价值来制定价格
		反向定价法	以客户最能够接受的销售价格，结合自己的成本和利润等情况综合确定价格
3	竞争导向定价法	随行就市定价法	按照行业的平均现行价格水平来定价
		投标定价法	按照招标方的要求，以最有利的条件确定投标价格

（3）设计产品定价策略

当设计企业开发出一类新的设计产品（领域）时，可采用撇脂定价法或者渗透定价法进入市场。

①撇脂定价法

撇脂定价法指的是企业在其新产品设计投入市场的初期，以高出成本几倍甚至几十倍的价格与客户签订合同，以期短期内获得高额利润。这种定价法依赖于企业的产品设计方案具有独特的优点、能够为客户提供独特的价值。其优点是能够尽快获得高回报、减少投资回收期，并以高薪酬来吸引和留住优秀的设计师；其风险则是高价格为其他企业加入竞争提供了机会，从而产生大量的竞争者。

②渗透定价法

渗透定价法指的是企业在其新产品设计投入市场的初期采取薄利多销

的原则占领市场。其优点是能迅速打开局面、占领市场、阻止竞争对手加入以控制市场。其缺点是由于定价过低、投资回收期太长而容易因为市场变化而产生风险。

（三）设计洽谈策略

设计洽谈是指公司为获取产品设计业务订单，与其客户之间进行的接洽、商谈活动。在设计洽谈过程中，客户往往按照自己的生产标准、技术标准或其主观愿望来衡量设计；而设计组织则倾向于以自己对设计的理解来要求客户接受设计，容易造成客户对设计的不满意、延误设计进度、引起设计纠纷等问题。因此，设计洽谈过程要做好系统的准备工作，以使沟通顺畅、洽谈成功。

（1）制订洽谈计划

①确定洽谈工作方案

为了提高设计洽谈工作的效率和成功率，洽谈前需要制订详细的工作计划。设计洽谈的工作方案主要包括以下的内容：

a.确定设计洽谈的主题：拜访客户前一定要事先计划好交谈的主题、目标和重点，以保证洽谈过程中不要脱离主题的内容，不能杂乱无章，要让洽谈工作在轻松的氛围中以婉转表达、循序渐进的方式进行；

b.合理安排参与设计洽谈的人员：参与拜访客户的人员应该尽量安排2～3个人（根据设计项目的规模而定，大型设计项目的参与人员可以更多些），以表达对客户的尊重，同时在交谈的过程中也可以拓展交流的话题，舒缓新朋友见面时的紧张气氛；

c.合理安排设计洽谈的时间：洽谈人员拜访客户一定要准时（最好能提前10分钟以上），这样可以先在客户的公司外舒缓一下情绪、整理一下思路，同时也可以避免因为交通堵塞造成的意外延误；

d.分析设计洽谈的优势与劣势：拜访客户前，应该针对客户公司的需求和竞争对手的情况，分析自己公司的优势与劣势，以利于洽谈过程中趋利避害，有针对性地提高洽谈的效率和成功率。

②准备设计资料

为了保证设计洽谈的成功率，一方面应该充分了解客户，另一方面也应该让客户对自己的公司和设计能力有更多的了解。在参加洽谈会前，设计洽谈团队应该事先准备好以下的资料和信息：

a.客户信息：对客户的背景有一个全面的了解，尤其是客户背景、产品、销售、品牌、运作等方面的信息；

b.个人名片：洽谈开始时，洽谈人员需互换名片、自我介绍，用制作精美的名片这种无声的语言表达对客户的尊重，给顾客留下一个好的印象；

c.公司资料：将公司的资料（公司简介、客户指南及图片资料等）交给客户查阅，让客户对公司有一个全面的了解；

d.业务成果：向客户提供一些介绍相关知识的资料、一些样图或样品，以及提供过去已完成的价格相对高一些的合作的合同给客户作对比，用事实说话；

e.草拟合同：洽谈最终成功后，大家不免会谈到合同的签订，而这时向客户提供一份草拟的合同无疑给客户提供了方便，双方可以在草拟的合同的基础上进行探讨和修改，为下一步的工作奠定良好的基础。

③确定设计洽谈策略

为了掌握洽谈中的主动权，企业应该在谈判前确定好洽谈策略，以充分理解和发现顾客的价值诉求，把握洽谈的主动权。

a.设计谈判的价格策略：价格是洽谈的重要砝码，确定价格不宜太仓促。这是因为，设计项目的定价与对方的消费能力密切相关，如果价格确定得太早，可能就丧失了提高价格的机会。在客户要求报价时，一般根据客户的实力报出偏上限的价格，然后根据实际情况进行灵活应对。

b.展现公司优势与附加值策略：在向客户展示公司历史上的设计作品与经验时，一定要关注客户的反应，判断客户需要了解的元素和重点，并及时做出说明。在客户反应不积极时，依然要积极耐心讲解、展示。展示作品的速度不宜过快，以便客户能够充分地了解并提出反馈信息。

（2）设计洽谈总结

①设计洽谈总结的重点内容

每一次设计洽谈工作完成后，都要对本次洽谈的重点内容和成果进行总结。这项工作一方面可以对工作的进展进行记录，另一方面也为下一次的洽谈做好充分的准备工作。设计洽谈总结的重点内容如表4-11所示。

表4-11　设计洽谈总结的重点内容

序号	重点内容	记录要点
1	工作进展情况	重点的工作内容
2	取得的主要工作成果	工作成果及相关背景情况，尤其是阶段成果及双方的谅解与承诺
3	尚存在的主要问题与障碍	主要问题与障碍及其原因
4	下一步的基本考虑	集中收集各相关人员的想法
5	需要引起注意的问题	提醒相关人员后面洽谈时所要注意的问题，尤其是容易忽视的问题

②设计洽谈备忘录

设计洽谈备忘录有两层含义，一是为了自己工作便利、防止遗忘和便于检查，以备忘的文件形式把洽谈中的问题与对此问题的观点、见解作摘要记录，同时也便于在必要时用以提醒与提示对方注意某个问题的见解；二是在设计业务洽谈时，经过初步的探询、讨论后写下文件，记载双方达成的谅解与承诺，以界定双方责任，作为后期双方交易或合作的依据，或者作为进一步洽谈时的参考。

设计洽谈备忘录的使用范围很广，主要有：

a.洽谈中用来阐明自己的立场观点，提醒对方注意；

b.在洽谈活动中，为了便于记忆谈话内容或者避免造成对方误解，事先将谈话要点以备忘录的形式面交对方，或者事后把总结的谈话要点以备忘录的形式面交对方；

c.可以在严肃的谈判场合，用备忘录来陈述事实，补充、说明自己的意见，针对对方的观点提出意见；

d.采用备忘录的形式确认双方就一些专门性或临时性问题达成的协议，代替协定等正式条约来明确双方的权利和义务；

e.作为一种客气的催询，提醒对方某一件事情。

备忘录的结构一般由标题、前言、备忘内容和结尾这四部分组成，如表4-12所示。

表4-12 备忘录的结构和内容

序号	结构	内容
1	标题	主要写参加备忘签署的各方、事由和文体名称。标题有两种写法，一是只冠以"备忘录"三个字为标题；二是备忘的具体事项加文种
2	前言	主要写合作者的名称、项目，简要写出合作者接触的具体情况、双方一致遵循的原则
3	备忘内容	主要写对方对磋商事项的承诺与要求，以及没有达成一致的未尽事宜。基本内容包括：一是双方承诺的事情；二是有待进一步磋商的具体问题；三是下次继续磋商的时间安排
4	结尾	主要写署名与日期

（四）设计投标策略

（1）设计投标的概念和类型

设计项目投标是设计企业以投标报价的形式争取获得设计项目的活动方式。投标是招标的对应，投标人根据招标人发布的招标书的要求和条件，在通过招标人的资格审查、取得投标资格后，经过市场分析、项目分析和经济分析，制定投标书，并在规定的时间内将密封好的投标书递送给招标企业。一旦被确立中标，投标人必须与招标人签订相关合同，履行自己的权利和义务。

目前，国内外设计行业采用的招投标方式是多种多样的，一般可分为三类。一类是公开招标方式（也称"无限竞争性招标"）；第二类是邀请招标，即指定邀请投标方招标（也称"有限竞争性招标"）的方式；第三类是协商议标，也称议标，指的是项目建设单位或企业选定它所熟悉并信任的设计公司，通过个别协商的办法达成协议，签订设计合同。

以上招标、投标方式在内容上可对全部设计项目一次性招标，也可按子项目、专业子项多次招标。

（2）设计投标的程序

设计投标的过程是一个涵盖了从决定是否投标，到投标报名、投标文件准备、参与投标活动的一个复杂的过程。

a.进行是否参加投标的决策。设计投标方（设计企业或者设计团队）应该根据自己取得设计招标项目的可行性与可能性、资源与能力条件、招标单位提出的承包条件等因素进行综合考虑，做出是否参加投标的决策。

b.报名参加投标。报名参加投标的设计投标方，应该向招标单位提供自己的营业执照和资质证书、企业简历、自有资金情况、设计人数（必要时还应该包括其他人员）、近三年主要业绩等资料。

c.按照要求填写资格预审书。设计投标方按照招标方的要求，填写投标预审书。

d.领取招标文件。招标单位对报名参加投标者进行资格审查，合格的投标者可领取或购买招标文件。

e.研究招标文件。设计投标方在领取招标文件后，应认真研究招标方的设计要求、设计规模、工期、质量要求及合同主要条件等，弄清设计责任和报价范围。模糊不清或把握不准之处，应做好记录，并在招标单位组织的招标答疑会上进行澄清。最后，设计投标方还应对合同签订和履行中可能遇到的风险做出分析。

f.调查投标环境。投标环境是中标后设计单位的企业环境（主要是技术、设备、材料供应、材料价格等各个方面的环境），它是设计投标方确定投标策略的依据。

g.制订设计实施方案。设计实施方案包括设计方法、设计进度计划、保证质量的措施等内容。设计投标单位应该认真核实项目的设计工作量，在此基础上制订设计方案、编制设计计划。确定合理的设计方案和设计计划（设计项目进度安排），是设计预算的依据。因此，设计单位确定的设计实施方案应力求合理、规范、可行。

h.按照招标文件的要求编制设计投标文件。投标单位应依据招标文件和招标项目的设计规范要求，根据自己编制的设计实施方案计算投标报价和编制投标文件。

i.投送投标文件。投标文件必须有投标单位及其法定代表人委托的代理人的印鉴。投标单位必须在规定的日期内将投标文件密封送达招标单位或其指定的地点。如果发现投标文件有误，设计投标方必须在投标截止日期前用正式函件更正，否则以原投标文件为准。

j.参加招标单位举行的开标会议。设计投标方在开标会议上按照招标方的要求对自己的投标方案作认真的介绍，并回答招标方的质疑。

k.订立设计合同。如果企业的设计投标获得中标，就要及时与委托方（设计招标方）就合同价格和不够清晰的内容进行澄清，然后签订正式的设计合同。

（3）设计投标报价

设计项目投标的报价是在计算的项目设计费用及相关费用的基础上，根据一定的策略向招标方提交的完成该设计项目的价格。

①设计投标基价（基础价格）计算

设计投标基价的计算是在对每一项设计内容的设计报酬及各项费用进行估算的基础上，进行分类汇总，得到整个项目的设计费用；然后，以设计费用为基础加上管理费、税金等，作为设计项目报价的基价。设计项目的基价计算公式为：

$$设计项目基价=设计费用+设计管理费+税金$$

某展览馆的设计基价如表4-13所示。

表4-13 某展览馆的设计基价

序号	工作内容	数量/项	分项报价/元	备注
1	常设展览内容设计费	1	895400	本公司自己设计，成本可控
2	常设展览环境布展初步设计费	1	58800	
3	办公及管理费 （3）=[（1）+（2）]×8%	1	76336	8%为费率
4	外聘专家研讨论证费	1	160000	暂定20人次，含新展品创意、策划
5	税金 （5）=[（1）+（2）+（3）+（4）]×6%	1	71432	6%为实缴费率
6	合计		1261968	

设计费用的计算是设计项目报价的基础和关键。它由设计项目中的设计报酬及各种费用的估价构成，一般包括咨询费、委托费、设计费、设计权使用费、委托研究费、保密费及设计报酬之外的各种费用，如模型费、材料费等。

设计费用中包含着许多无形的劳动价值，而这些无形的劳动价值的大小往往与设计组织的资历、声誉、专业能力等方面有密切的关系；设计组织所处的国家、城市、地区等经济、消费、生活水平等方面也有着很大的差异，因而其收费标准和收费方式也大相径庭。

欧美国家和日本常采用的计算方法是以工时乘以标准单价来进行计算。工时指的是整个设计项目从开始到结束所花费的总时间（小时）；标准单价具有很大的弹性，包含了劳动力成本、管理成本、社会劳动保险费用、公司开支及利润等。

也有很多的设计费用按照面积乘以标准单价来进行计算。在一些比较成熟的设计领域，如装修设计、环境设计等，通常会采用这种方法计算设计费用。

②设计投标报价策略

a.不平衡报价法。不平衡报价法指的是在总价基本确定之后，通过调整项目内部子项目的报价，以期在不提高总报价以保证中标的可能性的前提下，确保能够在决算时得到理想的经济效益。可以提高单价的项目包括：能够早日结账收款的子项目、预计以后设计工作量会增加的子项目、暂定子项目中肯定要做的子项目。

b.突然袭击法。突然袭击法指的是在投标过程中，为迷惑对方，有意泄露一些虚假信息，到投标截止前几小时，突然压低投标价（或加价），使对手措手不及。

c.低价投标夺标法。低价投标夺标法也被形象地称为"拼命法"，即设计投标方为了争取中标成功而宁愿少盈利或不盈利，或未来以索赔的方式实现扭亏为盈。

d.联保法。联保法指在竞争对手众多的情况下，由几家实力雄厚的承包商联合起来控制标价。大家保一家先中标，随后在第二次、第三次招标中，再用同样办法保第二家、第三家中标。这种联保方法容易产生围标的违规行为，在实际的招投标工作中很少使用。

e.捆绑法。捆绑法是比较常用的投标方法之一，它由两三家主营业务类似或相近，但是单独投标会出现经验、业绩不足或工作负荷过大而造成高报价、失去竞争优势的设计投标企业，以捆绑的形式组建联合体作为设计投标方进行投标。捆绑法可以通过设计投标方之间的优势互补、利益共享、风险共担，相对提高了竞争力和中标概率。这种方式在很多大型设计项目中广泛使用。

f.多方案报价法。如果设计投标方发现设计招标文件中存在设计内容不够明确、条款不够清楚或很不公正、技术规范要求过于苛刻等问题时，设计项目承包者将来可能会承担较大的风险。在这样的情况下，设计投标方可以在投标书上提供两个报价，其中的一个报价是按照招标文件的要求制定的，另一个报价则是设计投标方对招标文件中不合理的地方提出合理化建议，并在此基础上制定的。

g.增加建议方案法。设计投标方通过对招标文件的综合分析，在按照设计招标方的要求提供报价后，另外还根据设计投标方自己的设计经验提供推荐方案和报价，以提高中标的概率。

h.补充优惠条件。设计投标方为设计招标方提供优惠的付款条件（如垫付一部分项目周转资金），缩短设计项目的时间周期，提供设计交付后的服务等。

（五）设计广告策略

广告指的是由明确的主办人发起并付费的，通过非人员介绍的方式展示和推广其创意、商品或服务的行为。广告利用大众传播媒介传递信息，是一种应用最为普遍的推广企业及其设计产品或服务的促销方式。采用广告促销的优点是可以迅速、广泛地向有设计需求的客户传播企业的设计信息。

（1）广告促销的目标

广告促销的目标也称广告目标，是指企业利用广告活动促进企业和设计作品或服务推广所期望达到的目的。菲利普·科特勒将广告目标划分为告知性广告目标、说服性广告目标和提示性广告目标，如表4-14所示。

表4-14　设计企业广告目标

类型	阶段	作用
告知性广告	新产品刚上市时	广告的目标主要是将此信息告诉目标顾客，使之知晓并产生兴趣，促成初始需求
说服性广告	当目标顾客已经产生了购买某种产品的兴趣，但还没有形成对特定品牌的偏好时	说服性广告突出介绍本企业产品的特色，或通过与其他品牌产品进行比较来建立一种品牌优势
提示性广告	主要用于产品成熟阶段	广告的目的只是随时提示人们别忘了购买某种他们十分熟悉的"老"产品，使其产生惯性需求

（2）广告创意的原则和过程

①广告创意的原则

推广企业及其设计产品或服务的广告创意应该遵循目标原则、关注原则、简洁原则、合规原则和情感原则：

a.创意与广告目标和营销目标吻合的目标原则；

b.引起受众注意的关注原则；

c.追求简单明了的简洁原则；

d.符合广告法规和社会规范的合规原则；

e.以情感为诉求重点的情感原则。

②广告创意的产生过程

推广企业及其设计产品或服务的广告创意过程包括研究设计产品或服务的特性、研究客户的特点、研究设计产品或服务的特性与客户特点之间的关联、塑造广告创意对象（企业、设计产品或服务）的性格特征、构想广告对象的形象等。

③广告创意技法

广告创意技法是创造广告创意形象的技术和方法。广告创意的技法多种多样，应该根据不同的广告创意对象的特点选择合适的广告创意技法。

常用的广告创意技法主要有创形法、逆意法、换意法、包装法、音乐法、设秘法、系列法、省略法等。[①]

（3）广告媒介选择

①广告媒介的类型

广告信息需要借助特定的媒介渠道才能够投放市场，为消费者所知晓。常用的广告投放媒介渠道有网站、电视、户外广告、报纸、杂志、广播等，不同的广告媒介渠道各有其优点和不足，如表4–15所示。

---

① 曲超. 广告创意策划文案写作指要[M]. 北京：北京工业大学出版社，2015.

表4-15　主要广告媒介及其特点

序号	媒介	特点
1	网站	优点：影响面大、直接、选择性好、互动性强 不足：品牌网站的费用高、受众控制展示时间
2	电视	优点：覆盖大众市场、感官效果好 不足：播放时间短、受众选择困难
3	户外广告	优点：灵活、成本相对较低、位置选择性多 不足：观众选择性小、创意受限制
4	报纸	优点：快速、灵活、受众比较明确、可信度较高 不足：有效期短、传阅性差
5	杂志	优点：受众选择性好、可信度高、传阅性好 不足：发行周期长、刊登位置受限
6	广播	优点：地域性受众选择性较好、普及率较高、成本低 不足：播出时间短、引起听众注意比较困难、听众分散

②广告媒体的选择与组合

广告媒体选择不仅可以采用单一的媒介渠道，而且采用多种媒体进行组合运用。一般通过以下几个步骤实现广告媒体的优化组合：

一是深刻理解与把握广告目标市场策略和诉求策略；

二是按照其发行量、受众总量、有效受众量、千人成本等指标，对可供选择的广告媒体进行分析与评估，从中选择可以采用的媒体；

三是在选出来的多种媒体中，选择最接近受众、有效受众数量最多、对受众影响力最大的媒体作为广告发布的主要媒体；

四是综合考虑广告的总投入、广告效果等因素，确定广告媒体之间的组合关系。

（4）广告预算

①广告预算的方法

广告预算的方法多种多样，常用的方法主要有量力而行法、销售百分比法、竞争对比法、目标任务法。

a.销售百分比法。销售百分比法是指企业按照销售额（一定时期的销售实绩或预计销售额）或单位产品售价的一定百分比来计算和决定广告开支。该方法的优点是简单易行、保持广告活动的稳定性；缺点是容易随着销售额的剧烈波动而频繁增减，与企业长期的广告策略相矛盾。

b.量力而行法。量力而行法是指企业根据财务状况的可能性来决定广告开支，也就是说，企业在保证了其他的市场营销活动都优先分配了足够的经费之后，将尚剩余的部分用于广告。量力而行法的优点是简单易行；缺点是没有足够的经费投入到广告之中，而广告是企业的一种重要的促销手段。

c.目标任务法。目标任务法是指企业根据广告目标来确定广告开支。该方法在明确了广告目标的基础上，确定为达到广告目标而必须执行的工作任务，并估算所需的各种费用，最后将这些费用汇总而得到总的广告预算。该方法的优点是能够把广告预算与广告需要密切地结合起来；其缺点是没有从成本的角度考虑广告投入。

d.竞争对比法。竞争对比法是指企业参照竞争者的广告支出来确定自己的广告预算。在企业之间势均力敌、广告竞争激烈的情况下，适合采用这种方法保持本企业的市场地位。

②广告预算的影响因素

企业在不同的生命周期阶段以及企业处于不同的市场地位，其广告预算也会相应地有所不同。

a.产品生命周期阶段的影响。新产品或者新企业需要较高的广告预算，以建立知名度并得到客户的关注；成熟品牌则通常仅需要相对较低的广告预算。

b.市场份额的影响。高市场占有率的企业或产品品牌，其广告费用占销售额的比例通常很高；无差异化的企业或产品品牌（与同一产品类别中的其他产品极为相似的品牌），可能需要高额的广告费用以便让自己在客户中形成与众不同的印象；当本企业的产品与竞争者的产品差异较大时，广告投入的主要目的是能够让客户充分了解本企业的设计能力和产品的独特之处，这时的广告费用就应该根据市场的特点来确定。

（5）广告评估

制定了广告方案后，还应该对该方案进行系统的评估，以确定其是否满足目标企业实现营销目标的要求。对广告策划方案的评估主要涉及以下的内容：

a.广告定位的合理性：广告定位是否与广告目标相一致，广告内容的内在逻辑是否与广告目标紧密联系，广告成功的有利条件是否得到了最大限度的利用；

b.广告决策的正确性：评估广告的决策过程是否正确、科学，以及广告方案中的主要广告策略是否运用恰当；

c.广告方案的科学性：评估广告主题是否正确，广告创意是否独特新颖，广告诉求是否明确、是否准确把握了目标客户的需要；

d.广告预算的合理性：评估广告预算的方法和预算确定的费用是否合理（即广告预算与广告效益的关系是否合理），可以通过市场测试的方式进行评估。

三、设计营销策略实施管理

（一）设计企业营销计划

设计企业营销计划是设计企业开展营销活动的行动纲领，其内容包含计划概要、分析营销现状、分析机会与威胁、拟定营销目标、制定营销策略、确定行动方案、费用预算开支和控制共八个方面的内容，如表4-16所示。

表4-16　设计企业市场营销计划

序号	计划类型	计划内容
1	计划概要	在计划书的开头对该计划的主要营销目标和措施作简要的概括，目的是让高层主管迅速了解计划的核心内容
2	分析营销现状	分析市场、竞争对手、产品、分销及与宏观环境因素有关的背景信息
3	分析机会与威胁	机会是指营销环境对企业有利的因素，威胁是指环境中对企业营销不利的因素
4	拟定营销目标	确定组织在营销活动中预期完成的营销任务和预期取得的营销成果。它指明工作方向，规定工作任务，确定工作标准
5	制定营销策略	目标市场策略，产品定位，新产品开发和市场营销组合策略
6	确定行动方案	5W1H——做什么？何时开始？何时完成？由谁做？花费多少？
7	费用预算开支	确定各项营销活动的费用开支
8	控制	将计划规定的目标和预算按季度、月份或更小的时间单位进行分解，明确规定计划执行过程中的控制措施，以及部分计划发生意外时的应急计划

　　复杂的营销过程和内容还可以制订专项计划，如市场调查计划、产品
开发计划、市场开拓及事业发展计划、促销计划、分销渠道计划、营销费
用预算计划等。

（二）设计企业营销组织

　　（1）设计企业营销部门的基本职能
　　设计企业的营销部门主要承担市场分析、营销策略制定、营销队伍管
理、客户管理等方面的职能，具体包括：
　　a.市场调查与预测；
　　b.制定产品战略；
　　c.制订年度营销计划；
　　d.制定营销策略方案；
　　e.销售队伍的建设和激励；
　　f.建立和保持良好的客户关系；
　　g.收集和分析市场信息；
　　h.提出改进与完善产品的建议。
　　（2）设计企业营销部门的组织模式
　　根据营销组织的复杂程度和业务活动分工程度的不同，
可以把营销组织划分为直线型、职能型、区域型和产品型四
种基本的组织模式。
　　a.直线型：一般的中小型企业中通常采用直线型营销组
织结构模式，如图4-7所示。
　　b.职能型：采用这种组织结构模式的企业将其营销活动
分工为不同的营销部门来完成，适用于大中型的企业，如图
4-8所示。

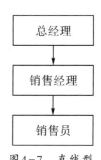

图4-7　直线型
营销组织结构

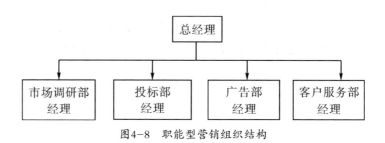

图4-8　职能型营销组织结构

c.区域型：企业按照地域进行营销人员分工，某一地区的设计营销人员全权代表企业在该地区的设计营销业务，通常应用于大中型企业，其结构如图4-9所示。

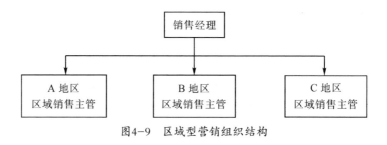

图4-9　区域型营销组织结构

d.产品型：企业按照产品（不同的设计风格、设计行业领域等）进行设计营销人员的分工，通常应用于大中型企业，其组织结构如图4-10所示。

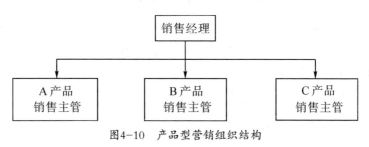

图4-10　产品型营销组织结构

（三）设计企业营销控制

（1）营销计划控制

这里的计划控制指的是为了保证企业制定的营销计划中所确定的销售额、利润额和其他的指标的落实所进行的控制活动。设计营销相关的计划控制主要针对以下类型的营销计划：

a.营销计划大纲的实施控制；

b.年度营销计划的实施控制；

c.半年、季度等营销计划的实施控制；

d.月、周等营销计划的实施控制。

（2）盈利能力控制

盈利能力是指企业通过营销活动所能获取的利润水平的能力，通常用营销利润率等指标进行描述。它是企业评价市场营销效益的一个关键性指标。企业必须监控其不同的产品、销售地区、顾客群、交易渠道以及订货数量的盈利能力，以便营销管理部门利用这些信息及时调整和优化营销活动。

营销利润率等盈利能力指标是以营销利润额等指标为基础计算出来的。营销利润和盈利能力的主要计算公式为：

a.营销毛利=营销额 – 营销成本；

b.营销纯利=营销毛利 – 应纳税金；

c.营销利润率=营销毛利／企业营销总额×100％；

d.营销净利润率=税后净利润／企业营销总额×100％；

e.总资产收益率=税后净利润／企业总资产×100％；

f.股东权益报酬率=税后净利润／企业股东权益×100％。

（3）营销效率控制

企业应该对自己所采用的营销策略的运行效率进行及时的控制，保证营销活动高效率地开展。企业可以采用科学的指标来监控推销队伍、广告、营业推广、分销渠道等营销活动的效率，通常采用的有关指标如表4-17所示。

表4-17　营销效率控制指标

序号	营销策略	具体方法（指标）
1	推销队伍效率	a.每天每个推销员推销访问的平均次数；b.每次推销访问的平均时间、平均收入、接待成本；c.每百次推销访问获得订单的百分比；d.每阶段新增顾客数、每阶段失去顾客数；e.总成本中推销成本的百分比等
2	广告效率	a.每千名购买者所获得的每种中介媒体的广告成本；b.各种中介媒体中，注意、看到、联想和阅读广告的人在其观众中所占的比例；c.消费者如何评价广告内容和有效性；d.消费者对产品的态度在广告前后有何差别；e.通过做广告引发的顾客咨询次数；f.每次咨询成本
3	营业推广效率	a.优惠销售的百分比；b.每1元销售额中的展示成本；c.赠券的回收比例；d.一次实地示范所引发的咨询次数
4	分销渠道效率	改善当地运送成本、减少运送时间等

（4）审计控制

营销审计是对一个公司或一个业务单位的营销活动进行的全面、系统、独立和定期的检查活动，其目的是发现存在的问题和机遇，以便企业及时研究解决营销问题和抓住营销机遇的措施，改善和提高公司的经营业绩。

营销审计可以从企业营销活动的六个方面开展，即营销环境审计、营销策略审计、营销组织审计、营销系统审计、营销效率审计和营销职能审计等，具体内容如表4-18所示。

表4-18　营销审计内容

序号	营销审计类型	审计内容
1	营销环境审计	主要分析营销环境中影响公司目标的关键因素，如顾客、竞争对手、经销商等
2	营销策略审计	考察企业的营销目标、计划与企业当前及预期的营销环境相适应的程度
3	营销组织审计	审查营销组织在预期环境中实施公司战略和公司营销策略的能力
4	营销系统审计	对企业承担营销环境分析、营销计划制定、营销控制等职能的营销系统的审查
5	营销效率审计	审查各营销部门的盈利能力和各项营销活动的成本效率
6	营销职能审计	对市场营销组合策略及其实施的有关因素进行检查、评价

第三节　设计合同管理

一、设计合同与设计合同管理

（一）设计合同的含义和特点

合同又称契约、合约或协议，英文为Contract（或Compact，或Covenant）。从字面上看，合同是指两个或两个以上的人之间达成的协议。合同的内涵在法学和经济学中有着明显的区别。

法学中的合同强调个别的、孤立的协议内容的法律解释及其实施的法律强制性。现代经济学中普遍使用的合同概念不仅包括具有法律强制力的协议，而且还包括不具有法律强制力的默认和承诺，它是交易当事人为取得预期收益而共同确立的各种权利关系，合同关系就是所有市场交易者关系。

设计合同是设计项目委托单位与设计单位或设计师对于设计项目的内容、技术、进度、费用、服务等条件签署的正式文本。设计合同具有过程性、社会性和不完全性的特点。

（1）过程性

设计合同的签订和执行是一个动态的过程。人的有限理性和外部环境存在不确定性，使得人们不可能预知契约履行中的一切变故。

（2）社会性

设计合同是在两个或两个以上的人或设计组织之间达成的，它产生于社会之中，是人们在交易活动中形成的一种社会关系。离开了社会，设计合同就不会产生。因此，人与人之间、组织与组织之间的各种社会关系，会影响设计合同的签订与执行。

（3）不完全性

为避免较高的签约和履约成本，人们往往会有意或无意地遗漏一些未知的可能情况，以调整条款的形式留到将来解决；或者只签订只有一定期限的条款，以便在合同期满后重新谈判签约。

（二）设计合同的内容

一份设计合同应该尽可能地将与设计项目实施有关的问题及其要求、责任涵盖其中。因此，设计合同的内容比较细致。一份设计合同一般由基本内容和其他内容这两大模块构成，如图4-11所示。

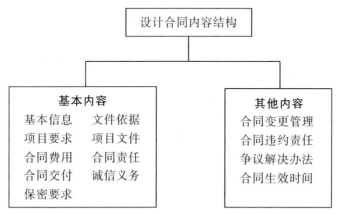

图4-11 设计合同的内容结构

（1）基本内容

设计合同的基本内容是设计合同的主体部分，包括基本信息、文件依据、项目要求、项目文件、合同费用、合同责任、合同交付、诚信义务、保密要求等内容。

a.基本信息。基本信息指的是设计合同的档案信息，包括合同编号、设计项目名称、设计活动实施地点、委托人、设计人、设计方资质（如果委托方需要）、签订日期等。此外，设计合同中还需要写明类似"双方就甲方委托乙方设计的××事项，在真实、充分表达各自意愿的基础上，经过平等协商达成如下协议，由双方共同恪守"的约定性语句。

b.文件依据：设计合同签订所依据的文件，包括与合同约定的设计项目有关的《中华人民共和国合同法》、国家及地方的法规和规章、相关的批准文件等重要文件。

c.项目要求：设计合同中的项目要求包含设计委托人和设计人双方的要求，包括设计项目的内容、设计作品的用途及使用范围、设计作品的交付时间和交付地点，以及对主要设计人员的要求。

d.项目文件：委托人向设计人提交的有关资料及文件和设计人向委托人交付的设计基础资料及文件，包括基础资料清单、提供方式和时间、其他协作事项、基础资料在合同履行完毕后的处理方式等。

e.合同费用：设计项目往往是分阶段取得成果的，因此，合同双方可以在合同中约定设计费用的支付进度，即提交各阶段设计成果和设计文件的同时支付阶段设计费，在提交最后一部分设计成果和设计文件的同时结清全部设计费。一般实际设计费按设计合同中规定的设计费用概算核定；实际设计费与估算设计费出现差额时，可以采取双方另行签订补充协议予以解决。

f.合同责任：设计合同执行过程中和实施完成后，都可能会涉及一些与责任、利益有关的问题。因此，设计合同中必须明确双方的责任，主要内容如表4-19所示。

表4-19　设计合同双方的责任

合同双方	责任类型	具体内容
委托人	设计条件	向设计人员提供完整正确的设计基础资料、必要的技术支持、工作生活及交通等方便条件
	规范要求	委托人不得要求设计人违反国家有关规定进行设计。若项目相关事宜有所变更，应签订补充协议
	收费标准	未签合同前，双方达成协议，设计人为委托人做的各项设计工作，应按收费标准，相应支付设计费
	安全保护	委托人应保护设计人的投标书、设计方案、文件、资料、图纸、计算软件和专利技术

续表 4-19

合同双方	责任类型	具体内容
设计人	设计规范	设计人应按照国家技术规范、标准及委托人提出的设计要求进行项目设计，按照合同规定提交设计资料、设计作品等
	保密要求	设计人应保护委托人的知识产权，不得向第三人泄露、转让委托人提交的产品图纸等技术经济资料
	资料交付	设计人按合同规定时限向委托人交付有关资料及文件，设计作品的交付应合法有效

g.合同交付：设计合同中规定的设计成果交付涉及的问题主要有成果的交付时间、交付地点、交付的载体、交付的方式等。设计合同应该详细约定影响评审验收工作质量的设计作品评审标准、评审人员组成、评审程序等。

h.诚信义务：设计合同双方应该在合同中约定，双方在合同谈判中和合同签订中提供的文件和信息真实、可靠，不存在欺诈行为，否则给对方造成损失的，应承担赔偿责任。

i.保密要求：签订设计合同的双方应该约定对合同的内容，双方的合作关系，来往的任何协议、文件、信函、通知中的内容及任一阶段的设计成果予以保密。

（2）其他内容

设计合同中的其他内容是对合同基本内容的补充说明，包括合同变更管理、合同违约责任、争议解决办法、合同生效时间等。

a.合同变更管理：合同中应对设计合同签订后的合同变更做出明确的规定，如对合同内容的变更和补充均应由双方另行签署书面文件；变更和补充的内容若与原合同有冲突的，以变更修改后的文件为准。导致合同变更的主要原因为因不可抗力使合同不能履行而变更合同、因情势变化致使合同履行有失公平而变更合同和因当事人违约而变更合同。

b.合同违约责任：设计合同双方中的任意一方违反合同规定并给对方造成损失的，可约定承担违约责任。设计合同中通常需要规定的违约责任情况如表4-20所示。

表4-20　设计合同违约责任的要求

违约情况	违约条件	
	委托人	设计人
期限约定	委托人迟于合同约定的期限付款的，向设计人支付违约金	设计人迟于合同约定的期限交付委托作品的，向委托人支付违约金
保密约定	未经设计人同意，委托人以评审设计成果以外的目的使用合同项下的设计成果或违反合同约定泄露乙方设计成果的，向设计人支付违约金	未经委托人同意，设计人将合同项下的设计成果泄露给他人或用于合同以外目的的，向委托人支付违约金
定金约定	设计人需要一定的资金启动设计项目，可约定定金。委托人给对方给付定金做担保，设计人交付设计成果后，定金抵作设计费。委托人不履行义务，无权要求返还定金；设计人不履行义务，应当双倍返还定金	

c.争议解决办法：设计合同发生争议时，合同双方的当事人既可以通过及时协商解决，也可以约定由有关部门调解，还可以约定由特定的仲裁委员会仲裁。设计合同双方的当事人未在合同中约定仲裁机构、事后又未达成仲裁书面协议的，可以向人民法院起诉。

d.合同生效时间：设计合同生效的时间一般在双方签章，并在委托人向设计人支付定金后生效。对于合同未尽事宜，双方可以签订补充协议，并保留有关协议及双方认可的来往信息、文件、会议纪要等，可以约定与合同具有同等法律效力。

（三）设计合同的作用

设计合同规定了设计项目的委托人和设计人的权利和责任，具有分配工作任务、调控项目运行、规范双方行为、争执解决依据等作用。

a.分配工作任务：设计合同中明确规定了设计方与委托方的工作任务，例如委托方要为设计方提供技术、资金等的支持，而设计方则要为设计项目提供人员、设计方案等。

b.调控项目运行：设计合同是设计项目实施的约束性文件，它约定合同双方要切实履行合同中规定的内容。如果由于情况变化，合同双方要修改设计内容或调整设计进程，也要基于合同约定来进行原设计合同的补充修改。

c.规范双方行为：为保证设计项目的顺利进行，设计合同中明确规定了双方的责任、义务和权利，约束自我、规范双方、互利互惠、实现双赢。

d.争执解决依据：设计合同履行过程中，不可避免地会出现争执和纠纷，双方在设计合同中做出的约定和承诺是解决这些争执和纠纷的依据。

（四）设计合同管理的概念和管理过程

（1）设计合同管理的概念和特点

设计合同管理指的是设计管理者对设计合同的签订和履行所进行的计划、组织、指导、监督和协调，以顺利实现合同规定的经济和技术目的的一系列活动。

设计合同中规定了设计委托方与设计执行方的权利和义务，设计合同管理直接影响着合同签订、实施的质量，进而影响企业的经济利益。设计合同管理具有合法性、系统性、动态性的特点。

合法性指的是有效的设计合同是受法律保护的。合同的签订、执行、变更、验收、终止等活动都应该符合《中华人民共和国合同法》的要求，确保设计合同始终合法地执行，防止产生失误而影响企业的经济利益。

系统性指的是企业的设计活动都是基于设计合同的要求开展的，设计合同与设计企业各方面的活动都有着千丝万缕的联系。因此，凡是涉及设计合同条款内容的有关企业部门都要统一地纳入管理体系，形成严谨的、确保合同实施的管理体系。

动态性指的是设计合同的生命周期是一个动态的过程，其实施过程中仍然会存在变更乃至终止等情况。因此，设计企业应该注重履约全过程的情况变化，特别要掌握对自己不利的合同变化，及时采取措施保证设计项目的实施活动按照设计合同的要求实施，或者及时提出对合同进行修改、变更、补充或终止。

（2）设计合同管理的过程

设计合同管理的过程包括设计合同的洽谈、签订、实施、终止等环节，如图4-12所示。设计合同管理过程中，不仅仅要重视设计合同签订前和签订过程的管理，更要重视设计合同签订后的管理。

在设计合同洽谈阶段，设计管理者应该充分收集和分析与设计合同签订有关的信息，以便在设计合同签订过程中取得主动权。

在设计合同签订阶段，设计管理者应该严格按照国家合同法规的要求，与委托方进行有理、有利、有节的谈判，争取更好的合同条件，保障自己的权益，为未来的设计项目实施

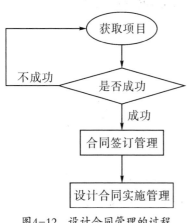

图4-12　设计合同管理的过程

提供良好的条件。

在设计合同实施阶段，设计管理者应该让设计项目的参与者详细了解设计合同的要求，严格按照合同的规定开展设计活动，及时处理设计合同执行过程中出现的问题，并管理好设计合同文件。

在设计合同终止阶段，设计管理者应该对设计合同终止的条件和有关文件、可能遗留的问题进行细致的梳理和处置，以防止因为合同终止过程中存在漏洞而留下隐患。

二、设计合同签订管理

（一）设计合同文本起草

设计合同的内容必须遵守《中华人民共和国合同法》的要求，其文本的起草一般要经历合同起草准备（确定写作目标和合同相对人、实体审查和程序问题、确定合同体例和重点、选择合同范本和模板、复核前面三个步骤）、合同编写（制作合同首部、合同正文写作、合同尾部处理）和合同完稿后的工作这三个阶段，共9个步骤，如表4-21所示。

表4-21 设计合同文本起草的步骤和内容

阶段	序号	具体步骤	具体内容
合同起草准备	1	确定写作目标和合同相对人	对手与我方相比,在哪一方面处于相对优势地位
			对手以前有无进行过类似的商业项目
			有无相应的文件版本或模版供参考
			假如终止或取消此次交易,对手的损失会有多少
	2	实体审查和程序问题	主体方面——法人单位或自然人是否经过授权
			客体,权属证明,如房产证、发票
			程序的规范性,如是否经过招拍挂
	3	确定合同体例和重点	合同体例——是单一合同文本,还是主合同加附件,还是多个主合同加附件并列
			写作重点:交易内容不同,合同的重点内容会有所不同。如《并购合同》的必须履行条款:交易模式;交易流程;获利机制;防火墙,离岸公司;交易成本;违约责任
	4	选择合同范本和模板	从类似的模板总结出有自己特色的范本
	5	复核前面三个步骤	本合同的目标
			合同模板的挑选
			基础文件的审查
合同编写	6	制作合同首部	标题;合同编号;摘要;合同各方主体
	7	合同正文写作	《中华人民共和国合同法》第12条规定了八个部分:当事人;标的;数量;质量;价款或报酬;履行;违约责任;争议解决
	8	合同尾部处理	当事人签字盖章
			日期的签订
			签约地点

续表 4-21

阶段	序号	具体步骤	具体内容
合同完稿后的工作	9	合同完稿后的工作	审查签约代表的授权
			签字盖章缺一不可。一般应该由法定代表人当面签字盖章；对于公司规模大、合同金额比较小的合同而言，则需要将合同带回公司签署
			开户银行和账户、账号
			履行方法与合同规定一致

（二）设计合同签订的原则

（1）平等性原则

设计合同签订的平等性原则指的是签订设计合同的当事人之间订立合同时是在地位平等的状态下进行的，这是签订合同的内在的基本原则。设计合同是交易当事人为取得预期收益而共同确立的各种权利关系，如果当事人之间没有平等的地位就无法自由地表达个人意志，从而无法达成共同的协议。

只有在平等地位基础上签订的设计合同，才对当事人具有法律效力，这样的合同才有意义。设计合同签订的平等性主要体现为签订设计合同的各方谁也没有权利凌驾于对方之上，以超经济的力量（如军事的、政治的、宗法的及其他类似的强力）强迫他人签约，或逃避履约的责任。

在现实社会的设计合同签订过程中，平等地位并不意味着不存在经济上的强制性。经济实力相对较弱的一方在设计合同谈判中往往处于劣势，他们为了生存而不得不被迫"自愿地"签订不利于自己的设计合同。因此，设计合同的平等性并不等于设计合同内容、履约结果或体现的经济利益的平等性。设计合同体现的交易双方经济利益的大小取决于交易双方对交易的相对重要性、双方的谈判能力等因素。对于交易具有相对重要性并具有较高谈判能力的一方，往往会在设计合同谈判的博弈中取得较大的实际经济利益。当然，由于受未来不确定因素的影响，设计合同本身所体现的经济利益大小也存在着一定的不确定性。

（2）自由性原则

所谓设计合同签订的自由性原则指的是签订设计合同的双方具有自由意志性和自主选择性。自由性与平等性密不可分。只有体现当事人自由意志的合同，才是有效的。

自由性是平等性的基础，只有承认合同各方都具有自由权利，才有真正的平等性。设计合同是当事人自由意志的结果，是当事人自主选择与协商的结果，包括当事人是否签约、与谁签约、签订什么合同，以及如何签订合同等均为自由选择，任何第三方，包括作为立法者和司法者的国家，都应尊重当事人的意愿。

（3）守信用原则

所谓设计合同签订的守信用原则指的是签订合同的每个当事人都必须信守它，否则合同就失去了意义。守信用是设计合同发挥社会作用的基本前提。设计合同是当事人在地位平等状态下共同协商的结果，它反映了当事人的自由意志，当事人就应该恪守信用、遵守合同的要求。

守信原则的贯彻应当是自觉的，当事人必须按照设计合同的规定遵守各自的义务，并享受各种权利。如果不自觉遵守设计合同，就必须付出代价。设计合同对当事人具有强制遵守的约束力，在法律范围内的合同条款对当事人具有法律约束力。设计合同一经确立，就受到法律的认可。

（4）互利性原则

设计合同的互利性原则指的是合同当事人是在一致合意的基础上通过合同实现各自的利益，任何合同行为都是当事人实现预期收益的手段。换句话说，当事人之所以签订设计合同，就在于他们预期合同的执行能给他们带来收益。如果当事人预期不能通过合同获得收益，合同就不会形成。

三、设计合同实施管理

（一）设计合同交底

设计合同交底也就是设计合同分析，指的是设计合同管理人员在对合同的主要内容做出解释和说明的基础上，通过组织设计项目管理人员和各设计工作小组负责人学习合同的条文和合同总体分析的结果，使每一个设计项目参加者都能够掌握合同中的主要内容、各种规定、管理程序，熟悉自己的合同责任和工作范围，以及各种行为的法律后果，使设计工作协调一致，避免执行中的违约行为。

实际工作中，签订设计合同与实施设计合同往往不是同一批人员，签订合同者需要详细告知设计人员合同的全部细节，做好交底工作，包括合同文本和合同谈判的焦点、有利条款和不利条款，以及设计人员必须知晓的其他情况。设计项目工作人员了解设计合同的内容越详细，越能更好地贯彻合同的要求，实现设计目的。

（1）合同交底的内容

设计合同交底的内容比较多且繁杂，需要设计合同管理人员与设计项目工作人员耐心细致地沟通和交接。设计合同交底的内容包括合同事件表（任务单、分包合同）、图纸、施工说明、设计质量要求、技术要求及其重点、工期、成本、合同内容之间的逻辑关系、各设计工作小组（分包商）的责任界限、完不成合同要求的影响和法律后果等。

（2）合同交底的具体步骤

设计合同交底的过程包括管理交底、任务交底、执行交底和交底反馈这四个阶段。

设计合同的管理交底的工作内容是企业的设计合同管理人员向设计项目经理全面介绍合同签订的背景、合同的工作范围、合同的目标、合同执行的要点，并解答设计项目经理及设计项目管理和实施人员提出的问题，形成合同交底记录。

设计合同的任务交底工作的内容是设计合同管理人员向设计项目职能部门负责人介绍合同的基本情况、合同执行计划、各职能部门的工作重点、合同风险防范措施，并解答各职能部门提出的问题，形成交底记录。

设计合同的执行交底的工作内容是设计项目经理和各职能部门负责人向其所属的设计项目执行人员进行合同交底，介绍设计合同的基本情况、本项目组或本部门的合同责任及工作重点、合同风险防范措施，并解答执行人员提出的问题，形成书面交底记录。

设计合同交底反馈的工作内容是设计项目组和各相关部门将交底情况反馈给设计合同管理人员，由其对设计合同执行计划、管理程序、管理措施及风险防范措施等内容做进一步的修改完善，最后形成合同管理文件，并下发给各执行部门和人员。

（3）设计合同交底的要求

在设计合同交底时，设计合同管理人员首先要组织相关人员学习合同的内容和合同总体分析结果，对合同的主要内容做出解释和说明。

设计合同管理人员应该将各种合同事件的责任分解落实到各项目小组、相关职能部门或分包商，使他们能够详细了解设计合同事件表（任务单、分包合同）、图纸、工作说明等，以及项目实施的技术和法律等内容。

设计合同实施前，还要与其他相关的各方面，如委托方、设计师、工程师、承包商等进行沟通，必要时召开设计项目协调会议。

在设计合同实施的过程中，设计合同管理者必须对设计项目实施过程进行检查、监督，并针对发现的问题结合合同的要求做出解释。

设计合同管理人员应该制定设计合同任务完成的奖励和惩罚措施，以调动执行设计合同的各方面人员的积极性、增强他们的责任心。

（二）设计合同实施控制

（1）设计合同实施控制的类型

设计合同控制包括主动控制和被动控制这两种类型。主动控制指的是设计合同管理者在设计项目实施的各项工作开始前预先分析目标偏离的可能性，并制定和采取各项预防性措施，以保证设计合同实施计划目标得以实现。被动控制指的是设计合同管理者在设计合同实际执行过程中，从工作结果中发现设计合同执行的偏差，并及时采取措施纠正偏差。

设计合同实施主动控制的措施一般包括：

一是详细调查并分析外部环境条件，以弄清影响设计合同目标实现和设计合同执行计划实施的各种有利和不利因素，并将它们考虑到计划和其他管理职能当中；

二是识别风险，找出各种影响设计合同目标实现和设计合同执行计划实施的潜在因素，并在设计合同执行计划实施过程中做好风险管理工作；

三是用科学的方法制订设计合同执行计划，保障设计项目的实施能够有足够的时间、空间、人力、物力和财力，并在此基础上进行计划的优化；

四是高质量地做好设计合同落实的组织工作，把任务和管理职能落实到具体的职能部门和人员，并做到权责明确；

　　五是制定必要的应急备用方案，以应对可能出现的设计合同目标实现和设计合同执行计划实施的情况；

　　六是设计合同执行计划应留有余地，这样可防止那些经常发生而又不可避免的干扰对计划的影响；

　　七是建立畅通的信息沟通渠道，及时了解设计合同执行计划落实情况、预测未来的工作进展和可能存在的问题，及时提出应对的预案。

　　设计合同被动控制的措施主要有：

　　一是应用现代化方法、手段，跟踪、检查设计项目实施过程的数据，发现异常情况时及时采取措施；

　　二是建立设计项目实施过程中的人员控制组织、明确控制责任，检查发现情况并及时处理；

　　三是建立有效的信息反馈系统，及时发现和反馈偏离计划目标值的情况，以便及时采取纠正偏差的措施。

　　（2）设计合同实施控制的制度

　　设计合同实施控制的制度主要有档案管理制度、履约管理制度、合同变更与解除管理制度、合同索赔管理制度、设计合同管理信息化管理制度等。

　　设计合同签订与执行过程中会产生大量的资料，如合同签订资料（各种合同文本、招标文件、投标文件、总进度计划、图纸、工程说明等）、合同分析资料（合同事件表、网络图、横道图等各种报表、责任书等资料）、合同执行资料（发包人的各种工作指令、工程签证、信件、会谈纪要和其他协议，各种变更指令、申请、变更记录，各种检查验收报告、评审/鉴定报告等），这些资料必须通过严格的档案管理制度得以妥善的保管。

　　合同履行阶段是出现问题较多而又容易被忽视的阶段。由于客观条件的变化，在设计合同履行过程中，委托方会提出超出合同条件的要求。如果设计人员一味满足委托方提出的要求而没有意识到合同条件已经发生变化，没有及时向委托方主张自己的合法权益，等到设计方发现权益受损时将会处于比较不利的地位，维护权益就较为困难了。因此，企业应该制定履约管理制度，加强履约过程中的管理，防止问题的发生。

在设计合同履行过程中出现合同变更是正常的事情。如果设计合同管理缺乏这种及时变更的意识，其结果将导致企业蒙受损失。因此，企业应该制定设计合同变更管理制度，在合同执行中及时发现需要变更的问题，及时与委托方沟通和修改合同，保证更好地履行和实现合同目的。

产生合同纠纷也是合同执行过程中常常会经历的事件。设计企业应该建立设计合同纠纷处理制度，指导设计项目执行人员合理地解决合同纠纷、维护自身的利益。

按照国际工程承包施工的习惯，通常把承包商向业主提出的索赔要求称作"索赔"；把业主向承包商提出的索赔要求称作"反索赔"。企业应该建立合同索赔管理制度，以便设计项目执行过程中出现需要索赔的情况时能够及时准备充足的依据，提出索赔的要求。设计项目索赔需要的依据主要包括招标文件、投标书、设计合同文本及其附属文件、来往信件、会议记录、设计工作记录、设计项目财务记录、市场信息资料、设计政策法规文件等。设计索赔的赔偿金计算是设计索赔的重要内容，设计合同索赔管理制度中应该明确索赔的赔偿金计算的原则和方法。

合同是设计项目实施的企业获得收益的重要依据，必须予以妥善保管。现代设计活动日益复杂，设计合同实施中的过程管理、信息管理也日益复杂。因此，需要建立起现代化的设计合同信息化管理制度，保证设计合同及其相关文件的安全管理，建立设计合同信息管理系统并有效运行，对历史合同信息进行分析和利用。

第四节　设计客户管理

一、设计客户管理的概念和过程

设计客户管理也称设计客户关系管理，指的是设计企业以客户为中心开展的客户信息搜集、研究和运用而建立起来的积极的客户关系管理活动，其目的是更好地满足客户需求，提高客户忠诚度。

设计客户关系管理的前提是企业对该项工作的需求定位，基础是客户知识，手段是基于客户知识开展客户交互活动，最终实现客户关系价值。故此，设计客户关系管理策略包括客户关系管理模式、客户信息系统（数据库）管埋、客户关系服务管理和客户服务绩效评价这四个层次的构成因素，这些因素的内容和相互之间的关系如图4-13所示。

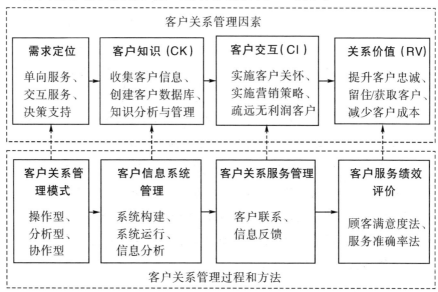

图4-13　客户关系管理的因素及其逻辑关系

（一）客户关系管理模式

美国著名的IT分析公司Meta Group将客户关系划分为操作型、分析型和协作型这三种模式①。设计企业应该根据设计客户的行业特点、企业规模、发展水平等，在这三种模式中选择一种适合自己的模式。

操作型客户关系管理系统主要用于管理企业内部营销领域的人力和物力资源的分配与共享（即企业内部所有营销相关部门可以共享客户资源），并且该服务系统能够做到以统一的服务形象对外呈现②，这是一种典型的"前台"客户管理模式。

分析型客户关系管理系统是在操作型客户关系管理系统的基础上发展而建立起来的。它在操作型客户关系管理的基础上，进一步提取各种有价值的信息进行分析、预测，为设计企业的客户关系管理活动提供决策支持。这是一种典型的"后台"客户管理模式③。

协作型客户关系系统是为客户提供"一站式的服务"④的关系管理模式。在该客户关系管理模式下，设计企业与客户之间在设计与产品咨询、订货及投诉等问题方面建立起了交互沟通的方式，为顾客提供全方位的、系统的服务活动。

（二）客户信息系统管理

确定了客户关系管理模式后，设计企业就需要根据其客户关系管理模

---

① 何荣勤. CRM原理·设计·实践[M]. 北京：电子工业出版社，2003.
② 王立群. 现代企业客户关系管理研究[D]. 北京：首都经济贸易大学，2004.
③ 王立群. 现代企业客户关系管理研究[D]. 北京：首都经济贸易大学，2004.
④ 杨慧勇. 石家庄中小型股份制商业银行客户关系管理策略研究[D]. 天津：河北工业大学，2006.

式和企业顾客的特点，建立起自己的客户信息管理系统，包括客户信息数据库及其运行管理系统。

客户信息系统管理（客户数据库管理），是指创建客户数据库、收集和储存客户信息、将客户信息转化为客户知识的一系列活动，其中，客户数据库是一个有组织地收集关于个人或预期顾客的综合性信息的集合。

（三）客户关系服务管理

设计企业的客户关系服务管理指的是企业的营销管理者运用客户信息系统储存的客户信息，进行信息的分析、加工，并与客户进行联系和反馈的管理活动。

只有充分运用客户关系服务管理活动，设计企业才能够充分发挥客户信息系统（数据库）的作用，进而通过与客户之间及时的互动与反馈，实现顾客服务的价值增值。客户关系管理一般通过以下的途径实现：

　　a.采用多种通信渠道与客户保持关联；

　　b.建立客户信息数据库，收集客户交易信息；

　　c.规划和评估市场计划；

　　d.跟踪销售活动；

　　e.全面分析市场和销售情况。

（四）客户服务绩效评价

最后，设计企业的营销或其管理部门还需要对客户服务的绩效进行定期的评价。设计客户服务绩效评价指的是设计企业对顾客满意程度、服务工作质量和效率、顾客反馈意见等服务工作水平的综合或者单项评价。

常用的客户服务绩效评价方法有顾客满意度法、服务准确性比率法、客户抱怨解决比率法等方法[①]。

二、设计客户信息系统管理

（一）客户数据库的内容和结构

（1）客户数据库的内容

设计领域的客户数据库中储存了从客户的设计需求特征数据到客户交易数据，以及提供服务的数据，如图4-14所示。

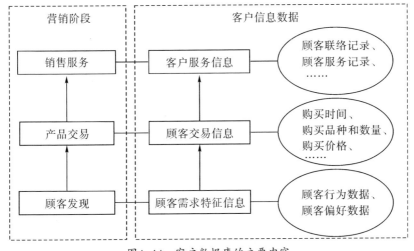

图4-14　客户数据库的主要内容

---

① 王立群. 现代企业客户关系管理研究[D]. 北京：首都经济贸易大学，2004.

顾客需求特征信息指的是客户信息系统中记录的顾客消费行为、兴趣和爱好，以及客户所在地区的生活水平、人均收入、文化和风俗习惯、消费倾向和信用情况等方面的信息。

顾客交易信息指的是客户信息系统记录的与客户交易活动有关的信息，包括客户购买商品的名称、类型、数量、时间、报价和成交价格、优惠条件、交货地点、合作与支持行动等信息。

客户服务信息指的是客户信息系统记录的与顾客联络、为顾客提供服务、顾客投诉处理、为争取和保持每个客户所做的其他努力和费用等信息。

（2）客户数据库的结构

客户数据库中录入的客户信息内容主要包括客户名称、供求内容、地址、联系电话、邮政编码、Email，以及机构客户的法人代表、企业性质、行业分类、年营业额、员工数量、注册资金等。

对客户数据库中储存的内容还需要进行进一步的细分。客户信息细分主要起到两个方面的作用，一是便于实现企业与客户一对一的沟通；二是应对企业临时发生的营销活动的信息需求。具体地，可以按照以下的方面进行客户信息的细分：

a.客户的联系方式：客户地址、电话号码和联系人等；

b.客户企业的性质和经营状况：所有制、高层管理者和项目决策者、企业文化、经营范围、公司的经营绩效状况等；

c.客户的行业信息：客户所处行业的发展情况、客户的业务领域，以及本公司拟与客户企业洽谈项目在客户业务活动中的地位等；

d.客户谈判代表的信息：主要的和可能的客户谈判代表的姓名、职位（权限）、联系方式、性格特征等；

e.客户的产品和需求信息：客户的产品特征、产品市场竞争特征、产

品设计需求特征、市场需求特征和发展趋势、本企业历史上为客户设计的
产品的市场状况等。

（二）客户信息收集

收集客户信息是以客户为中心的营销管理活动的关键步骤之一。但
是，客户信息一般分布在企业不同的部门乃至企业外部，利用比较困难。
因此，需要通过各种手段将这些信息整合到企业的客户数据库中，形成企
业完整的客户信息数据库。

客户信息收集的方法和途径有很多，比如营销活动记录、市场调查、
老顾客分类、购买等。了解客户的信息可以通过以下的途径获取：

a.电话交谈：通过电话向客户了解公司与设计项目有关的背景信息；

b.客户网站：通过浏览客户公司的网站，了解客户的基本状况；

c.文字资料：通过收集客户企业的宣传画册、宣传单等文字介绍资
料，了解客户的背景信息；

d.间接了解：通过客户公司的内部人员、与客户公司有业务联系的单
位或个人、了解客户公司情况的同行或朋友等，了解客户的有关信息；

e.销售活动记录：通过营销活动中的促销活动、与客户的接触与回
访、交易、售后服务、客户座谈会、企业呼叫中心等活动记录的顾客信
息，总结分析客户信息；

f.谈判过程：谈判时，在轻松的时候可以问一些客户的个人情况，如
谈判者的籍贯、在公司负责的事务等，增进双方的了解和信任，为进一步
的交流奠定基础；

g.购买获取：通过向专业的中介机构和其他企业购买不损害客户隐私
的客户企业相关信息；

h.其他方式：通过网络查询、写字楼前台调查、报纸杂志、业务伙伴和朋友、老顾客连锁介绍等方式获取客户信息。

（三）客户信息加工

在与客户进行沟通前，首先要对消费者进行分析，将客户信息转化为客户知识，为开展客户沟通活动奠定基础。一般地，客户信息加工主要包括客户概况分析、利润分析、性能分析、未来分析、产品分析、促销分析[①]等内容。

三、设计客户满意度评价

（一）顾客满意的含义和分析逻辑

顾客满意指的是顾客在对一个产品或者服务可感知的效果（或结果）与期望值相比较后，所形成的愉悦或失望的感觉状态。根据顾客满意的定义，可以得出顾客满意的公式：

$$满意=期望-结果$$

顾客满意开始于顾客对企业设计产品或者设计服务的功效感知，在感知的功效与期望水平比较的基础上产生满意，进而形成顾客对企业的忠诚，如图4-15所示。

---

① 邹建平. 第三方物流服务中导入客户关系管理研究[D]. 上海：上海海运学院，2001.

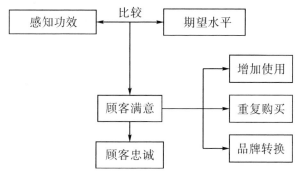

图4-15　顾客满意的产生逻辑过程

　　基于顾客满意产生的逻辑过程，从期望阶段、感受阶段和评价阶段这三个阶段进行分析，建立顾客满意度分析模型，如图4-16所示。

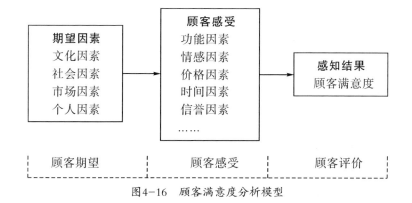

图4-16　顾客满意度分析模型

（1）顾客期望

　　顾客对企业的设计产品或服务的购买决策在很大程度上受到文化、社会、市场与个人等因素的影响。

　　文化因素。在文化因素中，社会阶层因素对顾客期望的影响最大。社会阶层因素指的是由不同的收入、职业、受教育的程度等因素的影响而形成的社会群体类型。各个阶层的顾客都会有自己的需求特征和购买决策特征。

社会因素。社会因素中，相关群体对顾客的购买期望有着非常大的影响。相关群体指的是对个人的态度、意见和偏好有重大影响的群体。例如，相关群体可以为顾客展示出新的行为模式和生活方式，使得顾客产生仿效相关群体的愿望；相关群体促使人的行为趋于某种一体化，从而影响顾客对特定产品和品牌的选择偏好。

市场因素。顾客购买产品时，一般首先对市场上的同类产品进行比较，然后再做出决策。市场上竞争产品的价值，包括其功能、价格、服务等方面的因素，都会对客户的期望产生很大的影响。

个人因素。个人因素指的是顾客的年龄、受教育程度、个性、偏好、风险意识等因素这些都会对其购买行为产生影响。随着人们生活水平的提高，消费者的消费状况表现出从理性消费向感性消费的趋势。

（2）顾客感受

顾客感受指的是顾客对企业产品的实际感受。顾客感受所表现出来的自己所关注的因素，一方面与其自己的需要有关，另一方面受到市场竞争的影响。这些因素主要表现在价格、质量、品种、时间、信誉、环保等方面，如图4-17所示。

在规模经济时代，人们关注的要素主要是产品的价格、质量；随着范围经济时代的到来，人们对品种（功能、情感、外观、包装等）的关注度快速提升，个性化的需求蔚然成风；知识经济时代的到来导致了人们需求关注的因素更为多元化，时间、信誉等因素成为企业争取消费者的重要手段；随着人们对可持续发展和对健康的关注，环保因素成为顾客感受中重要的一个因素。随着时代的发展，将会有新的因素成为顾客消费所关注的因素。

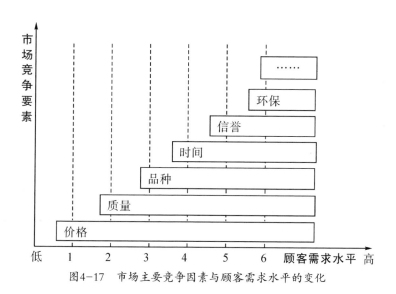

图4-17 市场主要竞争因素与顾客需求水平的变化

（3）顾客评价

顾客在对企业的设计产品或服务进行感受后，就会产生自己对产品的综合评价，表现为顾客对产品的满意程度，即顾客满意度。

（二）顾客满意度的评价方法

（1）顾客满意率法

顾客满意率（CSR）是指在一定数量的目标顾客中表示满意的顾客所占的百分比。顾客满意率法是用来测评顾客满意度的一种方法，计算公式为：

$$CSR=S/C \times 100\%$$

式中：CSR——顾客满意率；

C——目标顾客数量；

S——目标顾客中表示满意的顾客数量。

顾客满意率法的优点是信息获取和计算简单、易于实施；其不足是信息单一，仅有顾客满意和不满意信息而没有顾客感知效果，且计算的结果是百分比。显然，该方法的计算结果不能用于同行比较，不能准确、完整地描述顾客满意的程度。

（2）顾客满意度法

①确定顾客满意度级度

顾客满意度级度（CSM）是指顾客满意度的等级体系，可以采用李克特的5度量表、7度量表等方法进行测量。以5度量表为例，如图4-18所

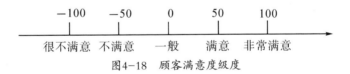

图4-18　顾客满意度级度

示。

这个数轴含5个等级：很不满意、不满意、一般、满意和非常满意，给它们的赋值分别为-100、-50、0、50、100，分数的总和为零。

②顾客综合满意度计算

顾客综合满意度的计算公式为：

$$CSM = \sum x / n$$

式中：CSM——顾客满意度得分；

$\sum x$——调查项目的顾客评分和；

n——调查项目的数量。

CSM得分高，表明顾客满意度高；反之，则低。以某设计产品为例，首先计算该设计产品的各调查项目的满意度，然后再计算该设计产品的综

合满意度得分，如表4-22所示。

表4-22　某设计产品顾客满意度

产品属性	质量	功能	价格	服务	包装	品位
分值	40	20	60	40	（−20）	0
综合分值	$\sum x/n$=[40+20+60+40+(−20)+0]/6≈23.3					

③顾客需求子因素的满意度计算

可以对顾客满意度的各类子因素进行更深入的计算和分析，进而了解影响顾客满意度的主要因素及其影响程度，为改进设计产品和设计服务、提升顾客满意度提供依据。

第五章
设计运作管理

第一节　设计策划管理

一、设计策划任务定义

设计策划的任务指的是设计策划活动的预期工作内容和拟达到的成果。设计策划的任务主要来源于客户的要求、企业的要求、项目的性质、政府和社会的要求、环境条件等方面。

（一）客户的要求

客户的要求指的是客户对设计活动提出的要求，如客户对设计作品的内容、质量、交货时间等的要求。客户的要求具有超前性、多元性、复杂性、局限性、易变性的特点。设计企业要针对这些特点，准确把握客户的要求。

（1）超前性

客户往往对设计作品的要求要超越现有的水平，具有一定的前瞻性。往往正是这一因素，导致客户自己没有能力完成产品设计，才对外委托合作者设计自己的产品。

由于超前性是根据客户自己和设计企业在对未来的预测的基础上做出的产品需求决策，存在很大的不确定性。因此，设计企业必须具有比较强的洞察力，能够准确预测未来的市场和产品发展趋势，才能够设计出满足客户需要的产品。

（2）多元性

客户对设计作品提出的要求往往由多个方面的内容构成，包括多种用途、质量、功能、款式等。设计企业在项目洽谈和接受设计任务时，应该尽可能全面地了解客户的要求。

在客户对设计作品提出的多方面的要求中，有一些要求之间可能会存在矛盾之处，有些矛盾甚至在某种情况下是不可调和的，如质量与交货期的矛盾、功能与成本的矛盾等。设计企业应该在设计合同洽谈和签订阶段与客户之间就这些问题进行深入的交流与取舍，取得一致的意见。

（3）复杂性

受到客户自身知识和能力的局限，客户对设计作品的需求内容既有明确表达的（如通过口头表述、文件或者设计合同表述出来），也可能是隐含的，需要设计企业进行进一步的识别。

设计企业应该充分发挥自己的专业特长，帮助设计企业准确识别设计需求并明确地表达出来，形成对设计作品的具体要求，并在设计合同中明确地规定下来。这样，就为未来的设计活动消除了大量的不确定性。

（4）局限性

客户不是专业的设计人员，且受到他们自己的专业知识所限，其对自己期望达成的设计作品的水平、创新程度等的判断会存在一定的局限性。这些局限性的存在，会带来设计任务的模糊和设计过程中沟通的障碍。

设计企业应该积极主动地与客户进行沟通和交流，充分了解客户的意图和期望，将客户的专业优势与自己的专业知识与能力优势相结合，帮助企业明确自己对拟设计的产品的期望和要求。

（5）易变性

对于客户而言，外部的市场环境的变化和内部战略和观念的变化，都可能会导致其在设计作品创作的过程中提出新的想法或者要求，这些将给设计企业的设计项目实施带来很大的不确定性和风险。

设计企业应该站在客户的角度对未来的市场环境、客户可能的战略与观念的调整进行分析和预测，必要时与客户进行细致的交流与沟通，在设计合同中明确规定未来可能的变化及其可能的合同调整要求。

（二）企业的要求

对于不同的企业及企业发展的不同阶段，其目标是多元的，目标之间甚至存在矛盾之处。企业应该根据自己的战略定位和市场状况，合理地确定自己对设计项目的要求。

（1）经济需要与社会需要

设计企业实施设计项目的最基本的目的是盈利。只有取得了源源不断的经济收益，设计企业才能够保持生存与发展。故此，竭尽全力追求利润最大化往往成为设计公司的首要选择。

设计企业也需要承担一定的社会责任、产生一定的社会影响力。在社会责任方面，弘扬积极的产品文化，摒弃消极的产品文化，为一些社会机构提供公益性或者半公益性的设计服务等，不仅能够为社会做出贡献，帮助企业产生良好的社会影响力，而且还可以避免因产品文化与社会文化之间的矛盾而产生的危机。

设计企业的经济需要与社会需要之间存在一定的矛盾。经济需要追求的是利益最大化，社会需要则要求设计企业为了社会利益而做出一定程度的让利。设计企业应该基于组织长期成功的需要，在经济需要与社会需要之间求得平衡。

（2）短期需要与长远需要

首先，每一个设计企业都希望自己能够在市场上长期地生存与发展，为企业的投资者、为组织的员工提供更好的发展前途。但是，长期的成功要求设计企业在品牌知名度、市场美誉度等方面进行投资，在与客户合作的过程中为了长期的合作而进行短期的让利，或者为了保证更高的质量而消耗更多的成本，这些都会对短期的利益造成损失。

设计企业在设计项目谈判和实施的过程中，既要追求眼前的需要以求得企业的生存，同时还必须面向长远的发展，充分考虑企业可持续发展的需要，牺牲一定的短期利益，做好短期需要与长期需要的平衡。设计企业既不能因为追求短期的需要"竭泽而渔"，也不能过于关注长期需要而丧失正常的短期收益水平，失去扩大再生产的能力。

（三）项目的性质

一般地，产品创造的模式可以划分为改良型和创新型两种类型，如图5-1所示。不同类型的产品创造模式对设计的定位、过程、时间、资金、技术、质量水平等的要求有很大的不同。

改良型产品创造模式是在现有产品的基础上，根据发展的需要和顾客的需求，对现有产品进行改进、增加一些新的元素。从产品设计的角度而言，它是秉承以往作品设计理念的积极意义上的延续与发展，是一种现有作品的风格、理念与新设计思想之间的碰撞、冲突的过程。例如，动画设计公司在同类题材、相同制作系统支撑下完成多部作品的创作。

创新型产品模式则是开发一个全新的产品。从产品设计的角度而言，它是基于全新的设计思想、理念、观念的作品设计活动。它源于新的作品设计理念的形成与表达，所开发的是一种全新的产品，其设计策划过程带有研究、假定、推敲、探讨的性质。

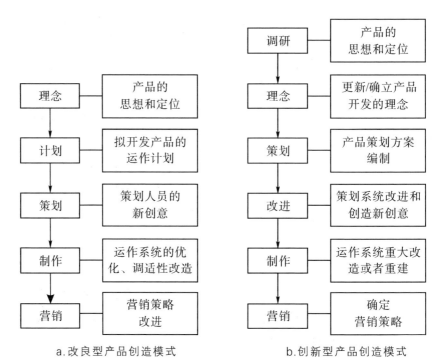

a.改良型产品创造模式   b.创新型产品创造模式

图5-1　不同类型产品创造模式的逻辑过程和内容特点

（四）政府和社会的要求

（1）政府的要求

政府的政策、法律等都会对企业的设计活动产生影响。政府的影响不仅仅体现在对设计活动的限制和鼓励上，还会通过一定的手段引导全社会的设计事业的发展方向。

企业的设计活动既要遵守国家的法律法规，同时也要充分利用政府的政策，求得更好的发展。例如，动漫企业就可以充分利用政府的政策获取政府的资助，从而在更高的水平上完成作品设计与开发工作。

（2）社会的要求

随着设计对社会影响的日益加剧，设计活动需要更多地考虑承担社会责任，例如弘扬健康、积极上进的精神，开展安全设计、绿色设计等。企业承担社会责任、满足社会需要，既有利于社会的安定、可持续发展，同时也为企业赢得良好的社会声誉和发展环境。

（五）环境条件

设计活动是在一定的环境条件下展开的。环境条件既对设计活动产生约束，同时也为设计活动创造了机遇。

技术的发展、需求的变化也为设计活动提供了新的手段和不竭的设计源泉，从而为企业的设计提供了更为广阔的发展空间。特定的产品使用环境往往会对设计提出独特的要求。竞争对手的产品设计会对本企业的设计活动和产品产生很大的影响。

这些因素要求设计企业要密切关注环境的变化、充分认识环境中潜在的威胁和机会，以便趋利避害、扬长避短。

二、设计策划团队管理

（一）设计策划团队的成员

设计策划处于产品设计的前端，与客户、企业决策者、其他职能部门之间有着千丝万缕的联系。因此，设计策划团队应该吸纳与产品设计策划有关的人员，为策划工作提供充足的信息和决策支持。

（1）决策者

企业高层管理者（如总经理、分管设计业务的副总经理、总设计师等）对设计策划方案的指导思想、目标和重点内容的形成起着重要的决策和指导作用。

设计专业决策者（如总设计师、设计总监等）负责界定设计的总体要求和条件，是产品设计策划工作（尤其是重大的产品设计项目）中的重要决策者。总设计师直接对设计委托方负责，并负责对外协调与设计委托方、投资方、实施方及国家机构等各方面的利益关系，对内组织指导各设计策划活动的实施。

（2）执行者

设计策划人员（如策划师、策划文员等）是设计策划方案的具体编制人员，他们负责设计策划信息的收集与分析处理、确定设计策划方案的定位、撰写策划报告、与相关部门和人员沟通，以及设计策划方案实施中的服务等。

策划人员是设计策划方案的具体制定者，既需要本人具有比较丰富的专业经验（如信息收集、文案表达、多方面知识的综合运用、创意等能力），也需要具有比较强的综合协调能力以获得丰富的设计策划所需信息，取得各相关部门和人员的配合，充分吸纳各方面的意见，形成完善的、能够为多方面所接受的设计策划方案。

（3）相关者

企业内的众多部门（如市场营销部门、制造部门和服务部门、供货商和采购部门、质量和检验部门、财务部门、法规协调部门、创意服务组织等）与设计项目策划有着密切的关系。他们能够为设计策划活动提供信息、创意、建议、实施条件等，是完成设计策划活动所必不可少的人员。

设计策划人员需要与这些相关者建立良好的联系，必要时将他们纳入设计策划团队，以获取制定策划方案所需要的充分信息和条件，营造良好的设计方案实施环境。

（4）客户

让客户参与到实际的设计开发团队中，这正在成为一种越来越普遍的做法。一方面，设计策划人员通过与客户的充分交流，能够准确把握客户的需求，从而确定正确的工作方向；另一方面，通过让客户参与设计策划活动，能够更深入地发现客户的潜在和特殊需求，从而制定出更高质量的设计策划方案，并且能够更好地反应客户的需求。

对客户了解越透彻，就越容易得到高质量的设计策划方案，同时也越容易让他们变成忠实的客户。1994年《工业周刊》为评选25家"最佳工厂"所做的调查表明，96%的被调查企业都请客户参加产品的设计工作。

（二）设计策划人员的能力要求

设计策划的主体是设计策划人员，他们是编制策划方案的基本组织单元，其素质的高低直接影响策划方案的实施成效。一般来说，设计策划人员应具备敏锐的洞察力、良好的创造力、强烈的事业心、出色的协调能力和广泛的知识面等基本素质。

（1）敏锐的洞察力

设计策划人员是整个设计活动的执行者，他们应该具备敏锐的洞察力，既善于观察市场和产品的发展动态与趋向，同时又能准确地捕捉产品设计机会点，预见可能存在的问题，为后续的设计行为提供合理的决策。

（2）良好的创造力

追求设计策划中的创新是设计策划的基本原则。设计策划人员应该具有良好的创造能力，能够提出许多有针对性的新颖想法，出奇制胜。

（3）强烈的事业心

设计策划是一项涉及多方面知识、多种组织关系的工作，创意的不确定性、协调的复杂性都会给设计策划师带来身体和精神上的挑战，常常需要付出许多艰辛的劳动。因此，如果设计策划师没有一定的事业心，就难以全心全意、努力地投入工作，也就可能无法让策划方案深化，其自身也会失去一些促进工作发展的机会。

（4）出色的协调能力

从某种角度而言，设计策划实际上是一种管理行为。设计策划人员通常需要负责某项具体的设计策划工作的管理，跟与设计策划方案相关的部门进行沟通和协调，需要他们具备良好的协调能力。

在某些小型的设计企业中，设计策划人员甚至还会参与整个公司或企业的宏观管理，这对他们的协调能力提出了更专业的要求。

（5）广泛的知识面

设计策划对设计策划人员的知识面有较高的要求。广泛的知识面是策划中展开联想、综合运用系统知识的基础。设计策划人员必须勤于学习和观察，善于从日常生活、工作中积累知识，并有效地运用于设计策划之中。

（6）其他方面

设计策划人员除了需要具备以上的素质之外，逻辑思维能力、计算能力、经济头脑、随机应变能力和公共关系能力等对设计策划人员也非常重要。

（三）设计策划团队冲突与沟通管理

（1）冲突管理

设计策划团队的成员涉及众多的职能领域，这些成员在职能分工、工作能力、精力投入、个性等方面都有很大的差异，在设计策划过程中不可避免地会产生冲突。在设计策划活动中，设计管理者需要处理好团队成员之间的冲突。

设计策划活动中的冲突分为非工作性冲突和工作性冲突两种类型。非工作性冲突主要是由成员之间不同的政治观点、信仰、爱好甚至是生活特性等差异所引起的；工作性的冲突主要表现在设计策划项目进展的不同阶段因工作观念或观点的不同所引起的冲突。

设计策划工作需要兼顾顾客、企业需求，设计策划团队成员之间产生冲突时，可以根据项目性质和设计策划团队成员的构成特征选择合适的解决冲突的基准，包括以用户利益为基准、以全面产品质量为基准和以权益、权利、权力为基准。

以用户利益为基准指的是在设计策划过程中遇到顾客利益与企业利益，乃至设计策划者个人利益冲突时，应该以能提供用户最大价值为标准——为用户创造一个具有良好的实用功能、卓越的操作性能和有吸引力的外观形态的产品，从而取得用户的满意。

以全面产品质量为基准指的是在设计策划过程中遇到冲突时，应该立足于为用户提供一个高质量目标，从而创造高质量的产品以满足顾客的需要。

以权益、权利、权力为基准指的是以冲突各方的权益、权利、权力为基准进行冲突的调解。以权益为基准指的是基于关心团队所有成员的利益为协商原则来解决矛盾；以权利为基准指的是基于各种已有的基准、秩序和正确与否的观点来解决矛盾，具有明确性和效率性；以权力为基准指的是运用设计策划人员的职务权力来处理矛盾，这样的冲突解决方式可能会导致矛盾或对立的加深。

（2）沟通管理

设计策划过程中的沟通活动是一个复杂的过程。它既存在设计策划人员与企业内部的相关人员和部门之间的沟通，也存在设计策划人员与组织外部的人员和组织之间的沟通。

①内部沟通

设计策划的内部沟通指的是企业内部围绕设计策划活动展开的沟通，包括上下级之间的沟通、策划部门内部的沟通、策划部门与相关部门之间的沟通等。

设计策划方案决定了整个设计项目投入的方向和重点，因此，企业的高层管理者必须参与设计方案的决策。设计策划人员与企业高层管理者之间有效地沟通是保证设计方案质量的关键因素之一。这一类型的沟通通常采用面对面的会议、工作报告等正式途径进行沟通，以确保重要决策信息得以准确表达并完整记录。

设计策划部门内部成员之间的沟通主要是执行层面的沟通，包括信息交流、激发创意、流程关系等。这一层次的沟通形式多种多样，既可以是头脑风暴法会议、方案讨论会等正式的沟通，也可以是策划师案头的讨论、通过网络等的非正式沟通。

设计策划部门与企业中的销售部门和人员、质量检测部门和人员、生产部门和人员、成本核算部门和人员等的沟通一般采取正式的方式进行沟通，通过部门间的备忘录、联系函，以确保相关部门愿意提供相关信息，并且对提供的信息质量负责。

②外部沟通

设计策划的外部沟通指的是设计策划部门和人员与本企业以外的组织和人员之间的沟通。设计策划活动通常进行外部沟通的对象包括顾客、设计顾问、财务与法律顾问、合作企业、标准化组织、产品评价与审核认可群体等。

设计策划的外部沟通是在正式沟通基础上开展的。尤其是重要信息的沟通，需要以正式的会议进行沟通，并且会后以备忘录的形式进行交流和记录。

三、设计策划方案编制

（一）产品设计理念与目标

（1）产品设计理念的概念

理念是我们对某种事物的观点、看法和信念。产品设计理念也称设计主题、设计主题思想、设计思想等，是设计策划者在通过系统分析确定市场（客户）需求和企业需要的基础上，充分考虑企业产品创造的资源与能力条件，对设计产品和实施条件的整体构思和设想。

产品设计理念的确立具有超前性，而且对产品设计策划、创作、营销都会产生深远的影响。因此，产品设计理念具有全方位、定位准、前瞻性和多维度的特征。

产品设计理念的全方位指的是其考虑的内容是对产品创造活动的全局性统筹考虑。

产品设计理念的定位准指的是其内容的确定要根据顾客、企业的需要和市场竞争、社会、环境的要求进行准确定位。

产品设计理念的前瞻性指的是其定位要面向未来制定出超越现实、有一定挑战性的产品目标，应该处于行业先进甚至领先水平。

产品设计理念的多维度指的是其内容是对产品开发的目的、内外部环境、资源和条件、创造手段等因素的综合性考虑。

（2）产品设计理念的表达方法

设计策划理念是从哲学的层面系统地表达产品设计开发的方向。设计策划人员可以从需要、环境、条件、手段、目的这五个方面分析、总结和凝练产品设计理念的要素，然后将这些要素组合成为完整的产品设计理念。具体如下：

a.需要：包括产品消费者、设计委托方（客户）的需要，以及企业自己的经济和社会等需要，在两者综合平衡的基础上确定对产品的需要；

b.环境：在经济、技术、文化、政策法规、竞争等环境下，企业产品设计与开发的优势与机会、劣势与挑战；

c.条件：产品创造活动可以利用的重要条件，以及还需要建设的重要条件；

d.手段：企业为了完成产品设计与开发而需要运用的方法和途径；

e.目的：企业通过产品创造活动所希望达到的提高组织的创新能力、构建市场竞争优势、获得预期经济效益／社会效益等方面的目的。

以动画作品《喜羊羊与灰太狼》的设计理念的确立为例。通过同该公司和动画片市场的分析，总结其设计理念的基本要素：

a.需要：少年儿童喜欢简单明了、惩恶扬善、富有娱乐性的故事（比利时动画《蓝精灵》中的蓝精灵智斗格格巫，电影《小鬼当家》等等）；

b.环境：国产动画竞争力较弱，高质量的本土动画有待增加；

c.条件：公司的创作团队由年轻人组成（自己就是大孩子），所以最初就没打算有什么灌输意味，且公司作为国内的企业更了解我国少年儿童的需要；

d.手段：可以采用动画电视连续剧创作、电影创作等多种方式；

e.目的：让少年儿童（14岁以下）喜欢看，而且他们的家长放心、认可，并且可以吸引年轻人，同时打造产品品牌实现企业的长期成功。

基于以上的设计理念要素，总结《喜羊羊与灰太狼》这一动画作品的设计理念为：针对少年儿童天真活泼、爱憎分明的天性，面对进口动画片的巨大压力和国产动画片缺乏内涵与创意的环境，充分利用自身充满年轻活力的创作团队和了解本土儿童需要的优势，创作角色鲜明、情节活泼的、14岁以下少年儿童为主体的顾客特别喜欢、家长放心支持的动画作品，并以动画作品为基础积极拓展衍生产品，打造企业品牌、求得企业的可持续发展。

（3）产品设计目标

①产品设计目标的类型

目标指的是人的行为的目的或指向物。具体地，目标是与满足人的一定需要相联系的客观对象在人脑中的超前反映，是现实状态和期望状态的统一，是人们对未来所要达到的结果的观念构想。

产品设计目标指的是企业通过产品设计所预期取得的经济、社会、市场、环境等方面的成果。产品设计目标是产品设计理念中关键要素的要求的具体化，以及综合目标的具体化。产品设计目标主要有以下几种类型：

a.经济目标：设计产品预期的经济收入，用设计成果的预期销售收入、销售收入增长率（％）等指标来度量；

b.社会目标：用设计作品提供的社会服务功能和社会责任的内容及其服务达成程度进行表达，包括遵守政府的法律法规的要求、遵守公共场所的规范、无障碍设计便利残疾人的生活、设计文化理念弘扬积极向上的精神等方面的指标来度量；

c.顾客目标：顾客对产品设计方案的各项具体要求和隐含要求、顾客对产品设计方案满意程度的预期水平等指标；

d.市场目标：设计产品的市场增长率、市场占有率、市场竞争地位等；

e.行业目标：产品设计的最终成果在本行业领域中所期望达到的地位，用先进、领先、获得奖励等级等指标来描述；

f.环境目标：设计项目成果所达到的环境保护目标，用原材料和工艺的安全性、原材料和能源消耗降低率、零件和材料再利用率等描述。

②产品设计目标制定的原则

产品设计需要考虑多个方面的目标。但是，对于每个产品设计项目而言，并不是目标越多越好，而是应该抓住重点目标进行重点突破。产品设计目标的制定应该遵循先进性、合理性、关键性和科学性的原则。

先进性原则指的是设计产品目标要充分反映企业产品设计的发展潜力和速度，把目标水平建立在比较高的水准上，使之起到积极引导、激励提高的作用。

合理性原则指的是企业制定产品设计目标要符合客观实际，使大多数部门或个人经过努力能够实现、少数部门或个人甚至超过、少数部门或个人可以接近，从而充分调动各层面员工的积极性和创造性。

关键性原则指的是产品设计目标应该根据客户和企业发展的需要，基于企业资源和环境条件的资源约束，从众多的目标中有重点地选择几项关键目标。

科学性原则指的是产品设计目标的制定要采用科学合理的方法，如运用因素分析法、最小二乘法、线性回归分析等科学的方法进行预测和确定目标。

（二）设计作品整体概念策划

（1）核心产品策划——基本功能和效用策划

①核心产品策划的过程

设计作品的核心产品是其基本功能或效用，也可以称之为设计作品的核心价值。设计作品的核心产品策划也就是确定其基本价值体系，它在设计作品基本价值类型定义、设计作品基本价值要素组合分析的基础上，建立起设计作品的基本价值体系，如图5-2所示。

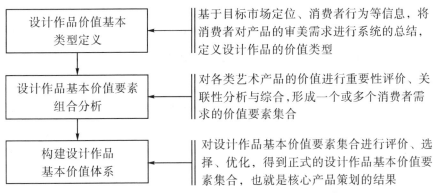

图5-2　设计作品的核心产品（基本价值体系）构建过程

a.设计作品价值基本类型定义：首先，设计策划人员基于目标市场定位、消费者行为等信息，将消费者对产品的审美需求进行系统的总结，从中识别、选择出主要的价值要素类型，作为确定设计作品价值的依据，即定义设计作品的价值类型。

b.设计作品基本价值要素组合分析：由于顾客的价值诉求种类比较多，而且一些价值诉求之间存在交叉关系或者矛盾关系，因此，设计策划人员应该将这些设计作品价值进行分析与综合，将同类价值进行组合，进而形成消费者需求的价值要素集合。这一阶段，可能会存在多个设计作品价值要素集合。

c.构建设计作品基本价值体系：对设计作品基本价值要素集合进行评价、选择，确定企业拟策划、开发的设计作品的基本价值要素集合，并对其进行优化，得到正式的设计作品基本价值要素集合，也就是核心产品策划的结果。

②核心产品策划的方法

确定设计作品的核心产品的方法有消费者调查法、战略导向法和专家意见法等。

a.消费者调查法。通过与客户的深入沟通和市场调查，以充分了解和掌握消费者的核心诉求，在此基础上确定设计产品或项目的基本功能和效用。

b.战略导向法。如果企业设计全新的产品，或者是对原有产品进行颠覆性的改造，则企业应该从产品战略的层面，基于行业特征、市场需求、产业价值链与文化等因素，确定设计作品或项目的定位，在此基础上凝练出设计作品的核心价值（基本功能或效用）。

c.专家意见法。企业充分利用技术、产品、设计专家的力量，分析设计作品的基本功能和效用。在专家意见的基础上，结合设计策划人员的创造性思考，确定设计作品的基本功能和效用。

（2）设计作品的形式产品策划

设计作品的形式产品指的是构成产品的形式产品要素，包括产品的特色、质量、品牌、包装等要素。形式产品策划的过程首先是基于核心产品确定各类形式产品（特色、质量、品牌、包装等）的价值体系，在此基础上对特色、质量、品牌、包装等每一类形式产品进行描述，如图5-3所示。

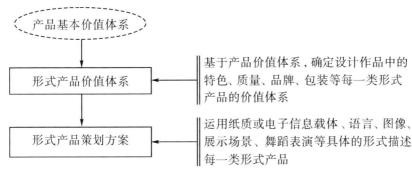

图5-3　设计作品的形式产品策划过程

①设计作品的形式产品价值体系构建

设计策划人员基于设计作品的基本价值体系，根据顾客的要求、市场竞争和未来需求的预测等因素，确定设计作品中的特色、质量、品牌、包装等每一类形式产品的价值体系。

②设计作品的形式产品描述

设计策划人员基于各类形式产品的价值体系，运用纸质或电子信息载体、语言、图像、展示场景、舞蹈表演等具体的形式对其予以描述。产品的特色、质量、品牌、包装等形式元素在表述上会各有特点。

a.产品特色：以工业设计、景观设计、视觉传达设计为例，这些行业中构成产品特色的形式元素及其重要度如表5-1所示。

表5-1　典型设计领域产品特色的形式元素及其重要度

序号	形式元素类型	具体元素种类	工业设计	景观设计	视觉设计	...
1	形象元素	色彩	√√	√√	√√√	
		造型	√√√	√√√	√√√	
		肌理	√√	√√	√	
		光效	√	√√√	√	

续表 5-1

序号	形式元素类型	具体元素种类	工业设计	景观设计	视觉设计	...
2	结构元素	材料	√√√	√√	√	
		零件	√√	√√	√	
		部件	√√	√	√	
3	空间元素	结构	√√√	√√	√	
		立面	√√	√√√	√	
		平面	√√	√√√	√√√	
		动线	√	√√	√√	
		照明	√	√√√	√	
4	景观元素	建筑	√	√√	√	
		自然条件	√	√√√	√	
		家具	√	√√√	√√	
		陈设	√√	√√√	√	
		环境小品	√	√√√	√	
		绿化	√√	√√√	√√	

注：本表中"√"的数量代表着某一形式元素的重要度。随着产品的不同，各形式元素的重要性也会有显著的差异。本表提供的是一般的情况，仅供参考。

　　b.产品质量：将产品的品质水平定位、预期的质量标准等用语言、数字、图形等方式进行描述。

　　c.产品包装：以产品包装的图案、形状、便利性、文化等方面的原型符号和文字等形式进行描述。

　　d.产品品牌：以产品的品牌价值要素（产品的功能或效用、广告形象、历史故事、视觉符号、产品名称等）的形式表现出来。

　　（3）设计产品组合与主题策划

　　设计策划人员策划的一个产品项目，其成果可能是一个产品，也可能是由多个子产品构成的产品组合。以设计产品组合为例，介绍其产品组合策划与主题描述的过程。

①设计作品的主题与名称

设计策划人员在确定了设计作品的基本价值体系后，对产品的的基本价值体系中的价值元素进行凝练、联想，形成一个该产品的设计主题。设计主题应该突出产品的核心价值和特色，运用易于给消费者留下深刻印象的语言、图像，或者语言与图像相结合的方式进行表达。

设计主题不同于设计作品的名称。设计主题所表达的内容为设计作品名称的定义提供了重要的参考信息，但是设计主题名称的语言更为简洁。它要充分体现主题内容的核心特征，新颖响亮、简洁易记、朗朗上口，给消费者留下深刻的印象。

②设计作品组合的子主题与名称

如果一个设计作品可以划分为由多个子产品构成的产品组合，则每一个子产品应该分别命名，必要时还应该对每一个子产品分别定义其设计主题。

确定了设计作品的备选名称后，还应该由法律顾问对所有名称从法律的角度进行审查，去掉不合法的名称，并尽快申请注册，以便得到法律的保护。

（三）设计策划方案实施的关键条件与预算

①关键资源与能力条件的内容

设计策划方案的实施离不开一些关键条件的支撑，这些关键条件包括关键创意人才、关键材料、关键工艺、关键的零部件和展品等。如果设计策划方案不充分考虑其实施所需要的关键条件以及提出明确的解决措施，设计策划方案就可能会成为空中楼阁，最终难以得到实施。

因此，产品设计策划方案中必须明确、系统地提出保障产品创造所需要的关键条件。

②关键资源与能力条件分析的方法和过程

确定设计策划方案实施的关键条件的依据是设计作品整体概念策划（核心产品和形式产品策划）的内容。以产品整体概念策划方案为依据，运用设计产品价值链对其资源与能力条件的需求进行系统分析，并从中找出关键的资源与能力需求。然后，将分析结果列入产品创造的关键资源与能力条件需求表，如表5-2所示。

表5-2　产品创造的关键资源与能力条件需求表

辅助活动	基本活动				
	市场调查	产品创意	生产制作	市场商务	售后服务
知识					
人员					
管理					
合作					

确定了设计作品概念策划方案实施的关键资源与能力条件需求后，还需要通过以下几个步骤对其优化，并编制计划：

一是将该表中的信息与企业现有的资源与能力条件的一致性进行分析，进一步优化关键资源与条件的需求；

二是进行关键资源与能力条件优先级规划，也就是将关键资源与能力条件的获取与投入表达为一系列的行为顺序，或者按时间的优先级进行安排。

三是编制关键资源与能力条件需求计划表。将关键资源与能力条件需求的内容具体化为对人员、资金、物质等的具体内容，编制出总体的实施计划和资金预算、人力资源计划等辅助计划。

四、设计策划方案评价

设计策划方案评价通常采用定性的专家意见法。这里的专家指的是专业技术专家、企业的管理者、购买设计方案的客户等熟悉产品设计项目的专家。专家意见法是指企业或客户利用各专业领域的专家的专业知识和经验，通过直观的归纳和总结对设计策划方案做出判断。

（一）专家小组会议法

专家小组会议法通过邀请有关专家组成一个专门小组召开评审会议，就设计策划方案互相交换意见，最后形成一个集体性的意见。运用专家小组会议法对设计方案进行评价的过程包括以下几个阶段：

第一，由承担设计策划任务的小组整理好设计方案和相关资料，为召开专家小组评审会议做好准备；

第二，由企业的主管部门对评审文件的完整性进行审查，并拟定专家小组评审工作计划、联系安排评审专家；

第三，召开专家小组会议，对设计方案进行评审；

第四，根据专家小组会议评审的结果由设计策划小组对设计策划方案进行改进和完善；

第五，企业的主管部门对评审后的设计策划方案的改进和完善工作进行监督管理，直至达到专家小组会议提出的改进要求。

（二）德尔菲法

运用专家小组会议法进行设计策划项目评审时，参加评审会的评审专家容易受到小组中权威专家的影响。为了消除权威专家的不良影响，充分发挥每一个专家的意见，可以采用德尔菲法进行设计策划方案评审。

德尔菲法为选择若干名专家（10～50人），以匿名和反复进行的方式轮番征询专家的意见。组织者对每一轮意见进行汇总整理后再反馈给各位专家提出新的评审意见，反复多次，直到形成一个明确的决策结果。运用德尔菲法进行设计策划方案决策的过程包括以下几个阶段：

第一，由承担设计策划任务的小组整理好设计策划方案和相关资料，为设计策划方案评审做好准备；

第二，由企业的主管部门对评审文件的完整性进行审查，并进行文件的整理、拟定专家评审工作计划、联系安排评审专家；

第三，企业的主管部门将被评审的文件逐一提交给评价专家，由各位评审专家独立地对设计策划方案进行评价、提出评价意见；

第四，企业的主管部门收集各位专家的评价意见，并进行评审结论和问题、建议的汇总；

第五，如果评审专家的评审意见一致，则方案评审工作到此结束；

第六，如果评审专家的评审意见不一致，则由企业的主管部门将评审专家的意见整理后提交给承担设计策划任务的小组，由他们根据专家的意见对设计策划方案进行优化和改进；

第七，企业的主管部门对新的设计策划方案和相关文件进行整理，并补充上一轮专家评审的意见和此次修改后的说明，并逐一提交给评价专家；

第八，如此反复，直至设计策划方案通过专家评审；

第九，如果经过3轮以上的专家评价后，专家的意见仍然不一致，则设计策划方案可能存在重大的问题，应该停止设计策划方案评审工作，集中精力查找设计策划方案存在的问题，重新策划后再继续进行评审工作。

第二节　设计团队管理

一、设计团队及其管理职能

（一）设计团队及其成员的特征

（1）设计团队的特征

设计目团队应该是能够密切合作、共享绩效目标来完成具有创造性特征的设计任务的工作团队。在设计团队组建的不同阶段，团队成员之间的熟悉程度、工作的复杂程度相差很大，设计团队的特征表现出显著的差异性，如表5-3所示。

表5-3　设计团队的特征

序号	特征	阶段/领域	特征
1	工作质量	设计团队形成阶段	设计团队成员之间相互了解，这是一个非常愉快、低调而又不易产生分歧的过程
		设计团队震荡阶段	设计团队成员的个人需求彼此冲突，开始意识到自身充当的角色和设计项目可能遇到的困难
		设计团队规范阶段	设计团队确立群体的工作准则，并就各自的角色和职责达成共识
		设计团队执行阶段	各类设计人员各司其职，专注于执行所承担的任务和职责，成员之间非专业性的冲突较少

续表 5-3

序号	特征	阶段/领域	特征
2	工作效率	组织上	设计团队内保持横向平等的而不是有等级的相互关系； 既重视发挥设计团队的作用，也重视发挥个人的作用
		机制上	强调为实现设计目标的自我控制； 建立以解决问题为向导、相互沟通的决策机制； 以工作指标和人的最大潜能为标准评价成员的贡献
		工作上	努力发展幽默诙谐的团队气氛，克服工作中的紧张压力，鼓励创新、宽容失败； 主动征求管理部门、专家、用户的建议，识别问题与不足； 设计团队成员对完成设计目标具有足够的信心和高昂的工作热情； 设计团队成员之间沟通活跃

（2）设计团队成员的特征

设计团队由不同的人员构成，不同的人员具有各不相同的性格特征。掌握设计团队成员的性格特征，有利于设计管理者根据不同团队成员的特征来运用合适的管理策略，从而提高设计项目的工作效率和效果。英国的Meredith Belbin对团队成员的工作和性格特征的差异进行了分析，如表5-4所示。

表5-4 组织不同成员的特征

序号	类型	典型特征	积极的品质	可容忍的特点
1	普通员工	保守，忠诚，平庸	具备组织能力，实用常识，工作努力，自律	缺乏灵活性，对不切实的想法缺乏反应

序号	类型	典型特征	积极的品质	可容忍的特点
2	项目经理	沉着，自信，自制	处事能力强，不怀偏见地欢迎一切潜在贡献者提供的价值，目标感强	智力或创造能力方面与常人无异
3	设计师	容易激动，外向，好动	有干劲，随时准备挑战惯例	容易被激怒，愤怒且急躁
4	设计参谋	个人主义，心思缜密，不拘常理	有天赋，想象力丰富，聪明博学	脱离现实，容易忽视实用的详细资料或草图
5	资源调查人	外向，热情，求知欲强，健谈	与人接触和探索新事物的能力强，回应挑战能力强	热情转瞬即逝
6	监督/评估人员	冷静，客观，谨慎	评价能力、判断能力强，很有头脑	缺乏灵感或激励他人的能力
7	技术专家	专才，自我激励，专注投入	提供非常宝贵的知识和技能	贡献涉及的领域面狭窄，局限于专门性

（二）设计团队管理者的职能与能力要求

设计运作团队的管理者包括设计项目经理（设计部门经理）、设计执行管理者（主管设计师/主任设计师、设计师、助理设计师）等。

（1）设计项目/设计职能部门管理者

为了使一个设计项目中的成员在同一个设计组织内有效地工作，就必须有一个出色的设计项目负责人（设计项目经理，或者设计项目所涉及的设计部门的部门经理）。设计项目经理或设计部门经理负责设计项目的调研、策划、计划、组织与协调、绩效评价与激励、外部联系等方面的工作：

a.设计项目定义与团队组建：根据企业的战略定位，明确设计项目的任务、组建设计团队、协调人员关系；

b.制定产品设计策略和计划：包括组织市场调研、分析产品设计发展趋势、协调相关部门的资源与能力、与重要客户沟通等；

c.组织产品设计：负责产品设计的定位、设计流程的制定、设计资料的审核、设计资源的组织等；

d.进行外部联系：包括与主要客户和合作设计方进行谈判与签订合同等。

现代设计项目日趋复杂，要求设计项目经理/部门经理具有丰富的专业知识（包括客户管理知识、合作设计知识等）、良好的管理能力和丰富的专业经验，具备完成复杂的设计项目管理的能力：

a.有良好的工作能力：包括专业技术能力和团队管理能力；

b.有较好的愿景和计划能力：对可能出现的一些问题具有事先判断和防范意识，并建立起完善的工作计划体系；

c.有一定的权力：具备足够的权力（组织赋予的权力和领导者个人能力、魅力等形成的个人权力）来管理和控制来自不同部门的项目团队；

d.有自己的价值标准和工作标准：这些价值标准和工作标准必须得到团队成员的认可和支持。

（2）基层设计管理者

在设计团队中，主管设计师/主任设计师、设计小组负责人等基层管理者承担着将设计项目的工作计划和任务转化为具体的工作成果的职能，他们主要承担着以下几个方面的管理职能：

a.合理安排工作进度和分工：将产品设计计划具体分解为工作进度计划，并安排下属的设计师和其他员工执行；

b.认真监督工作任务的落实：根据设计项目计划和工作进度的要求，

认真监督落实工作进度、设计质量，确保工作任务得到落实；

c.协调设计人员的设计活动：根据设计活动的需要和上级领导的要求，协调下属人员和组织内外的相关人员共同完成好设计活动、遵守组织的规章制度。

相应地，基层设计管理者应该具备一定的管理能力：

a.熟练的专业技能：熟悉设计调研、设计表达等设计技术和管理流程、规范，认真完成各项设计活动、严格控制设计质量；

b.良好的职业素养：能够身先士卒地带领设计师等员工遵守组织的规章制度，并不断扩展和更新自己和部门的专业知识；

c.熟练的协调能力：能够根据工作需要以及针对工作中出现的问题，及时协调处理好员工之间与其他小组、客户等的关系，充分利用各方面的资源做好设计工作。

二、设计团队组织模式

（一）内部设计团队组织模式

在不同的企业中，设计职能领域的重要性会有着显著的差异。在有些企业中，设计职能只是附属的职能；在有些企业中，设计职能却是核心业务职能。

根据设计职能在企业中的独立性的不同，可以将设计职能领域的组织结构模式划分为矩阵型、依附型、职能型、独立型这四种模式，如图5-4所示。

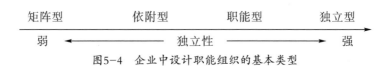

图5-4　企业中设计职能组织的基本类型

（1）矩阵型设计组织结构模式

矩阵型设计组织结构模式是在设计企业的战略组织结构模式下，根据设计项目的需要临时设立设计项目的组织结构模式。图5-5所示为在职能型组织结构体系下设立设计项目的矩阵型组织结构的典型案例。在该图中，设计项目组的成员是根据设计项目的性质要求从企业的各部门抽调出来而组建起来的。一旦设计任务完成，设计项目组将解散，这些人员将回到他们以前工作的职能部门。

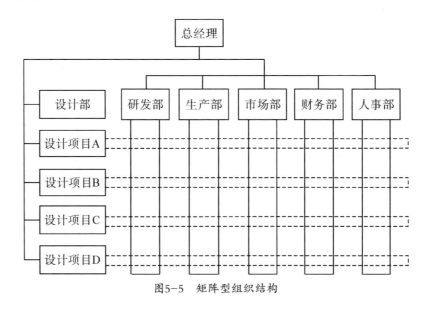

图5-5　矩阵型组织结构

矩阵型设计组织模式的设计项目组可以设置在担负责任较重的一个职能部门下，或者由企业最高管理任命专门的负责人，甚至可能直接由最高管理直接负责。图5-5是一个由企业最高管理者直接管理设计项目的组织结构实例，该设计部门的成员来自生产部和市场部，而设计经理由总经理直接任命并管理。

矩阵型设计组织模式的优点是能够根据项目的需要灵活地跨越各职能部门获取所需要的各种设计资源，从而实现专业化分工合作；其缺点是设计项目组成员受到两个上级的指挥（即设计项目组负责人和小组成员的原部门负责人的指挥）而容易产生冲突；由于设计项目具有临时性，小组中的成员之间还可能会存在任务分配不明确的问题。

矩阵型设计组织模式主要用于企业设计领域处于不够规范的发展初期，或者组织为了完成特定的大型和复杂的重要设计项目而组建。设计项目负责人直接起到与上层交流与联络作用，在设计项目中对项目的进程、预算以及相关的工作起决策和指导作用，并承担与企业各职能部门之间的协调工作。

矩阵型项目团队的运行有两种典型的模式，一种是有机型运作模式，另一种是设计圈型运作模式。

有机型运作模式指的是设计小组成员固定不变，但是团队成员一专多能，根据项目的性质、成员自己的能力和任务的需要进行职责分工的运行模式。有机型运作模式运行灵活，能适应复杂的设计项目，如图5-6所示。

设计圈型运作模式指的是一个设计项目组在项目生命周期内始终由某一个项目经理领导，但是设计项目组中的成员则根据任务阶段的特点而变动的设计组织模式，如图5-7所示。在这种模式下，虽然一个设计项目始终由一位项目经理领导，但是设计项目团队中的成员却是随着项目任务的变化而相应地进行更替的。设计圈内的团队人员以不超过8人为宜。整个设计圈的运作人数有可能呈递减现象。显然，设计圈型组织结构的人员利用效率高，能充分利用专业人员完成设计项目。

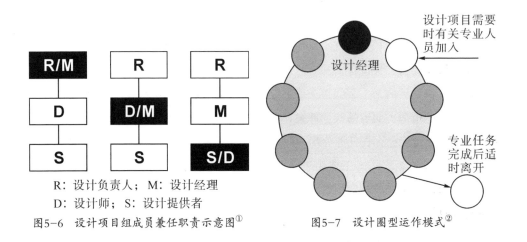

R: 设计负责人；M: 设计经理
D: 设计师；S: 设计提供者

图5-6 设计项目组成员兼任职责示意图[1]   图5-7 设计圈型运作模式[2]

（2）依附型设计组织模式

依附型设计组织模式指的是企业的设计职能部门依附于企业的某一个职能部门。图5-8所示为一种设计小组设置于制造部门中的设计组织结构模式的例子。

① 刘国余. 设计管理[M]. 上海：上海交通大学出版社，2003.
② 刘国余. 设计管理[M]. 上海：上海交通大学出版社，2003.

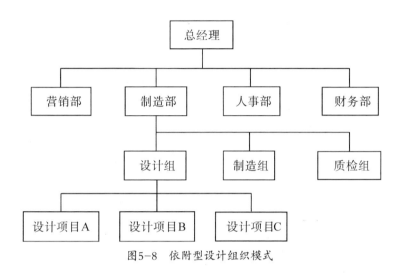

图5-8　依附型设计组织模式

　　采用依附型设计组织模式的企业，往往将设计职能部门设置于跟设计活动关系较为密切，或对设计的重视程度较高的职能部门之中。这种设计组织模式在传统的制造型企业应用非常广泛。

　　（3）职能型设计组织模式

　　职能型设计组织模式指的是设计部门作为一个独立的职能部门存在于企业中，如图5-9所示。由于设计活动在企业发展中的地位日益重要，这种设计组织模式的应用越来越广泛。在设计企业中，设计职能还可能会以多个独立的职能部门存在。

　　在职能型设计组织中，设计部门与项目部门之间有着密切的协同关系。以工业设计公司为例，其设计职能与设计项目管理职能之间的协同关系如图5-10所示。设计职能与设计项目管理职能之间的密切协同，大大提高了组织设计项目的运行效率。

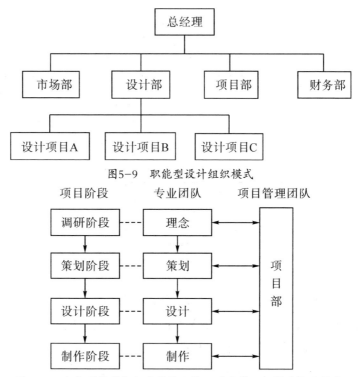

图5-9　职能型设计组织模式

图5-10　职能型设计组织中设计职能—项目管理职能的协同模式

（4）独立型设计组织模式

独立型设计组织模式指的是企业的设计职能以类似事业部的形式作为独立的经营单位存在，并直接受企业高层管理者的领导，如图5-11所示。独立型设计组织中的各项职能比较齐全，除了设计职能活动外，还包含了比较完整的与设计活动有关系的职能部门和专业人才，能够独立开展经营活动。

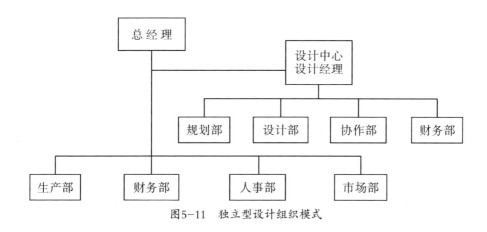

图5-11 独立型设计组织模式

（二）合作设计团队组织模式

（1）合作设计及其组织类型

每一个企业的资源和能力都是有限的，因此，企业有必要在需要的时候与其他组织开展合作设计以弥补自身能力的不足。合作设计的优势是可以充分利用社会力量支持企业高质量地完成设计工作，从而提高设计效率、增强设计柔性；其不足之处是，如果运用不当的话容易造成企业核心能力的弱化和受制于合作方的设计水平。

合作设计的决策有不同的层次。一是在产品级决策，即产品全部外包给其他组织或设计师进行设计；二是在产品部件级决策，即产品的主体部分由企业自己设计，产品中的部分部件则利用外部的力量进行合作设计。由于社会分工大大提高了工作效率，企业在不影响自身核心能力培育的基础上，应该尽可能与其他组织进行合作设计。

合作设计组织的合作对象包括独立的设计机构/企业、设计咨询机构、设计服务机构、高校和设计研发机构等。企业开展合作设计时，企业内部应该建立起相应的设计项目管理组织，由这些组织与合作设计者建立联系。企业内部承担合作设计的职能组织类型如表5-5所示。

表5-5　企业内部承担合作设计的职能组织类型

序号	类型	特点	用途
1	设计部门型	设置设计部门，管理外包业务（该部门本身不一定从事设计工作）	常用于企业设计领域发展初期
2	部门代管型	不设置设计部门，由相关产品事业部或生产部门负责设计外包管理工作	一般企业为弥补某些设计领域能力不足而常采用
3	合资成立设计公司型	企业与合作设计者共同设立合资设计公司，承接公司的设计业务（也可为市场提供设计服务）	发达国家企业常通过这种形式实现离岸外包设计
4	人员联络型	企业仅仅在设计或者技术部门设有联络人员（必要时由联络人员委托设计中介管理外包）	通常用于小型企业

（2）合作设计组织实施过程

①合理地选择合作伙伴：合作目的是通过不同企业的优势互补和整合而达到一加一大于二的作用，合作设计必须选择设计能力符合要求的合作者。所以，企业在开展设计合作时，应该细致地分析在不同国家、地区和市场上与其他公司可能存在哪些合作机会，并在竞争与合作之间保持适当的平衡。否则，就可能导致合作组织的失败。

②建立新型的组织关系：要减少联盟各方之间的矛盾，设计合作者之间应该建立一种和谐平等的组织关系，并对各方的责任、义务、权利明确加以界定。经过精心设计的合作组织结构能够大大减少潜在冲突的发生。

③合作各方保持必要的弹性：合作各方都必须随时能对市场和合作各方的变化做出反应，也就是合作者都应该留有回旋余地。这是因为，市场

变化时，合作的双方也要变化；合作的对方变化时，自身也须变化。

④创造合作的文化氛围：设计合作组织中的成员之间只有设定共同的价值观、工作作风和文化观念，才能顺利推行合作进程。文化的差异往往造成合作组织中成员之间产生分歧，因此，合作双方应该充分了解其他合作者的组织结构、文化传统和个人动机等（诸如公司的领导者风格与权力分配、公司目标等）。当发生分歧和矛盾时，应该按照对方的观点去分析问题，而不仅仅是用自己的观点和价值标准去评判，以增进双方的相互理解。

三、设计团队沟通管理

（一）设计团队沟通管理的概念

沟通是信息凭借一定的符号载体在个人或群体间从发送者到接受者进行传递，并获取理解的过程。广义的沟通指的是人与信息的相互作用、人与机器之间的信息交流、人与自然界的信息交流。狭义的沟通主要指在社会生活中的人际沟通，是信息的发送者与信息的接收者之间的信息相互作用过程。

本书研究的设计团队沟通指的是狭义的沟通，即设计活动中的人际沟通，是设计师之间、设计师与相关人员之间通过设计信息、思想、情感、态度和意见的交流而建立起一定的合作关系的信息交互过程。良好的设计团队沟通可以传递组织的信息、增进设计参与者之间的理解与共识，从而协调员工行为、融洽员工关系、减少摩擦、化解冲突，形成高效率的设计运作团队。

设计团队沟通是一个过程，包含设计沟通主体与客体、设计信息编码与译码、设计团队沟通渠道这些关键环节的相关活动。设计团队沟通管理就是通过制订有效的沟通计划、优化沟通的渠道、营造良好的沟通环境等手段提高沟通效率和效果的活动。设计团队沟通管理模型如图5-12所示。

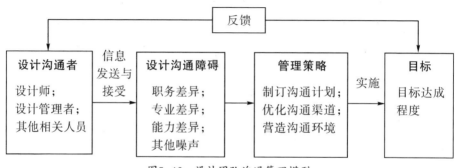

图5-12　设计团队沟通管理模型

（二）设计团队成员及其沟通障碍

设计活动处于产品创造的前端，涉及设计活动的成员很复杂，这些成员无论在专业特征上，还是在性格特征上都具有显著的特征。

（1）设计团队成员的性格特征

英国Meredith Belbin对团队成员的工作和性格特征差异进行了分析，提出了团队不同成员的组织特征。

（2）设计团队成员的专业特征与沟通障碍

随着技术的进步，行业分工越来越细、市场需求日益多样化，为设计带来了广阔的发展空间，同时也为设计师增加了设计的难度。因为现代产品的设计日益体现出团队作战的特征。例如，要设计一个空调，需要多位工业设计师共同完成空调的造型、色彩、人机工学等工业设计工作；而设计师的设计工作必须基于工程师提出的产品结构约束；客户对空调市场特点的了解和经验更是设计项目成功的关键，等等。设计师是直接从事设计活动的人员，但是他们的设计活动需要彼此之间的沟通，需要设计管理者提出的工作方向和工作计划，需要得到客户的肯定，需要相关人员提供的专业和资源支持。总之，围绕一个设计项目的实施，设计活动的多方面参与者的工作职能各有偏重。

为什么要启动一项设计项目？设计的重点在哪里？设计进度如何安排？设计方案是否符合要求？设计需要哪些条件？……众多有关设计成败的决策都是由设计管理者做出的。设计管理者与设计活动的其他人员之间的沟通，直接决定着设计目标是否能够实现。

设计师是直接从事设计活动的人员，他们关注的重点是设计方案的审美和创新，但是他们完成设计工作需要设计管理者提出的工作方向和计划，需要基于工程师的产品结构和功能的约束，需要相关人员提供的专业和资源支持，设计方案需要得到客户的认可，等等。

工程师的工作重点是产品结构和功能的实现。在他们的心目中，追求结构的合理性和技术的先进性是产品成败的关键，在设计中更倾向于采用已成熟的结构形式，而不愿做过多的冒险去配合某种新形态。

通常，客户会按照自己的技术标准、生产标准或主观愿望来衡量设计，而设计组织则希望以自己对设计的理解来要求客户接受设计。此外，如果双方缺乏设计的前期准备工作，工程仓促，则会给项目的实施带来难以预料的问题。由于双方处在不同的组织中，组织间的间隔也给双方的交流带来了很大的困难。

在项目设计过程中，需要市场人员、心理学家、社会学家、工程师等人员介入到设计团队中，为设计项目提供专业知识、支撑条件等。

显然，设计项目实施的过程中，设计活动参与者之间存在众多的沟通障碍，具体体现在：

设计管理者注重量化的工作目标和设计项目的绩效和效率，而设计师关注设计方案的新颖和完美，对进度和成本关注不足，两者之间容易产生冲突。

工程师关注设计方案以最小的风险满足产品结构和功能的要求，但是对客户的审美需求关注不够；设计师注重产品形式的审美与创新，往往希望摆脱产品结构和功能的束缚。如果处理不当，两者之间容易产生很强烈的冲突。

客户以自己的主观意志来衡量设计方案，往往与设计方产生冲突。

其他相关人员对设计活动参与的程度和效果不仅取决于自身的主观能动性，而且还要受到他们的上级管理者的制约。

显然，针对设计活动中各方面参与者的特点制定科学的设计沟通管理策略，对于做好设计活动有着重要的作用。

（三）设计团队沟通管理策略

（1）制订沟通计划

针对设计活动参与者的特点建立起设计项目沟通计划，是防止缺乏沟通的有效方法。在设计执行过程中，针对每个设计阶段制定明确的设计会议、讨论和设计交流的具体日程，确保设计沟通按时、正常地展开，如表5-6所示。

表5-6 设计项目的沟通计划表

团队成员	沟通方式				
	电话	备忘录或电子邮件	公告或通信	会议	研讨会
设计管理者	每日	根据需要	每周	每月	每个阶段结束时
设计师	每日	根据需要	每日至每周	每周／随项目进度变化	每个阶段结束时
工程师	根据需要	根据需要	根据需要	每周	解决问题
其他人员	—	—	每月	根据需要	—
客户	根据需要	根据需要	根据需要	关键节点	—

（2）建立畅通的沟通渠道

沟通渠道越长，越容易产生信息的失真与丢失，尤其是在需要思想直接的交流与碰撞的设计活动中。因此，建立便于设计管理者、设计师、客户、设计活动相关人员之间直接交流的途径与机制，是提高设计沟通的重要手段。

现代设计活动越来越复杂，对沟通的频率、沟通的密切程度的要求越来越高。因此，建立起企业的知识管理平台，以知识平台丰富的知识、即时快捷、远程可视等独特的条件为支撑，实现高水平、高效率的沟通。

对于一些大型、复杂的设计活动，有必要建立一些专门的沟通组织以解决其中存在的复杂的沟通问题。例如，建立由相关领域骨干人员组成的特别委员会，解决设计活动中一些需要沟通的重大问题；当设计活动中出现了一些重大的争议时，可以由相关的非管理人员自愿组成临时的非管理工作组，调查问题产生的原因，并向项目负责人或企业高层管理者汇报，以引起大家的广泛关注，群策群力解决问题。

（3）营造沟通环境

　　让设计活动的参与者充分了解整个设计活动，促进专业之间的理解和交流，营造良好的增进专业交流的设计沟通环境，是提高设计沟通效果的重要手段。

　　对设计管理者而言，要充分理解设计师的专业和工作特点，在充分尊重设计师的基础上建立起目标管理和绩效评价体系；充分认识设计活动的多专业合作、动态管理的特点，建立起充分发挥各方面人员作用的管理团队和合作机制。同时，积极鼓励每个参与人员进入沟通角色，允许犯错误，耐心听取不同的意见，不轻易否定别人的意见或过早下结论等。

　　要努力培养设计师的团队精神，提升设计师的项目管理与专业能力，开拓设计师的视野，从而提升设计师主动吸纳各方面信息和知识的能力。

　　培养工程师的审美能力、帮助工程师理解设计对产品销售的重要作用，有利于增进工程师与设计师的沟通，进而设计出浑然一体的产品。

　　客户是产品最终消费者，对产品有更深入的、更长期的熟悉和理解，因此，他们对产品设计提出的要求有一定的合理性，也是设计师必须重视的；同时，设计师也有其独特的专业优势和对产品设计的独特见解。因此，与客户密切合作、培养客户对设计的形式与美的欣赏能力，能够帮助客户理解设计方案中的闪光点，并且充分理解双方的意图，在最终设计方案上达成共识，更好地满足客户需求。

　　设计管理者、设计师要主动将设计项目所需的各方面人员以多种形式纳入到设计团队之中，让其成为设计团队的一个重要组成部分；同时，在各方面的参与者参与设计活动之前，让他们充分了解设计工作的背景情况、培养必要的设计专业审美知识，从而提供更具针对性的建议与资源支持，让消费者能够获得更好的产品体验。

第三节　设计进度管理

一、设计工作分解

（一）设计工作分解的含义和内容

设计项目的工作分解就是将设计项目策划方案的内容和要求按一定的原则和方法分解为各项设计任务、设计工作和设计活动，也称工作分解结构（Work Breakdown Structure，WBS）。工作任务分解是制订进度计划、资源需求、成本预算、风险管理计划和采购计划等的重要基础。

工作分解的过程首先是设计策划方案分解成设计任务包，然后再将设计任务包分解成一项项的主要设计工作任务成分（工作构成的成分），最后把一项项主要工作成分分配为每个设计师的日常活动，直到所有的设计活动均得以落实为止，即：

策划方案→设计任务包→设计工作成分→日常设计活动。

每一个设计任务包就是一个工作组或子项目，任务较高层次上的一些工作可以定义为子项目或子生命周期阶段。将主要项目可交付成果细分为更小的、易于管理的组分或工作包。工作包必须详细到可以对该部分工作进行估算（成本和历时）、安排进度、做出预算、分配负责人员或组织单位。它由唯一的一个部门（组织内分工）或承包商（组织之外分包）负责承担；设计工作成分指的是工作包分解后的各项子工作，它尚未细化到项目承担人员的具体活动的程度；日常设计活动指的是每一个项目参与者的日常设计及相关活动。对于一般的设计项目而言，工作分解只需要4~6层就足够了。

　　一般地，将设计活动分为五大专业领域，即产品设计、环境艺术设计、平面设计、动画设计、影视设计。各类设计专业领域第1层、第2层计划的内容如表5-7所示。在实际编制计划时，这些内容还可以根据任务的具体情况进行进一步的细化。

表5-7　主要设计领域设计计划的基本内容

序号	专业	第1层 （工作包）	第2层 （设计工作成分）
1	产品设计	调研评估	接受设计任务、明确设计内容、综合分析、制定调查表、选择调查人物和地点、确定调查方法及用具
		初步设计	制订设计计划、明确设计目标、构思设计草图（基本功能、基本结构、基本造型）
		中期设计	草图绘制、3D 模型绘制、可行性研究、实施设计（效果图、模型制作）
		深化设计	色彩定位、视觉表现、模型完善、生产工艺研究
		工程设计	人机工程学研究、内部结构设计、工艺设计、材料选择、技术应用、模型（样机）制作
		测试	编制报告、设计展示版面、原型测试（全面评价）、优化与量产
2	环境艺术设计	前期	实地考察、客户需求分析、制订设计计划
		中期	概念设计、草图设计、总体设计
		后期	详细设计、施工图、效果图、预算、验收

续表 5-7

序号	专业	第1层 （工作包）	第2层 （设计工作成分）
3	平面设计	调研阶段	客户需求分析、同类产品调研（借鉴、比对、避免版权纷争）
		策划阶段	确定设计理念、整体方案策划、平面方案设计、选择表现手法
		验收阶段	客户确认设计方案、出黑白稿样、出喷墨彩稿样、（客户通过）出片打样、出货验收
4	动画设计	前期	企划、剧本、美术设计、分镜头
		中期	二维动画：背景绘制、原动画制作、动画检查、填写摄影表、描线、上色
			三维动画：场景建模、角色建模、角色动画、灯光材质
			偶动画：场景搭建、道具制作、角色制作、逐格拍摄
		后期	后期编辑、配音配乐、合成输出
5	影视设计	前期筹备	市场调研（主要受众的定位、类型及片种的定位、投资规模的定位）、拍摄筹备（文学剧本、演员、摄制组、分镜头剧本、造型与美术设定、书面摄制计划）
		中期拍摄	选择各种拍摄设备、完成内外景镜头拍摄、特技镜头拍摄、同期录音及音响搜索、音乐作曲等
		后期制作	后期特效、剪辑、配音配乐、合成输出

（二）工作分解的过程和标准

（1）工作分解的过程

设计项目工作分解前，首先要准备好相关的资料，然后采用适当的方式进行工作分解，最后将分解结果绘制成工作任务层次结构图，如图5-13

所示。

在工作任务分解的过程中，项目经理、项目成员和所有参与项目的职能经理都应该积极参与交流与讨论，集体确定所有主要工作。工作分解的过程中，如果有现成的模板，应该尽量利用。

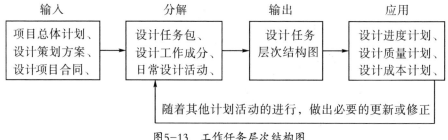

图5-13　工作任务层次结构图

（2）工作分解的标准

设计项目工作任务分解应遵循以下标准：

a.每个任务的状态和完成情况是可以量化的；

b.明确定义了每个任务的开始和结束；

c.每个任务都有一个可交付成果；

d.工期、成本易于估算且在可接受范围内；

e.各项任务都是独立的。

（三）绘制设计任务层次结构图

设计工作任务结构图是一个包含了设计项目所有的任务包、工作任务成分、设计活动的清单。它反映了设计项目的结构层次以及项目各个阶段的先后顺序，层次清晰，结构性很强，非常直观，如图5-14所示。它包括工作代码、层次编号、工作数量这三个概念。

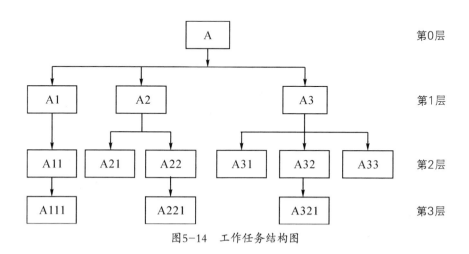

图5-14　工作任务结构图

①工作代号：为了简单起见，将各种具体设计工作及其构成部分用英文字母和相应的序号进行代表。

②层次编号：一般采用层次编号来表示某一个设计阶段，通常最高层（第0层）为项目层，也就是代表最终项目；第1层代表任务包；第2层代表任务成分，依此类推……最底层为具体的设计活动。

二、设计时间计算

活动所需的时间是指在一定的技术组织条件下，为完成一项设计活动所需要的时间。设计活动时间以$t(i, j)$表示，其时间单位可以是小时、日、周、月等，可按具体工作性质及项目的复杂程度而定。

根据设计活动性质的不同，活动时间有两种估计方法。

（一）单一时间估计法

单一时间估计法是指对各种活动的时间，仅确定一个时间值。这种方法适用于有同类活动或类似活动时间作参考的情况，如过去进行过且偶然性因素的影响又较小的活动。企业完成同类型的项目越多，估算越真实。

例如，某公司网页界面设计包括计划、调研、策划、内容设计、视觉设计、交互设计、测试、上线这八个过程。由于公司长期从事这一类产品的设计，因此已经积累了比较丰富的工作经验，每个阶段的平均工作时间如表5-8所示。公司接到某网站的一个新的任务，由于该网站的内容比较复杂，因此计划、交互设计、测试所需的时间较一般情况长。根据历史的经验，结合该项目的特点，确定该设计项目各阶段的工作时间。

表5-8　单一时间估计法估算网站界面设计的时间

（单位：小时）

阶段	历史平均时间	该项目工作时间
计划	5	7
调研	5	5
策划	15	15
内容设计	15	15
视觉设计	20	20
交互设计	8	10
测试	10	13
上线	2	2
合计	80	87

（二）三点时间估计法

三点时间估计法是指针对设计活动预估三个时间值，然后求出可能完成的平均值。这三个时间值分别是最乐观的时间（常以 a 表示）、最可能时间（常以 m 表示）和最悲观时间（常以 b 表示）[1]。

三点时间估计法常用于带探索性的设计项目，其中有很多工作任务的创新性很强、所需的时间也很难估计，只能由一些专家估计最乐观的时间、最悲观的时间和最可能的时间，然后对这三种时间进行加权平均。计算活动平均时间 $t(i, j)$ 的公式为：

$$t(i, j) = \frac{a+4m+b}{6}$$

例如，某一个产品设计包括市场调研、产品策划、产品设计三个阶段，由于该产品的创新性很强，难以准确地确定各阶段的工作时间，于是采用三点时间估计法确定活动的平均时间，如表5-9所示。

表5-9　三点时间估计法的应用

（单位：小时）

阶段	最乐观的时间	最可能的时间	最悲观的时间	活动平均时间
市场调研	8	12	16	12
设计策划	18	20	25	20.5
产品设计	30	35	35	34.2

① 魏及淇. 项目管理实战全书[M]. 北京：北京工业大学出版社，2015.

三、设计进度计划表达与优化

（一）设计进度计划表达

（1）表格法

确定了需要开展的活动和各项活动所需的时间后，就可以采用文字或者表格的方式编制计划任务书。以表格的方式为例，某2D电影动画项目设计稿任务书如表5-10所示。

表5-10 某2D电影动画项目设计稿任务书表格[①]

总计被制作的分镜头：1350				总周数：52周	
总计被完成的分镜头数：0				剩余的周数：52周	
需要制作的分镜头数：1350					
周	结束日期	艺术人员数量	每周输出/人	期望完成的镜头/每周	累计镜头/每周
1		6	1	6	6
2		6	1	6	12
3		6	1	6	18
4		10	1.5	15	33
5		10	1.5	15	48
…	…	…	…	…	…
52		12	3.0	36	1350

（2）甘特图法

动画设计通常用甘特图直观地进行表达。甘特图（亦称横道图、条

---

① 郑玉明，于海燕. 动画项目制作管理[M]. 北京：高等教育出版社，2010.

形图）是亨利·甘特在1816年发明的。甘特图依据日历画出每项活动的时间，从而在图中确定出项目中各项活动的工期。

甘特图的结构由坐标轴、活动、时间、控制点等要素构成：

a.坐标轴：甘特图由横坐标轴和纵坐标轴构成，一般横坐标轴标记设计项目的活动，纵坐标轴标记项目的进展时间；

b.活动：将任务分解的活动按照一定的顺序（从上到下或从下到上）标记到纵坐标轴上；

c.时间：首先在横坐标轴上标记时间单位，然后将计算的各设计活动的工作时间按照活动的先后顺序，将活动的开始至结束的时间间距用直线段在图中横坐标轴上标记出来；

d.控制点：将设计活动中重要的工作结点的评审标记在图中；

e.空出时间：为材料等待、设备维护及其他不可预知事件留出的非设计活动时间。

甘特图的绘制案例如表5-11、图5-15所示。

表5-11　动画项目制作进度计划

序号	作业名称	活动标号	紧前作业	活动所需时间/周
1	前期	P	—	1
2	原画	A	P	1
3	绘景	B	A	2
4	动画	C	A	2
5	制景	D	B	2
6	着色	E	B	3
7	声音	G	D、E	3
8	合成	F	D、E	3
9	剪辑	W	G、F	1

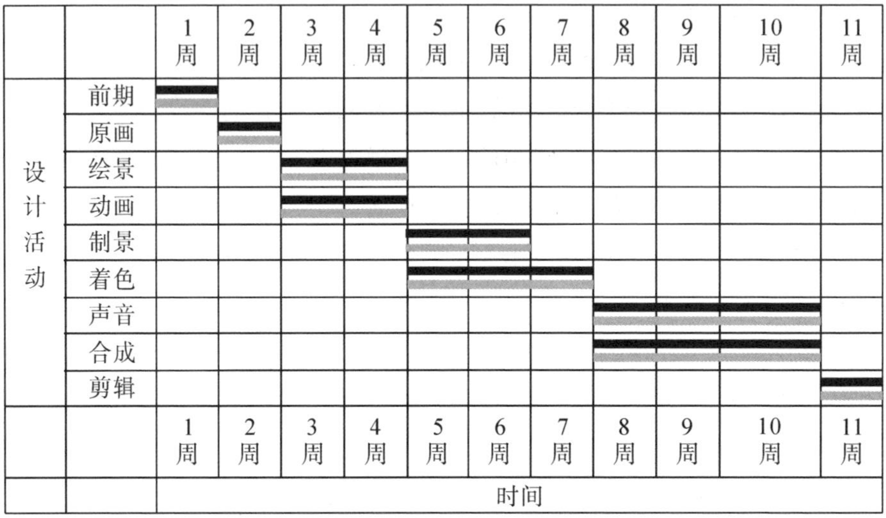

		1周	2周	3周	4周	5周	6周	7周	8周	9周	10周	11周
设计活动	前期	▬										
	原画		▬									
	绘景			▬▬								
	动画			▬▬								
	制景					▬▬						
	着色					▬▬						
	声音								▬▬▬			
	合成								▬▬▬▬			
	剪辑											▬
		1周	2周	3周	4周	5周	6周	7周	8周	9周	10周	11周
							时间					

注：图中红色部分为计划时间，蓝色部分为实际完成时间。

图5-15　动画项目制作进度计划的甘特图

（二）设计进度计划优化

在所有的艺术市场调研作业路线中，时间最长的一条或多条路线称为关键路线。在甘特图和网络图中我们都可以找到这样的路线。关键路线上的工序称为关键工序。

关键路线所花费的时间最长，关键路线的时间缩短了，整个艺术市场调研项目完工的时间就能够缩短。艺术市场调研计划优化，就是对关键路线上的活动的时间进行优化，进而达到缩短整个艺术市场调研项目工作时间的目的。

可供选择的优化艺术市场调研进度时间的方案有：

一是采取先进技术措施，如引入新的艺术市场调研方法、艺术市场调研软件等，缩短关键活动的作业时间；

二是利用快速跟进法，找出关键路线上的哪个活动可以并行；

三是采取组织措施，充分利用非关键活动的总时差，利用延长工作时间和增加其他资源等方式合理调配技术力量及人、财、物等资源，缩短关键活动的作业时间。

四、设计进度控制

设计进度控制指的是设计管理者采用科学的方法确定设计工作目标、编制设计进度计划和进行设计能力平衡，在与质量、成本目标协调的基础上，确定设计控制标准，并进行绩效监控和偏差纠正的活动过程。

（一）设计进度控制的过程

设计进度控制是在设计进度计划的基础上，将设计进度计划中的工作任务分配给具体的人员、岗位，并进行设计能力的平衡，然后制定设计工作标准、并根据该标准开展绩效监控、采取措施纠正偏差的活动过程。

（1）设计进度安排

设计进度计划将设计项目的工作任务分解为具体的设计活动，确定设计时间，但是没有确定具体的设计活动承担者。因此，设计进度计划的落实还需要通过设计进度安排活动将其付诸实施。

设计进度安排也就是所谓的"分派任务"，指的是根据设计现场人员的实际工作进展情况，将设计进度计划的内容安排到具体的设计岗位、确定具体的工作开始时间和结束时间，并且开具各种设计指令及传票。

（2）设计能力平衡

设计管理者完成了设计进度安排后，还应该依次对各个设计岗位的任务与能力进行比较分析，发现能力不足，尤其是薄弱环节，进行能力的调整，并按照时间和质量要求对完成任务的关键薄弱环节进行重点的分析和管理。

关键设计岗位的能力调整措施包括组织措施、经济措施、技术措施和管理措施。组织措施主要包括落实各层次的控制人员、具体任务和工作责任；经济措施主要包括设计项目进度计划实施所需的资金保证、资源供给和激励机制等；技术措施主要包括加快设计项目进度的各类技术方法（先进的生产组织方法、先进的设计工具等）；管理措施主要包括加强合同信息反馈与管理、加强信息沟通和加强设计项目参与者之间的协调管理等。

（3）设计标准（定额）制定

设计标准（定额）制定指的是在初步确定各设计岗位的进度安排并进行能力平衡后，最终确定各设计及相关岗位的设计标准（定额），作为设计控制的依据。

设计标准（定额）的内容包括各设计环节、设计岗位的设计工作量（设计任务的数量、设计方案和图纸的数量等）标准、设计时间标准（每一项设计任务的开始时间和结束时间）、设计质量标准（设计图纸的绘制质量、设计方案的质量水平等）。

（4）设计绩效监控

设计进度计划实施过程中的目标明确，但是资源有限、不确定因素多、干扰因素多。在这些因素中，既有主观的因素（包括设计进度计划和设计标准的合理性、设计管理者和设计师等人员的能力因素、设计资源与条件的匹配等），也有客观的因素（例如，客户要求的变化、竞争者推出新的产品或设计风格等）。因此，各岗位完成的工作业绩不一定与设计进度计划和标准（定额）完全一致，它需要在设计进度实施过程中进行及时的绩效监控。

设计绩效监控就是在设计活动开展的过程中，根据设计进度安排和设计标准（定额）对各设计及相关岗位的工作进展、环境等因素进行观测、检查，掌握设计项目进展情况，及时发现工作的进展情况和存在的问题。

（5）设计偏差纠正

设计偏差纠正指的是分析设计绩效监控中发现的偏差产生的原因，并制定和实施合理的措施纠正偏差，以保证设计师及相关人员按照预定的工期和质量要求，以最少的耗费完成设计任务。

在设计偏差分析的过程中，可能还会发现由于环境条件的变化使得原有的设计进度安排已经变得不合理，或者是原有的设计标准（定额）与当前的实际情况不符合。在这样的情况下，设计管理者应该首先调整设计进度安排或者设计标准（定额），然后再制定落实的方案和措施。

（二）设计进度控制的层次和制度

（1）设计进度控制的层次

设计进度控制活动可以划分为3个层次，即设计总进度控制、设计主进度控制、设计详细进度控制。

设计总进度控制是企业层面的控制，主要是对设计项目中的各个任务包的完成情况进行的控制。设计总进度控制是对设计项目实施过程的总体各阶段的工作内容、工作程序、时间周期、衔接关系而进行的进度计划编制与实施控制活动。它是对设计项目实施过程中各任务包的工作标准、技术标准、质量标准和关键条件等因素的总体性控制。

设计主进度控制也称"里程碑进度控制"，它是以设计项目中的一些重要事件开始或者完成时间、工作和质量标准作为基准所开展的控制活动。它以设计项目的主要阶段的责任部门、工作进度和标准、所需的资源等为对象进行控制。

设计详细进度控制是以具体的设计活动为对象的控制活动。它以具体的设计岗位、设计活动及其标准为对象进行控制，一般是以设计人员的自我控制为主，小组辅助监督检查。

（2）设计进度控制的制度

设计控制活动中可能遇到的情况多种多样，因此，企业需要制定完善的控制工作制度以保证各项控制活动的顺利执行。常用的设计控制制度一般有以下几种：

a.报告制度：为了使各级领导及时了解设计进展情况，企业各级设计人员和管理人员要把设计活动的进展情况及时报告给上级部门和有关领导；

b.会议制度：针对设计活动中的重要活动和问题，通过组织召开公司级、部门级或项目组级别的专题会议，以集思广益、统一指挥等形式进行控制；

c.现场协调制度：针对设计过程中的重要问题，领导人员直接到现场，同相关人员商定解决设计问题；

d.班前、班后小组会议制度：设计小组通过班前会布置任务、调度生产进度，通过班后会检查设计作业计划完成情况对工作进行总结；

e.自我控制制度：设计师对自己的设计工作进行自评，从而在设计实施的过程中不断控制设计质量与进度。

（三）设计作业排序的规则

作业进度安排将作业计划安排到具体的工作岗位时，还需要根据各岗位工作进展的情况进行工作的排序，将工作有条不紊地安排下去。作业排序就是将设计进度计划中的各项工作安排到不同的岗位上，或安排不同的人员做不同的工作。

通常采用的作业排序规则有先到先服务规则（FCFS排序）、最短作业时间规则（SPT规则）、超限最短加工时间规则（最早交货期最早加工）和最短松弛时间规则（最早开始最早加工）这四种排序规则：

a.先到先服务规则：这是最基本的排序规则，它对设计工作任务的处理顺序是按照其到达工作地的先后次序依次进行排序；

b.最短作业时间规则：它是在所有排队等候某一个设计岗位的任务中，选择作业时间最短的那一件最先开始设计活动；

c.超限最短加工时间规则：这种排序规则是事先设定一个排队等候时间的限度，对于等候时间超过此时间限度的设计任务，优先安排其中设计作业时间最短的任务；

d.最短松弛时间规则：所谓松弛时间，是某项设计任务距离计划交货期的剩余时间与该项设计任务的设计作业时间之差。最短松弛时间规则，就是将最高优先级分派给具有最短松弛时间的设计任务，而不管其计划交货期的早晚。

第四节　设计质量管理

一、设计质量标准

　　设计质量标准是对设计成果的结构、规格、质量、检验方法所做的技术规定，是产品设计、检验和评定质量的技术依据。从设计对象的价值、设计创造的手段角度，可以将设计质量标准划分为不同的类型。

（一）以设计对象的价值为标准进行划分

　　可以以使用价值和精神价值为标准，对设计成果的质量标准进行分类，其中使用价值类的质量标准包括性能、一致性、可靠性、耐久性、维修性、服务性等质量特性所对应的质量标准；借鉴舍勒的价值分类标准，将精神价值类的质量标准划分为神圣性、审美性、知识性、公正性、情感性等质量特性所对应的质量标准，如表5-12所示。

表5-12　设计质量标准体系

价值类型	序号	质量特性	质量指标
使用价值类	1	性能	产品主要功能达到的技术水平和等级
	2	一致性	产品完全符合产品宣传所描述的程度
	3	可靠性	产品完全规定功能的准确性和概率
	4	耐久性	产品达到规定的使用寿命的概率
	5	维修性	产品是否容易修理和维护
	6	服务性	产品的使用过程中是否让观众感觉到便利

续表 5-12

精神价值类	1	神圣性	"福乐"的价值感受，如果没有这种体验就会产生绝望
	2	审美性	产品的造型、色彩、材质及其组合给消费者带来的美好的感受，包括美（统一、平衡、完整、平静、生机勃勃、有力、生动、精美、感动人、优雅、美观、雅致、秀丽、美丽）和丑（沉闷、忧郁、俗气、零落、下流）的感受程度
	3	知识性	给顾客提供的知识教育效果的高低
	4	公正性	顾客使用体验中的公正或者不公正的感受
	5	情感性	爱和恨的感受程度，包括愉快（兴奋、安全感、成就感、被很好地尊重、美好的、美妙的、友好的、好心的、细致的、精细的）和不愉快（孤单、寂寞、自责、粗糙）的感受程度

（二）以设计创造的手段为标准划分

产品设计成果的质量可以从艺术、技术这两个维度的特性进行划分。由于各艺术门类的差异性很大，这里以产品造型设计为例，介绍其基本的设计质量标准。

（1）艺术类指标

产品造型设计方案的艺术类质量指标可以从内在和外在这两个角度进行设置。其中，外在指标主要包括形式、色彩、肌理、装饰四个维度的共14个指标；内在指标主要有社会、情感两个维度的共7个指标，如表5-13所示。

表5-13 产品造型设计的艺术类质量指标体系

一级指标	二级指标	三级指标	指标说明
外在	形式	与功能相匹配	造型与功能的符合性
		符合时代审美	新颖、时尚、大方
		要素相互协调	要素之间相互协调性、风格一致性等
		结构尺寸合理	比例协调性、体量尺寸和空间尺寸等
		富有创新性	艺术创意水平独特等
	色彩	符合目标用户偏好	色彩适合使用者的年龄、身份特点
		搭配协调	在单品设计中要运用色彩对比的手法
		有利于功能	配合材料的特点，提升功用性
		符合使用环境	色彩要与使用环境相适应
	肌理	审美效果好	视觉层次、外观质感
		触摸舒适	触觉感受
	装饰	与功能协调	统一性、与功能相结合
		满足个性需求	独特性、体现个性需求
		提升产品价值	要提升产品的档次与品位
内在	社会	显示社会地位	符合受众社会地位
		彰显民族、地域特色	体现民族、地域特色
		适应潮流发展	与产品潮流相一致
		体现社会责任	内容表达健康向上
	情感	创意故事关联	与受众情感共鸣
		文化、宗教性	具有文化内涵、浓厚宗教色彩、信仰
		品牌文化传承度	品牌文化内涵表达

（2）技术类指标

产品造型设计方案的技术类质量指标可以从功能、材料、工艺这三个维度进行设置。其中，功能指标主要包括基础功能、辅助功能这两个维度的8个指标；材料指标主要包括性能、应用这两个维度的7个指标；工艺指标主要包括实现手段、品质保证这两个维度的5个指标，如表5-14所示。

表5-14　产品造型设计的技术类质量指标体系

一级指标	二级指标	三级指标	指标说明
功能	基础功能	符合需求	符合目标用户或客户需求
		操作简便	操作功能快捷，界面导向清晰
		符合人体工学	符合目标人群身体和心理特点
		体验舒适	使用顺畅、舒适
		使用安全	功能稳定，对人身心无害
	辅助功能	升级/拓展性好	与其他产品的兼容性及更新升级性能
		拆装/运输便利	安装重组方便，便于运输
		创新程度高	有新功能
材料	性能	健康环保	对人体和环境无害
		性能合适	性能达到功能标准，且不昂贵
		表现力强	材料本身的质感等审美性
		可靠耐用	材料性能的稳定性及寿命长短
	应用	工艺成熟	材料成型机组合的工艺成熟度
		应用创新	是否是新的应用领域或应用方式
		供应便捷	原料供应的便利性
工艺	实现手段	工艺可靠	材料、结构、功能实现的可行和稳定性
		工艺高效性	制造生产的效率是否高效
	品质保证	工艺价值高	工艺自身的价值
		细节处理好	表面、连接处等细节处理精度
		仿冒保护强	技术的仿制难度以及专利保护

二、设计质量控制方法

设计质量控制的方法众多，其中，二八定律、雷达图、鱼骨图等方法是常用的发现质量问题、分析质量问题产生原因的基本方法。

（一）二八定律——判断主要的质量问题

二八定律又称帕累托法则、80/20定律、关键少数法则等，是19世纪末20世纪初意大利经济学家帕累托发现的。他认为，在任何一组东西中，最重要的东西只占其中的一小部分（约20%），其余的都是次要的（尽管在数量上80%是多数）。

十八定律在质量管理领域得到广泛的应用。它将质量指标划分为A、B、C三类进行分析：

主要因素——累计频率在0～80%左右的一些因素被称为"主要因素"或"关键原因"，并且通常标记为"A类"因素；

次要因素——累计频率在80%～90%左右的一些因素被称为"次要因素"，通常标记为"B类"因素；

一般因素——累计频率在90%～100%左右的因素被称为"一般因素"，通常标记为"C类"因素。

把某一设计产品的各质量指标出现不够满意的频数进行统计汇总，计算出各类因素出现的频数、频率和累计频率，并且根据累计频率划分为A、B、C三类因素；然后，绘制频度分析表，如表5-15所示。从表中可以发现，"创新性"是A类因素，也就是说，"创新性"是导致客户不够满意的最主要因素，是需要重点提升的因素。

表5-15　设计质量因素的频度分析表

序号	因素	频数	频率	累计频率	类别
1	创新性	310	72.3%	72.3%	A
2	易用性	50	11.6%	83.9%	B
3	审美性	46	10.8%	94.7%	B
4	简约性	15	3.6%	98.3%	C
5	持久性	7	1.7%	100%	C
合计	—	428	100%	—	—

（二）雷达图——质量指标的比较分析

雷达图原来是用于企业财务分析，目前该方法作为产品设计质量综合评估的方法得到广泛应用。它把产品的质量指标绘制在一张雷达图上，以直观地看出该产品质量状况的全貌，一目了然地找出产品设计中的不足之处。

雷达图形似雷达，如图5-16所示。它由设计质量标准、设计质量等级刻度、设计质量评价标杆值和设计质量业绩值构成：

a.设计质量标准：在雷达图的角上标注出设计质量标准，例如图5-16中的易用性、创新性、审美性、持久性、简约性这五个指标；

b.设计质量等级刻度：将每一个设计质量标准的分级刻度标注在雷达图中，并用直线连接起来，以清晰地展现出各设计质量标准区间；

c.设计质量评价标杆值：将设计质量拟达到的标杆值标注在雷达图中，作为产品设计的质量目标，例如图5-16中的顾客期望的产品质量指标值、竞争对手的产品质量指标值；

d.设计质量业绩值：将实际的质量业绩值标注在雷达图上，以便与标准进行比较，例如图5-16中的自己的产品的质量业绩值。

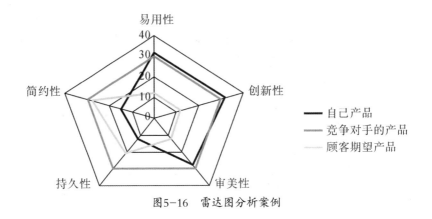

图5-16　雷达图分析案例

（三）鱼骨（刺）图——质量问题的原因分析

鱼骨图又被称为鱼刺图、石川图如图5-17所示，它是由日本管理大师石川馨先生所发明的。鱼骨图是一种发现问题根本原因、透过现象看本质的质量分析方法，也可以称之为"因果图"。

在质量管理领域，运用鱼骨图将设计质量指标（事前设定的指标）没有达到的原因进行系统的分析和直观的表达，从而按照问题之间的相互关联性整理成层次分明、条理清楚的图形，并标出重要因素。

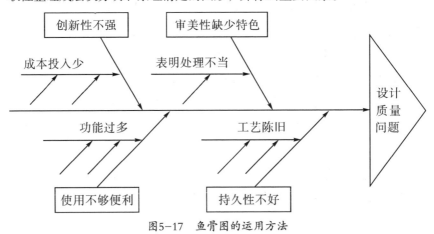

图5-17　鱼骨图的运用方法

三、设计质量评审

（一）设计项目评审概述

①设计评审的概念和目的

所谓设计评审，指的是对设计过程中和最终完成的设计方案进行比较、评定，由此确定方案的价值、判断其优劣，以便筛选出最佳方案的活动过程。从形式上来看，设计方案可以是原理方案、结构方案、造型方案等；从载体上看，可以是设计图纸，也可以是模型、样机、产品等[①]。

设计评审的目的是主动控制设计过程、把握设计方向，以科学的分析而不是主观的感觉来评定设计方案。设计项目评审不仅可以评价设计项目的质量，而且也可以对设计项目的经济性进行评审。有一些设计项目评审活动以质量评审为主，有一些评审活动（尤其是设计策划方案、最终的设计方案等重要节点）则是对质量、成本进行全面的评审。

②设计评审点的确定与评审内容

设计评审点确定的一般依据是设计过程各阶段的划分，或者按照产品的特点、批量大小、复杂程度设置评审点。通常会采用的设计评审点有概念生成的评审、概念选择的评审、概念实施的评审。

设计评审的重点内容主要有以下几个方面：

a.与满足客户需要和使客户满意有关的内容；

b.与产品规范要求有关的内容；

[①] 韩超艳. 基于复杂系统理论的产品设计研究[D]. 西安：陕西科技大学，2007.

c.与过程规范要求有关的内容。

③设计评审的参与人员

按照ISO9000标准要求，参与设计评审的人员应该包含与被评审的设计阶段有关的所有部门的代表（需要时也应包括其他的专家），具体包括设计项目的参与人员、负责评审组织管理的工作人员和承担设计项目评审职能的评审人员。

④设计评审人员

设计评审人员一般指的是评审专家，也就是负责评估设计项目质量和成本、提供评审意见的专业人员。一般根据设计项目评审的内容和要求的特点确定符合条件的评审人员。对参与设计评审工作的评审人员有以下几个方面的要求：

a.主要人员是不直接参与设计、不承担设计责任、具有一定的资格与能力提出实质性问题的有关人员；

b.参与者必须具有丰富的知识和经验；

c.参与者具有公正性和客观性；

d.必要时还应要求或者聘请有关专家参加评审。

（二）设计项目评审过程

（1）评审前的准备

①按照设计计划规定的评审点，由产品主管设计师拟定、提供评审文件资料，并填写"设计评审申请报告"，如表5-16所示。

表5-16　设计评审申请报告（样表）

设计项目名称			
设计项目承担单位			
设计资料清单			
序号	设计资料名称	数量	备注

主管设计师：

申请日期：

②业务主管部门负责组织拟定评审实施计划。

③业务主管部门按各评审阶段要求，选择确定评审人员或组织评审小组，并将相关评审文件资料、评审计划在正式评审前印发给相关的评审人员。

（2）预审

预审包括三方面的工作，一是全面审查和分析有关文件、资料、数据和设计结果；二是在正式评审前，将发现的问题填写在"设计预审问题登记表"中，印发给评审小组并反馈给有关设计师；三是讨论确定设计评审的重点，如表5-17所示。

表5-17 设计预审问题登记表（样表）

设计项目名称			
设计项目承担单位			
问题记录			
序号	问题	责任人	备注

设计审核人员：

审核日期：

（3）正式评审

一个完整的设计评审会议由六个阶段的工作构成：

①由企业技术负责人或评审组组长主持会议；

②主要设计师介绍设计、试验、分析等相关报告；

③评审人员提出询问并质疑，设计师答辩；

④在评审人员充分讨论的基础上，由业务主管部门或评审组长负责将设计评审的意见与结论填写在"设计评审报告"中，如表5-18所示；

表5-18 设计评审报告（样表）

设计项目名称	
设计项目承担单位	
评审内容与意见：	

评审小组组长：

评审日期：

⑤产品主管设计师对评审意见做出具体处理，填写完成"评审意见处理报告"，如表5-19所示。

表5-19　评审意见处理报告（样表）

设计项目名称				
设计项目承担单位				
问题处理要求				
序号	问题	处理要求	责任人	完成情况
主管领导：　　　　　　　　　　　　　　　　　　　　　批准日期：				

⑥评审会议完成后，把"评审意见处理报告"提交主管技术领导审批，并对改进工作做出具体的安排。

（4）跟踪管理

①评审结束后，由业务主管部门或质量主管部门、财务主管部门对"评审意见处理报告"执行情况进行跟踪调查，落实评审中的处理意见，对跟踪情况进行记录。

②设计评审过程中所形成的各种文件资料是评价设计项目质量和经济性的重要依据，应该按照质量记录和文件、资料控制程序进行管理。

第五节　设计成本管理

一、设计成本计划

设计成本计划编制的过程如图5-18所示。设计项目成本计划编制以前，首先要确定设计项目成本计划的条件；在此基础上，才能够开展设计项目制作成本计划的编制工作。

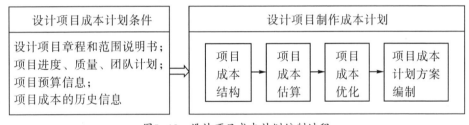

图5-18　设计项目成本计划编制过程

（一）确定设计项目成本计划条件

编制设计项目成本计划是在一定的前提条件下完成的，这些条件包括设计项目章程和范围说明书，项目进度、质量、团队计划，项目预算信息，项目成本的历史信息等。

（1）资源描述文件

设计项目资源描述文件是描述和说明为完成设计项目的各项工作所需要的资源种类、资源数量以及资源的投入时间。

（2）项目进度、质量、团队计划

设计项目的进度、质量、团队计划规定了设计项目的活动内容、人力资源需求和时间进度安排的信息，这些信息为设计项目成本的预算和进度安排提供了具体的依据。

（3）相关历史信息

相关历史信息指的是设计项目组织的内部和外部所积累的曾经完成类似工作的资料，基于这些历史资料中成本费用的信息，采用统计分析的方法，可以为新的成本计划的编制提供可靠的依据。

（4）项目组织政策

设计项目的组织政策包括有关设计项目组织获取资源的方式和手段、资源管理等方面的方针和策略。这些方针和策略对于实际获得资源的时间进度安排、资源配置比例的均衡性等都会产生重要的影响。设计项目的成本计划方案制定后，需要根据项目组织政策对资源费用的实际可能获取情况优化成本计划乃至整个项目运作计划，包括对有资源冲突的任务的时间进度的安排和成本预算的优化。

（二）确定设计项目成本结构

按照不同的标准，可以把成本划分为不同的类型。按照生产要素的类型划分，可以划分为土地成本、原材料及附加成本、劳动力成本和固定资产费用；按照与产品产量的关系划分成本，可以划分为固定成本和变动成本。

在设计项目执行的过程中，通常从设计生产活动所产生的费用的具体用途出发，将生产经营费用划分为产品成本和期间费用。产品成本由直接材料、直接人工、制造费用构成；期间费用由销售费用、管理费用、财务费用构成，如图5-19所示。

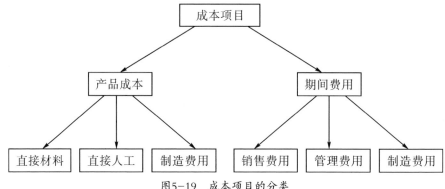

图5-19　成本项目的分类

成本的计算公式为：

$$C_i = M + L + G。$$

式中：　M——材料费，指设计项目运作过程中所耗费的材料；

L——人工费，指设计项目运作过程中所用的人工工资；

G——其他费用，设计项目运作过程中发生的那些不能归入材料、人工的各种费用，如制造费用、管理费用等。

（三）设计成本估算方法

对于设计项目的每一项成本要素，都要估算出其成本数据，这一过程称为成本估算。成本估算的方法主要有专家估算法、类比估算法、参数估算法、自下而上估算法、三点估算法、卖方投标估算法等，如表5-20所示。

表5-20　成本估算的基本方法

序号	方法	含义	说明
1	专家估算	利用专家的经验，综合考虑影响成本估算的人工费率、材料成本、通货膨胀、风险因素和其他众多变量	选择方法、确定参数； 决定是否联合使用多种估算方法； 如何协调这些方法之间的差异
2	类比估算	以过去类似项目的参数值（如范围、成本、预算和持续时间等）或规模指标（如尺寸、重量和复杂性等）为基础估算当前项目的同类参数或指标	项目信息不足时粗略的估算方法，需根据项目复杂性方面的已知差异进行调整； 综合利用历史信息和专家判断
3	参数估算	利用历史数据与其他变量（如建筑施工中的平方英尺）之间的统计关系，来估算诸如成本、预算和持续时间等活动参数	参数估算的准确性取决于参数模型的成熟度和基础数据的可靠性； 参数估算可以针对整个项目或项目中的某个部分，并可与其他估算方法联合使用
4	自下而上估算	首先对单个工作包或活动的成本进行最具体、细致的估算；然后把这些细节性成本向上汇总或"滚动"到更高层次，用于后续报告和跟踪	准确性及其本身所需的成本，通常取决于单个活动或工作包的规模和复杂程度

续表 5-20

序号	方法	含义	说明
5	三点估算	通过考虑估算中的不确定性与风险，可以提高活动成本估算的准确性	使用三种估算值来界定活动成本的近似区间[注1]
6	卖方投标估算	可能需要根据合格卖方的投标情况，来分析项目成本	依据供应商的可交付成果的价格确定设计项目的预算成本

注1：最可能成本（CM），即对所需进行的工作和相关费用进行比较现实的估算，所得到的活动成本。最乐观成本（CO），即基于活动的最好情况，所得到的活动成本。最悲观成本（CP），即基于活动的最差情况，所得到的活动成本。然后对以上三个估算进行加权平均，来计算预期活动成本。

（四）设计项目成本优化

设计项目制片人以及核心团队成员在编制了成本预算后，需要根据成本汇总情况和各成本要素的情况对项目成本进行调整。设计项目成本的调整主要包括经验曲线法和资源重新分配法这两种方法。

（1）经验曲线法

经验曲线指的是当策划师、设计师等设计项目参与者重复做某项工作后，形成创意所划分的资源投入、完成单个设计任务的成本（或时间）等都会由于经验的增加而呈现规律性的递减，如图5-20所示。

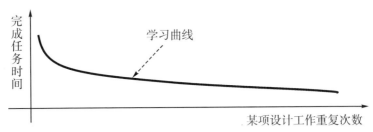

图5-20　设计活动的经验曲线

（2）资源重新分配法

资源是实施设计项目的物质基础。通过重新分配动画设计的资源，并调整设计项目的制作计划的内容，从而减少资源的消耗或者提高工作效率、减少工作时间，最终达到优化成本的目的。

资源重新分配法主要包括"工期固定—减少资源投入"的优化方法和"资源有限—工期力求缩短"的优化方法。"工期固定—减少资源投入"的优化方法指的是在工期固定的条件下，通过对项目活动消耗资源的优化，以尽量减少投入、降低费用从而使得整个项目投入的费用最少；"资源有限——工期力求缩短"的优化方法指的是在设计项目投入的资源固定的情况下，通过尽量减少工期，从而达到降低成本的目的。

（五）编制设计项目成本计划书

设计项目成本计划书的内容由概要预算、详细预算、各项活动预算的投入时间构成。

（1）概要预算

概要预算通常篇幅不超过两页纸，内容包括费用的主要目录，并简要说明资金分配的用途（每一类设计活动所需要的资金）。

（2）详细预算

详细预算是概要预算的基础，需要列出每一项成本项目所需要的具体费用，两者的总数是相匹配的。它是将主要成本目录分解到各种成本的子目录，每一个子项目都有自己独立的资金数目。

（3）各项活动预算的投入时间

设计项目成本的总预算和各项活动的预算确定下来后，还需要确定各项活动预算投入的时间，也就是每项活动费用支付的时间安排。

二、设计成本控制

设计成本控制要坚持经济性原则和因地制宜原则。首先，设计成本控制应该遵循经济性原则，即推行设计成本控制活动所发生的成本不应超过因缺少控制而丧失的收益。再者，设计成本控制应该遵循因地制宜原则，即成本控制系统必须特别设计，以适合特定企业、部门、岗位和成本项目的实际情况，不可照搬别人的做法。

设计成本控制的方法有标准成本控制、弹性预算控制、目标成本控制和责任成本控制等，其中，目标成本控制和标准成本控制这两种方法比较常用。

（一）目标成本控制法

目标成本是指根据预计可实现的设计项目销售收入扣除目标利润计算出来的成本，是企业最常采用的成本控制方法。设计项目目标成本的计算公式为：

设计项目目标成本=设计项目的预计销售收入−设计项目的目标利润

设计项目目标成本的制定，从设计项目的总目标开始，逐级分解成承担设计项目的基层的具体目标。在制定设计项目成本目标时，要强调执行人自己参与、专业人员协助，以发挥各级管理人员和全体员工的积极性和创造性。设计项目目标成本制定的过程为：

a.初步设定设计项目的总目标，并以此作为一切设计工作的中心，起到指导设计项目资源分配、激励员工努力工作和评价工作成效的作用；

b.依组织结构关系将设计项目的总目标进行层层分解，转化为具体设计部门和各设计岗位的成本目标，明确每个设计成本目标和子成本目标都应有一个责任中心和主要负责人；

c.拟定设计成本目标的过程在一定程度上是自上而下和自下而上的反复循环过程，在循环中发现问题、总结经验、解决问题。

（二）标准成本控制法

（1）标准成本的类型

设计项目的标准成本是根据设计项目及其设计活动的标准消耗量和标准单价计算出来的，其计算公式如下：

单位设计活动的标准成本=单位设计活动的标准消耗量×标准单价

标准单价的计算是开展标准成本控制的基础工作和前提条件。在标准单价确定中，以下的三项标准化工作极为重要：

a.计量标准化：运用科学的方法和手段，对设计活动中的量和质的数值进行测定，为设计成本管理提供准确的数据；

b.价格标准化：确定企业与客户、合作设计者、供应商进行结算的标准价格，它是成本控制运行的基本保证；

c.质量标准化：明确企业开展设计活动所需要保证的质量标准（没有

质量标准，成本控制就会失去方向，也谈不上成本控制），并且确定在保证质量水平下的设计成本标准。

（2）设计标准成本的类型

设计标准成本按其制定所依据的设计技术和管理水平，可分为理想标准成本和正常标准成本：

a.理想标准成本是指在最优的生产条件下，利用现有的设计资源和能力所能够达到的最低成本；

b.正常标准成本是指在效率良好的条件下，根据设计生产要素消耗量、价格和设计能力制定出来的标准成本。

（3）设计标准成本控制过程

设计标准成本控制是通过建立设计项目的标准成本管理系统实现的。设计标准成本管理系统并不是一种单纯的成本计算方法，它把设计成本的事前计划、日常控制和最终产品成本的确定有机地结合起来。设计项目的标准成本控制系统的业务流程如图5-21所示。

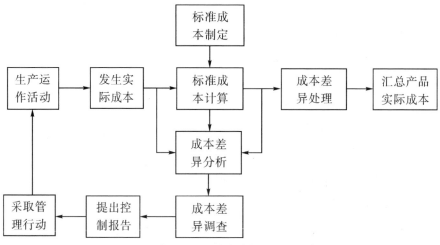

图5-21　设计项目的标准成本控制系统业务流程

第六章
设计管理案例

第一节　设计公司IDEO创新的四大武器

人们将更多的关注给予了引领设计潮流的IDEO，但极少提及这个时刻不忘自我创新的IDEO。

创意是怎么诞生的？是天才的灵光一闪，还是埋首于实验室不断地尝试与错误的累积？我们从全球首屈一指的设计公司IDEO发现了一些蛛丝马迹。原来，创意也是可以被管理、被流程化的，只要你懂得这些技巧

对于全球首屈一指的设计公司IDEO的创办人暨董事长大卫·凯利而言，设计师这个词，不再像过去一样，指的是美术课里最灵巧的那个孩子，而是每一个人在思考的时候，都应该也都可以像是一个设计师。因为，一切都和了解人类的需求有关。

IDEO是一家提供产品及服务的设计公司，但创办之初的地点却选在高科技产业云集的矽谷所在地——帕罗奥多市。IDEO是一家设计公司，但是却逐渐扮演起企管顾问公司的角色，为许多企业提供产品及服务方面的建议。不同的是，前者佩戴着一副商学院思维的眼镜，而IDEO却是透过人类学家、社会科学家、心理学家、工程师和图像设计师的眼，带领客户重新观察消费者的世界。

除了经营IDEO，也是斯坦福大学工程系教授的凯利认为，设计思维可以让生活变得更好。

一、武器一：设计过程引进"人性因素"

1978年，取得斯坦福大学产品设计硕士学位的凯利，成立了大卫·凯利设计公司，苹果电脑的第一只鼠标，就是出自该公司。1991年，该公司与英国设计公司ID Two（第一台膝上型电脑Grid的设计者，如今收藏在纽约现代美术馆）合并，成立IDEO。

自成立之初，IDEO就给设计行业开启了一种全新的设计思维：将"人性因素"引进到设计过程中来，多领域的设计师们从人体工学、国际化、环境工程等多个视角考察消费者心态，进而洞悉潜在的需求。更为可贵之处在于IDEO总是邀请客户一同进入创新之旅，让客户们在参与工作的过程中设身处地地体会消费需求，学会如何创新。因此，虽然数千万美元的年收入让这家企业在全美业绩排名上看起来毫不起眼，但它对业界的影响却远远大于其销售额。它拥有宝洁、惠普、美国电话电报公司（AT&T）、雀巢、美国国家航空航天局、新加坡航空公司以及英国广播公司（BBC）等声名显赫的客户，每年有一半的收入来自海外业务。每年美国商业周刊都会对赢得最佳工业设计奖的公司的得分情况进行累积排名，IDEO始终名列榜首。

在教导全球公司如何把关注点转移到消费者身上的同时，IDEO的业务也远远超出了设计类范畴，更像是以设计为形式的用户体验顾问。这无形中跟麦肯锡、波士顿和贝恩等咨询顾问公司形成了竞争。受IDEO的启发，专业咨询顾问们拓展了业务内容，开始关注消费者；同时，越来越多的传统设计公司开始涉足IDEO的工作领域。同在美国的Design Continuum、Ziba Design 和 Insight Product Development 等公司都开设了解消费体验的业务。Design Continuum甚至通过深入观察消费者的打扫习惯，为IDEO的老客户宝洁公司开发出了市场价值10亿美元的Swiffer拖布。

有趣的是，随后IDEO与宝洁公司继续联手，参考Swiffer开发出了更受好评的Carpet Flick。Swiffer能够清洁木制、陶瓷和油毡地面，甚至连头发与灰尘都能轻松抹去，但美国75%的地板上铺的是地毯，Swiffer恰恰对此束手无策。Carpet Flick除了集中Swiffer的优点以外，清扫地毯可是强项。

在设计Carpet Flick的过程中，宝洁的资深化学家鲍勃·高夫罗德与十来个工程师、设计师一起，走访顾客，听取年轻母亲与孱弱老人对吸尘器的抱怨，度过了尝试所有方法打扫地毯的可怕夜晚。他与IDEO设计师买来所有种类的橡胶压膜和黏合剂，尝试寻找适合的拖布，最后创造了Carpet Flick的雏形。

尽管竞争激烈，IDEO仍能找到领先于对手的捷径。与Google对互联网行业的意义相似，IDEO能够在商业世界的静默期掀起一种宗教般的追随热。从这方面来说，一开始，IDEO就和单纯具备产品创新力的公司（如3M等）所走的路径不尽相同。

二、武器二：订出一套设计的流程

1999年，美国广播公司ABC（夜线）节目，找上了IDEO。当时，IDEO的创新能力与影响力已备受肯定，但该节目却想带领观众"亲眼看看创新的产生"。于是，他们找来了美国消费者再熟悉不过的超级市场购物推车，要IDEO的设计师在五天之内，重新设计这项产品，结果拍成了"深掘：一家公司创新的秘密武器"这个专题报道。

第一天，星期一上午9点，召集人在公司里组成了一支网罗各领域专长的专案团队。在一声"干活吧！"之后，大伙分成了几个小组，有的埋首观察消费者采购杂货的行为；有的钻研购物手推车和相关技术；有人跑去请教采购和维修推车的专家；有人则跑到超级市场去观察人们的购物行为；有人甚至刺破了十几部儿童座椅和娃娃车，研究其中的构造。一天结束，订出了三个目标：体贴儿童的购物推车、规划更有效率的购物方法以及提高其安全性。

第二天，针对三项目标召开动脑会议，百无禁忌，即使是馊主意也没人介意。上午11点，天马行空的点子和构图，写满了一大张海报。之后进行投票，决定模型制造重点。下午6点，一部可供测试的原型车出炉，车体外形优雅迷人，且具备了篮子可堆置在车架上的组合设计、一支可向客服人员询问的麦克风，以及一个可以节省结账排队时间的扫描器等功能。照例还要针对原型最有特色的部分，分派任务继续改良。

第三天上午6点，一个灵巧、曲线优美的车体架构已经由一位资深焊工打造完成。负责制造模型的设计师则辛苦地改良车轮。

第四天，就在众人开始组装车体，并将超市菜篮放到特别打造的车体时，凯利突然说："你们不会要用这些篮子吧？"于是，工作房的人取出几张树脂板，开始扳折出几个篮子。同时，每个环节的组装测试工作也已完成，最后还得帮推车漆上颜色。

第五天早上9点，当工作人员在几百万电视观众面前掀起布帘的那一刻，周围响起了一阵欢呼。一辆拉风、亮丽的创新购物推车完成了，车体的主结构两侧倾斜成弧线，有点流线型跑车的味道，开放式的车架设计，可以在上下两层整齐排放五个标准化菜篮，推车上的儿童座椅有游乐园里的安全扣闩，还有趣味的游戏板。车上还附有扫描器（可直接结账），两个咖啡架以及灵巧转动的后轮。

凯利在节目中表示，其实他们并不是任何特定领域的专家，他们所擅长的是一套设计的流程，所以不管产品是什么，他们只是设法找出如何利用这套流程来创新。的确，举凡宝洁公司的Crest牙膏管、欧乐B的儿童牙刷、Palm Computing的Palm V、拍立得大头贴相机I-Zone等，都是IDEO的得意作品。

三、武器三：将设计思维引进商界

20世纪90年代，网络及高科技产业的蓬勃兴盛让IDEO迅速崛起，成为全球最红火的设计公司。当网络泡沫破灭之后，IDEO则是改变了营运模式，除了持续推出产品之外，也转而聚焦于流程，为消费者营造更美好、舒适的体验。换言之，IDEO渐渐地转型成为一家非比寻常的商业顾问公司。

而上门寻求建议的大企业高阶主管，可不是只安坐在办公室里听取简报而已，还得进行角色扮演，扮演成消费者。例如，宝洁公司的执行长曾被派去购物；食品集团Kraft的高阶主管为了改善供应链管理，被带到某大城市的交通控制中心，观看上百万辆汽车每天停下和发动的过程；AT&T的高阶主管则是被要求使用他们的行动电话服务软体Mmode，找到自动取款机、药房和某种罕见的日本点心。

结果证明，Mmode操作困难，有位主管还是打电话叫老婆上Google帮他找到的。于是他们了解到，他们的竞争对手不是Verizon（美国最大电信业者），而是"真实的生活"。同样，大型健康照护中心Kaiser Permanente在请来IDEO协助其所谓的"长程成长计划"后，发现原来要吸引更多患者上门，他们不需要大兴土木，建造昂贵的病房设备，真正要做的是"改善患者体验"。

对于许多上过IDEO"身体激荡""脑力激荡"的大客户赫然发现其实

很多事情都是常识，但人们往往因为习惯、惰性和制约的缘故，丧失了观察细微之处的能力。IDEO是十足的行动派，因为唯有实际付诸行动才能激发创意。

四、武器四：将开发机会视觉化、具象化

在IDEO，创新是根植于一套集体合作的方法，同时考量使用者的需求、技术上的可行性以及商业获利能力。这套创新的机制采用了一系列的技巧，将设计和开发的机会视觉化、具象化，以利于评估和修正，列举如下：

（一）观察

观察使用者是每一项设计方案的起点，并由IDEO的认知心理学家、人类学家和社会学家等专家所主导，与企业客户合作，以了解消费者体验。所有IDEO的设计师都非常善于观察人，以及观察他们是如何与这个世界进行互动。这部分的技巧包括：

追踪使用者：到人们生活和工作的现场去，观察人们如何使用产品、购物、到医院看病、搭乘火车和使用行动电话等。

勾勒使用行为：将人们的活动记录下来，包括在医院候诊室进行两三天的观察与记录。

消费者的使用历程：追踪消费者与某项产品、服务或空间的所有互动。

用相机写日志：请消费者把他们对产品的使用情形和印象记录为影像日记。

极端用户访谈：同对于产品或服务非常了解，或一无所知的人聊天，并且评估他们的使用经验。

说故事：促使人们就个人的使用情形，说出亲身体验的故事。

非焦点团体：访问各种不同群体的人或专家。例如，为了探索有关鞋子的创意，IDEO会探询艺术家、健身运动者、足科医师乃至于对鞋子有恋物癖的人的意见。

亲身使用产品或服务，以找寻细微的线索。

鼓励游戏和恶作剧，让工作者有掌控命运和超越自我情感的感觉。

（二）脑力激荡

这是一个紧凑密集、搜集灵感和创意的过程，将观察人们所得的资料进行分析，每一次都不超过一个小时。而且在会议室的墙壁上，还印着脑力激荡的重要原则：

暂缓进行判断：不要动辄驳斥任何构想。

以别人的构想为基础，再提出己见：不要说"但是"，要说"还有"。

鼓励疯狂的构想：拥抱最跳脱框架的概念，因为它们很可能就是关键的解决方案。

多多益善：尽可能找出最多的点子。一场好的动脑会议，应该可以在60分钟内，搜集到上百个点子。

具象化：使用黄色、红色和蓝色的笔，在五颜六色的便利贴条上写下点子或画下构图，并贴在长宽各76.2厘米和50.8厘米的海报上，最后还可以用贴条投票表决出最好的几个构想。

专注讨论：不要偏离主题。

一次进行一场对话：不打断别人的对话，不驳斥，不轻蔑，不得粗鲁无礼。

（三）快速制作原型

如果一张照片胜过千言万语，那么在IDEO，一个原型胜过千张照片，因此制作原型不但是一种创新的语言、一种生活方式，更是沟通与说服的工具。重要的是，原型是一次次趋近于成品的"不良品"，愈早失败，愈早找出问题所在，成功的速度就愈快。

制造可操作的模型：将可能的解决方案视觉化，除了容易创造惊奇，更容易改变想法，促使接受新观念，帮助客户或决策者在面临昂贵和复杂的功能时，加速决策制定和创新。最好的原型材料是泡棉、塑胶或木材。

什么都可以制作原型：无论是产品或服务，网站或空间都可以制造出模型，例如医疗中心或博物馆大厅等。

善用摄影机：通过像是电影预告片的形式，将构想或是消费者在产品及服务推出后可能的使用体验呈现出来。如果你负责和服务与人因工程有关的专案，有时候通过即兴安排剧情中的虚拟人物，有助于组员甚至是客户表达他们的意见。

追求速度：以快速和廉价的方式制作模型，绝不要浪费时间在复杂的概念上。

不求细致花哨：制作原型只是为了展现设计概念，切勿花费太多心力、时间在细节上。

创造情节：展现各式各样的人如何以不同的方式使用产品或服务，以及如何通过各式各样的设计，以满足使用者个别的需求。

身体激荡：即兴安排剧情，虚拟出不同类型的消费者，并且实地模拟他们的角色。例如，在老人安养中心，拿着拐杖或行动支架走一趟。

（四）重复评估和改良原型

在这个阶段，IDEO会将诸多选项过滤到只剩几个可能的解决方案。做法为以下几种。

脑力激荡：以非常快速的议程，剔除不可行的构想，锁定剩余的最好选项。

专心制作原型：就少数几个重要的构想，专注打造原型，以达到问题的最佳解决方案。

加入客户观点：主动地邀请客户参与这个流程，以过滤选项。

展现纪律：毫不留情地做出选择。

专注于流程的结果：达到最佳解决方案。

达成协议：取得利害关系人的大致认可。愈多高阶主管拍板敲定了哪项解决方案，成功几率就愈高。

（五）执行

完成了构思的过程之后，就进入了将概念打造出成品的最后阶段。

集结IDEO的工程、设计、社会科学专家，发挥各自所长，实际创造出产品或服务。

选择制造伙伴。

广泛测试成品。

（案例来源：曾子刚，童民，《创意也是可以被管理——浅析著名设计公司IDEO的创新四大武器》，《中外企业家》2006年第6期。）

第二节　深圳市浪尖设计有限公司的战略管理

深圳市浪尖设计有限公司（简称浪尖）创立于1999年5月，现有200多名全职设计、工程等多领域的专业人才；5000余平方米的设计大楼保证了宽敞、舒适、高效、人性化的设计环境；现已发展成为国内规模最大的工业设计公司之一。

创立之初，浪尖在国内首次提出"平衡"与"高效"的设计理念，为客户赢得更高的附加值和市场竞争优势做出了卓越的贡献。

经过自身的不懈努力追求，浪尖与国内外多家设计机构、院校、研究院保持长期、良好的交流和探讨。浪尖将创意付诸实践的同时为设计人才的培养、可持续性设计的实践做出了巨大贡献；并与国内外大量的知名企业进行合作，得到了迅速的发展壮大，成为深圳工业设计行业的旗舰企业。浪尖早期的发展建立在U盘、MP3等产品上，从做金立手机开始，企业的业务领域发展迅猛，迅速扩展到家电、健身器材、医疗装备等领域。

一、深圳市浪尖设计有限公司的创业与成长的困惑

（一）浪尖的"狙击手"设计团队

一直以来，浪尖在进入一个新的行业领域或者是做一套新方案的时候，就会运用"狙击手"的策略进行攻关，取得了不俗的成绩，奠定了企业发展的基石。

在企业创建初期面临着诸多的困难。浪尖每每采取重大行动的时候，就组织一支由精兵强将组成的"狙击手"团队来完成攻坚任务。"狙击手"团队选择的是精干、全能型的人才，具有很全面的专业技能。他们熟悉和精通从产品结构分析到产品设计，再到产品批量上线、产品投放市场，以及其中的一系列测试等内容。"狙击手"团队帮助浪尖取得了一次又一次辉煌的战绩，伴随着浪尖不断成长壮大。

"狙击手"团队是如何运作的呢？浪尖总经理罗成介绍，就是做到"精""快""准"，从而让企业能够在工业设计这一个高竞争性的行业立足并求得快速发展。

"精"，就是要拥有精兵强将。罗成本人就是一个热爱工业设计、在工业设计领域有着丰富经验的高级设计师，同时也是一位工作勤奋的技术型企业家。在他的感召和培养下，麾下聚集了一批优秀的设计师，这些设计师构成了"狙击手"团队的人才库。

"快"，就是要快速形成创意，快速出图，快速进入各个领域。工业设计行业变化很快，今年做设计和明年做设计的市场情况是不一样的。对于同一个产品的设计，在第二年就会不一样。需要企业建立起学习型的组织，平时不断地钻研、积累、总结，做到"厚积薄发"，比竞争对手更快、更好地满足顾客的需求。

"准"，就是找准目标、把握准顾客的诉求，包括其现实需求和潜在需求，永远走在顾客的前面。

（二）浪尖的设计流程

浪尖不断开创工业设计发展的新领域、新模式和新方向，很快就已涉及工业设计的各个产业环节，建立了系统的产品设计流程，形成了一流的产品设计转化能力，能够为客户提供优秀成熟的整体解决方案。浪尖的产品设计流程如图6-1所示。

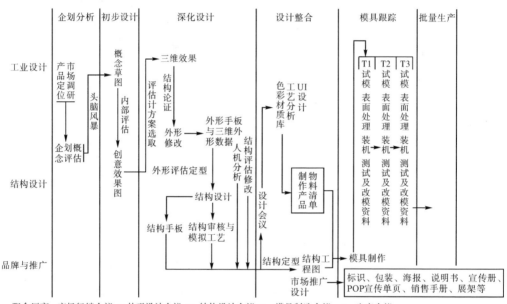

图6-1　深圳市浪尖设计有限公司的产品设计流程

（三）成长中浪尖面临的困惑

现代工业设计行业飞速发展，新技术与新材料的运用、人们消费需求的不断升级换代，顾客对工业设计产品的要求越来越高，行业竞争日益激烈，设计产品的风险越来越大：

①复杂多变产品设计中多学科的交叉应用日趋复杂，设计师在设计活动中需要考虑的因素越来越多。工业设计产品呈现出自由化、模糊化、

个性化、人性化等特点。传统的以品种分类的方法出现了品种之间边缘模糊化问题，使得工业设计的领域更为广阔，社会对工业设计的需求越来越大。

②面临着日趋激烈的竞争压力。市场上从事工业设计活动的企业数量越来越多，国外很多优秀的工业设计公司也进入中国市场发展，一些大型工业产品生产企业开始自己培养工业设计师队伍。

有人说，中国工业设计的春天还没有度过，冬天就已经来临了。在复杂的市场竞争环境下，浪尖正面临着一系列的挑战：

①企业需要更大的目标客户群体以维持规模扩大了的企业的生存；

②不仅仅需要优秀的工业设计人才，还需要一大批经验丰富、既懂设计又懂策划的优秀设计策划专家；

③设计工作任务多了、设计师数量多了，设计师的评价也是一个问题；

④企业规模扩大了、人多了，反而感觉到企业没有以前跑得快了，发展的脚步放慢了。

二、深圳市浪尖设计有限公司的新发展

经过多年的发展，浪尖已经发展成为一个多元化的公司，其组织结构如图6-2所示。

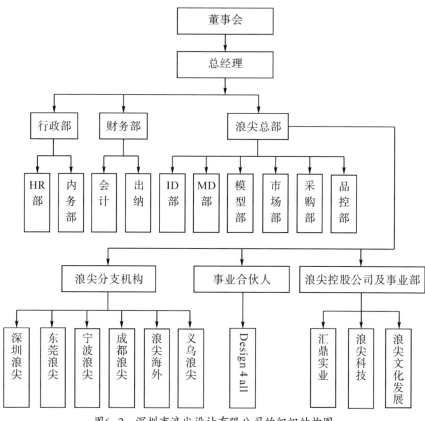

图6-2 深圳市浪尖设计有限公司的组织结构图

（一）浪尖的分公司

　　2002年11月成立东莞市汇鼎塑胶模具实业有限公司，现拥有400多名员工，6000多平方米的厂房，是一家资深的塑胶模具制造和塑胶产品加工企业，生产的模具及成品涉及通信、电子、家用电器、汽车、医疗器械、日用品等各个领域。

2007年3月创立的东莞市浪尖产品设计有限公司，现拥有全职设计、工程等多领域的专业人才50余名；致力于为珠三角企业提供更贴近、更高效的设计服务，为"制造"走向"创造"不懈努力，做出卓越的贡献。

2008年3月成立深圳市浪尖科技事业部，从事集成具有鲜明设计风格的产品。

2009年1月创立的宁波市浪尖工业产品造型设计有限公司，现拥有全职设计师、工程师等多领域的专业人才50余名。宁波浪尖依托浪尖设计强大的产业平台，立足宁波，发展浙江，辐射长三角，致力于为长三角企业提供便利的设计服务，并打造一流的工业设计产业基地，协助长三角企业完成产业结构的调整，增强企业综合竞争力。

2009年9月创立的成都市浪尖工业设计有限公司，为西部地区企业提供产品外观、结构等配套的设计及产品集成服务。成都浪尖依托浪尖设计强大的产业平台，结合成都乃至西部地区的资源和政策优势，打造了一个以工业设计为核心、发展文化创意产业、推动成都产业结构优化调整的"政产学研"产业化基地，助力国家级创意产业化基地的全面建设。

2009年10月成立深圳市浪尖文化发展有限公司，致力于动漫衍生产品的开发、设计与生产。旗下的A-STYLE品牌在数码、通信、服装、文具、生活用品等领域推出中高端时尚新颖动漫衍生产品，营造健康愉悦的生活方式。

2008年成立Design4all机构（Design4all是由以色列Senior-Touch设计公司董事长Ron Nabarro教授发起成立的）。Design4all是一个国际性的社团，集中老年人市场产品和服务的研发、设计、样式、市场顾问品牌定位和交流，协调满足55岁以上人群的特殊需求。

2009年11月创立的浪尖海外事业部，立足加拿大，为全球客户提供设计服务、设计咨询、模型制作、模具制造及产品集成服务。

2013年10月创立义乌市浪尖工业设计有限公司。

浪尖海外依托浪尖设计强大的产业平台和珠三角成熟的产业链，在全球市场开拓推广自主品牌，努力推动浪尖设计全球化进程。

（二）浪尖的控股公司

（1）东莞市汇鼎塑胶模具实业有限公司

2002年11月创立的东莞市汇鼎塑胶模具实业有限公司，现拥有400多名员工，6000多平方米的厂房，拥有一流的人才和设备，是一家资深的塑胶模具制造和塑胶产品加工企业，生产的模具及成品涉及通信、电子、家用电器、汽车、医疗器械、日用品等各个领域。

（2）深圳市浪尖科技有限公司

2008年3月创立深圳市浪尖科技事业部，2010年4月正式注册为深圳市浪尖科技有限公司。多年来致力于集成具有鲜明设计风格的产品。从产品的规划到产品走向市场，为有品牌、有渠道的客户提供整体供应链解决方案，与客户紧密合作，开拓共创共赢的新模式。

（3）深圳市浪尖文化发展有限公司

2010年9月创立的深圳市浪尖文化发展有限公司，致力于文化产品的开发；文化与科技的紧密结合是浪尖文化开拓的新模式，新机遇。旗下的A-STYLE品牌在数码、通信、服装、文具、生活用品等领域推出中高端时尚新颖文化衍生产品，浪尖文化致力于创造健康、愉悦、幸福的高情感生活方式。

三、深圳市浪尖设计有限公司的发展战略

（一）浪尖的理念与方针

（1）企业理念

浪尖的设计理念是"准正，则平衡而钧权矣"，如图6-3所示。

图6-3 深圳市浪尖设计有限公司的企业理念

事物是不断发展变化的，在运动中经历着"平衡—不平衡—新平衡"的过程，在循环中提升、升华。思维没有定式，创新源自对现实生活的否定，在不断打破现有平衡状态的同时，也在努力寻求新的方法以实现动态的平衡，达到不断超越自我的新境界。

相比国外一个多世纪以来对工业设计的孜孜探求，无论是在表达还是在对市场和文化的理解认识上，浪尖的发展是飞速的。时至今日，中国的企业和工业设计正在面临着历史性的机遇和随之而来的高难度挑战，多年的设计经验让浪尖领悟到只有把握产品中各个因素之间的动态平衡才能在激烈的竞争中不断发展、壮大。

对于设计，浪尖赋予产品灵魂，取得产品个性和共性的平衡。

对于客户，浪尖提升产品的附加值，实现设计、生产、物流和销售等环节的平衡。

对于消费者，浪尖注重产品的用户体验，满足其功能和精神需求的平衡。

对于社会和环境，坚持科学发展观，走可持续发展之路；确保短期发展与长远规划的平衡；同时通过绿色设计为社会和环境做出应有的贡献。

（2）经营方针

a.客户的满足为先，提供更好的服务；

b.为客户带来更高的附加值；

c.科学、技术、艺术、哲学、人文的结合；

d.激情和投入；

e.充分发挥员工的个人空间；

f.加强创造意识；

g.协作、交流、学习、不断提升，使发展有更多空间和活力。

（二）浪尖的核心实力定位

浪尖将自己的核心实力总结为"合理高效的解决方案、产业链竞争的共赢模式、设计平台的强大优势、换位思考的设计模式"这四个方面。

（1）合理高效的解决方案

基于对产业链深刻的认知、对设计平台成熟的掌控、对设计模式成功的实践而真正做到合理高效，并使之得到有效落实。以人为本、以市场为准，针对国内外企业的不同特点和需求，制定相应的高效解决方案，提供从概念到产品的一站式服务。

（2）产业链竞争的共赢模式

产品的竞争就是产业链的竞争，从产品规划、创意设计、生产制造、市场销售、采购物流、成本控制、品质控制等多个产业链环节，对产品开发和企业长远发展有举足轻重的影响。长期良好合作的产业链，能使企业从产品研发的源头获得竞争优势，确保产品品质和价值的不断提升，提升市场竞争力。

（3）设计平台的强大优势

经过十余年的稳步发展，丰富的案例积累，多领域的设计开发，并根据工业设计领域中产业链上下游特点，已构建起材质应用研究、新工艺的开发、结构测试、模型快速制造、新技术应用等专业化服务平台。所有的努力都是为了设计最终能够实现量产，满足市场需求，引导消费，提供优秀的用户体验，同时为持续发展打下良好的基础。为客户提供一个确保各个环节正常运作的设计平台，在浪尖的平台上，我们充分发挥自己的创造力，并将创意成功实现，同时利用浪尖周边的资源，建立起"大"浪尖的超大平台。

（4）换位思考的设计模式

基于完善的产业链、强大的设计平台、良好的客户关系，换位思考的设计方法得以客观地实施；换位思考贯穿整个产品，先让设计师、用户、客户、供应商等相关人员参与到创意部分的内部评估中来，进行不同角色转换的讨论，再把所有建议进行整理和归纳，从客观上把握产品诸多因素的平衡。

第三节　科技馆汽车展区设计策划管理

一、设计策划任务定义

（一）政府的要求

　　××市是我国中部地区的中心城市之一。市政府对整个科技馆建设的要求是"建设世界一流的科技馆"。由于××科技馆的投入规模有限，因此，只能通过差异化的策略设计主题型科技馆。

　　源于××市"九省通衢"而在交通、信息等领域的科技特色，以及弘扬科技帮助人类理性发展、通向未来的思想，服务××城市圈两型社会改革试验区建设，提出××科技馆（新馆）建设的理念为"通·和"。

　　"通"——以展示与传播"科技创新通向未来"为建馆手段：××科技馆（新馆）以观众喜闻乐见的形式展示，让观众感知科学的伟大力量，崇尚科学精神和方法，进而提升公民的科学素质。

　　"和"——以服务"和谐××建设"为建馆的基本目的：××科技馆（新馆）展示教育的内容和形式要以科学发展观为指导，培育观众运用科学、理性的思想，围绕××市两型社会建设，开展和谐市民、和谐社会、和谐环境等活动。

（二）观众的需要

　　我国提出建设创新型国家，实现"整个社会对创新活动的投入较高，重要产业的国际技术竞争力较强，投入产出的绩效较高，科技进步和技术创新在产业发展和国家的财富增长中起重要作用"的目标。我国的经济发展模式正在由粗放型的发展模式向由科技驱动的发展模式转变，全社会对科技知识的需求十分旺盛。

伴随着经济快速增长，人们的消费水平不断提高，对展教内容和形式的要求更高。科技馆必须运用先进的、丰富多彩的展教手段，才能够吸引观众参观，才能够成为人们争相游览的科技馆。

中国科学技术协会发布的中国公民科学素质调查结果显示，公民对科学新发现、新发明和新技术、医学新进展感兴趣的比例分别为77.6%、74.7%和69.8%，高达83.3%的公民对环境污染与治理感兴趣。

科技馆是政府出资建设的事业单位，由于市场竞争压力较弱而缺乏对宣传工作的系统策划，使得科技馆在社会上的知名度不高。科技馆需要加强宣传和推广，进一步贴近观众，让更多的观众能够及时获取科技馆展教活动的实时信息。

（三）社会的需要

××市是我国重要的汽车产业基地，其产业规模在中部汽车产业城市中排名第一，是××市第一大支柱产业。神龙汽车、东风本田、东风雷诺等大型整车企业密布××经济技术开发区，并吸引了数百家包括"世界500强""中国500强"在内的汽车零部件企业来该市设厂。

××市也集聚了一大批汽车产业的研发机构，该市著名的"985工程"、"211工程"重点建设高校，以及周边地区的专业性汽车院校，都拥有实力雄厚的汽车教学与研发机构。因此，有必要通过科技展示，让国内外观众了解××市汽车产业雄厚的技术研发实力，在促进科技合作、提高民族自信中发挥应有的作用。

汽车产业悠久的历史积淀、庞大的产业基础和先进的科技水平，为××科技馆汽车展区展示设计的文化与产业展教素材挖掘、科技知识凝练奠定了良好的基础。

（四）科技馆的要求

××科技馆（老馆）是我国具有较大影响力的大型科技馆，在科技馆（老馆）建设中探索了主题化展教的经验，在全国走在前列。

在××科技馆（老馆）建设中非常注重人才的培养，通过制定和落实发展规划、参与主题化展示项目建设等方式，培养了一批专业人才。

××市是我国的新一线城市，经济社会发展迅猛，对文化事业发展提出了迫切的要求。政府非常重视科技馆建设，政府的投入支持能够充分保障建设国际领先水平的科技馆。

二、设计策划团队管理

由于该科技馆建设项目具有很强的创新性，因此，科技馆及其上级管理机构建立了管理团队，以保证工作质量。

（一）领导小组

该项目的领导小组由上级主管领导（××市科学技术协会的主席、副主席）、××科技馆建设的责任单位主要负责人（科技馆的书记、馆长）等人员构成。领导小组主要承担以下的职能：

a.为项目的推进提供资源保障；

b.对项目实施过程中的重要方案和问题进行决策；

c.解决项目实施中存在的主要问题；

d.协调该项目建设中与其他政府和社会部门之间的关系；

e.从总体上控制整个项目的实施进度。

（二）工作小组

该项目的工作小组主要承担项目实施过程中的调研、方案策划与设计、实施等工作，其成员由科技馆的有关人员（科技馆的副馆长、部门经理、专业技术骨干人员等）、高校的专业研究人员组成，主要承担以下几个方面的职能：

a.到国内外科技馆、展品生产企业、主要重大展示活动中进行调研，掌握国内外科技馆的汽车及相关展教项目的展教形式、展品等；

b.负责创新性强的展教内容的规划、策划和制定实施方案；

c.负责组织项目设计、实施的招标工作；

d.负责展教方案的实施管理工作；

e.负责与项目实施有关的其他工作。

（三）专家委员会

××市科技馆建设的专家委员会是为该科技馆建设提供专业咨询服务而临时组建的委员会。该委员会由与科技馆建设相关的主要专业领域的科学、技术、管理等类型的专家组成。该专家委员会通过参加科技馆组织的专题咨询会、研讨会、评审会等方式服务科技馆的建设，主要承担以下几个方面的职能：

a.为项目建设提供专业性的展教信息和建议；

b.承担项目建设方案的评估工作；

c.为项目建设中存在的重大专业技术问题提供决策服务。

三、设计策划方案编制

（一）设计思想与目标

（1）设计思想

①汽车主题展区的展教价值

汽车主题展区的展教设计要体现以下的价值：

a.基本价值——汽车科技知识是汽车科技主题展区展教的基本价值，包括基本原理、汽车应用、汽车创新前沿、理性应用汽车科技和未来汽车科技展望等；

b.辅助价值——围绕提高汽车科技展教的方法和手段，汽车科技展教工作要建立以科技知识为核心的价值体系，通过寓教于乐、寓教于情、寓教于美等多元价值提升科技展教水平；

c.核心价值——教育民众理性地开发、使用汽车技术，实现可持续发展。

②汽车科技主题展区设计思想的影响因素

汽车科技主题展区的设计思想应该基于需要、环境、条件、手段、目的这五个基本因素进行思考和确定。

a.需要：政府希望建设"世界一流""体现地方特色""群众喜闻乐见"的科技馆；市民希望了解汽车科普，丰富自己的知识面。

b.环境：汽车科技展教受到科技馆的重视，但是科技馆主题化展教，尤其是汽车科技主题化展教存在比较大的困难。

c.条件：政府大力支持科技馆建设；自己积累了比较丰富的经验和人才。

d.手段：借鉴郑州科技馆、台湾科学中心等的主题化、展示教育等方面的经验。

e.目的：建设采用主题化展教、世界一流的汽车主题展区。

③汽车科技主题展区设计思想表达

根据汽车主题展区的价值诉求和设计思想的基本要素，确定汽车主题展区设计项目的设计思想：

以"通·和"的展教理念为指导，深入发掘人们不断地以科技创新这一通向自由之路的手段不断突破自身与环境的约束，实现和谐发展过程中汽车产业科技创新的科技成果，以"原理知识+原理展品+特色展项"的组合展教模式，在充分利用现有展品的基础上创新展教形式与手段，充分利用国内外资源与条件，设计出理念突出、内容完整、形式丰富的展教体系。

（2）设计目标

①综合目标

a.体现"通·和"的设计理念；

b.展示教育水平国际一流。

②具体目标

a.观众喜闻乐见，每年吸引足够多的观众；

b.展示环境优美，让人们在美好的环境下思考和学习；

c.充分考虑科技馆的特点，保证展品的可实现性和经久耐用性；

d.运用无障碍设计，充分体现人文关怀。

（二）产品整体概念策划——主题展区概念设计

（1）核心产品策划

汽车科技主题展教的基本功能和效用是使其科学知识体系化。科学知识体系包含了科学哲学、科学原理和科技应用知识，如表6-1所示。

表6-1　科学知识的内容体系分类

序号	科技知识	表现形式	实例
1	科学哲学	著作、论文	科学辩证法、科学方法论、科学认识论（科学发展观等）、科学史
2	科学原理	著作、论文	数学、物理学、化学、生物学等
3	科技应用	专利设计书、图纸、样品	机械学、电子学、建筑学、水力学等

汽车科技展区应该以科学知识为核心，具体展教的科学知识体系也应该包含汽车原理知识、汽车应用知识和汽车先进技术知识，如表6-2所示。

表6-2　汽车科技展教的基本知识体系

序号	知识类型	科技知识	展项名称	具体科技知识
1	汽车原理知识	汽车发展史及其技术结构原理	汽车	汽车结构原理、发展史等知识
			汽车探秘	汽车重要部件的原理知识

续表 6-2

序号	知识类型	科技知识	展项名称	具体科技知识
2	汽车应用知识	汽车能源、环境、交通、安全等知识	能源知识	汽车能源知识
			环境知识	汽车尾气、报废科技知识
			交通知识	汽车交通阻塞、交通安全的科技知识
3	汽车先进技术知识	现代汽车的前沿技术	节能与新能源	轻量化、燃料高效、工业设计、新能源技术
			汽车电子化	汽车电子科技知识
			汽车智能化	汽车信息化、自动化的运行、安全科技
			资源再利用	汽车循环经济的科技知识

（2）形式产品策划

从汽车原理知识、各专业领域的汽车科技基础知识、现代汽车科技创新前沿的科技知识、汽车科技发展展望这四个汽车科技层面，按照"了解汽车历史→当下汽车产业发展的障碍与瓶颈→汽车产业创新突破发展瓶颈→未来可持续发展的汽车展望"的汽车产业从"不通"到"通"的发展趋势，将该汽车科技主题展区命名为"汽车之旅"，将汽车主题展区划分为四个子展区："走近汽车""文明之殇""创新前沿""走向未来"。

"汽车之旅"主题展区的展教体系框架如表6-3所示。

表6-3 "汽车之旅"主题展区展教体系框架

序号	支撑展区		支撑展项		
	展区名称	科技知识	展项名称	具体科技知识	重点展项
1	走近汽车	汽车原理知识	认识汽车	汽车结构原理、发展史等知识	汽车拆解展示
			汽车探秘	汽车重要部件的原理知识	摩擦与轮胎

续表 6-3

序号	支撑展区		支撑展项		
	展区名称	科技知识	展项名称	具体科技知识	重点展项
2	文明之殇	汽车能源、环境、交通、安全等知识	能源之危	汽车能源知识	石油加工与应用模型
			环境之忧	汽车尾气、报废科技知识	汽车排放物的危害、报废汽车的危害
			交通之患	汽车交通阻塞、交通安全的科技知识	交通危机
3	创新前沿	现代汽车的前沿技术	节能与新能源	轻量化、燃料高效、工业设计、新能源技术	汽车轻量化与节能、氢能源动力汽车
			汽车电子化	汽车电子科技知识	DBW（电控油门）、ACC 自适应巡航
			汽车智能化	汽车信息化、自动化的运行、安全科技	汽车导航/交通信息系统、车辆碰撞预警系统
			资源再利用	汽车循环经济的科技知识	汽车零部件再制造、汽车废弃物循环再利用
4	走向未来	未来汽车与交通技术	感受未来汽车	典型未来汽车的科技知识	模块化轿车、叶子汽车（零排放汽车）
			未来汽车道路	未来汽车道路科技	
			车联网	未来汽车与交通科技	
5	汽车实验室				绘出美好未来（汽车设计）、动手装汽车

（三）关键条件与预算

（1）关键条件

①创新性展品开发

由于"汽车之旅"主题展区采用了主题化展教模式，属于差异化战略指导下的展示设计，其中约有50%的展品需要设计和制作。

因此，该主题展区的展品开发是该项目成功的关键条件，需要充分利用全球资源、采用严谨的招标程序，对相关展品进行调研、策划，确保展品的可得性和质量。

②建设专业人才队伍

采用差异化战略建设主题型汽车展区的创新性较强，需要一支高素质的人才队伍。专业人才需要熟悉科技展品策划、调试、安装等知识，了解现代科技馆的建设技术与方法。

目前科技馆的管理和专业人员只能承担老馆的运行需要。需要通过培养与引进相结合，尽快储备一批优秀的人才队伍，为未来新馆的高质量运行提供保障。

③建设运营管理体系

由于"汽车之旅"主题展区的新展品比较多，科技馆中大量的青少年学生容易造成展品的损坏，因此，在科技馆建成运行的过程中，展教系统的维护保养工作量将很繁重。

故此，科技馆应该提前启动科技馆运行服务与维修体系建设，健全和完善服务和维修职能、培养专业的服务和维修人才队伍、建设维修服务设施，为主题展区的高质量运行奠定良好的基础。

（2）预算

①"汽车之旅"主题展区展品购置费用估算

　　"汽车之旅"主题展区的展品总数约为72件，其中约50%为新展品，按照科技馆建设经验，成熟展品研制费为5万～10万元/件，新展品研制费为15万～25万元/件，个别特大型展项设计制作费用预计800万元，设计制作经费预算总计为1800万元。具体地：

　　成熟展品共38件，合计320万元；

　　新展品共34件，合计680万元；

　　特大型展品1件，共800万元。

　　② "汽车之旅"主题展区布展施工费用估算

　　按国内目前的设计施工标准，多数大型综合性科技展馆布展费为1500～3000元/平方米。根据××市的实际情况，设计施工标准选取为1500元/平方米，整个展厅的展教面积为2000平方米，其布展施工费用为：2000×0.15=300万元。

四、设计策划方案评价与选择

　　为了保证"汽车之旅"主题展区设计策划方案的科学性、先进性和可行性，××科技馆组织了专家小组对该策划方案进行评价和优化。

（一）"汽车之旅"主题展区设计策划方案评价准备

　　（1）准备评审材料

　　由项目策划小组的人员拟定"汽车之旅"主题展区设计策划方案和相关支撑资料（设计策划方案编制过程、方案实施的技术支持资料、其他附件材料）。然后，由项目工作小组对评审材料进行检查、预审，全面审查和分析有关文件、资料、数据和设计结果的完整性，由设计策划小组人员对发现的问题进行完善，并确定以下几方面的重点评审内容：

a.设计策划方案是否能够准确体现科技馆建设的主题思想；

b.展教方案是否内容完整、具有创新性；

c.展教方案是否容易实现。

（2）组织评审专家小组

项目工作小组根据"汽车之旅"主题展区设计策划方案创新性强的特点，选择和组织相关的专家（包括专业技术专家、管理专家、产品专家等）。选择专家的原则主要有以下几点：

a.主要人员是不直接参与设计且与该设计策划项目没有直接关系的人员；

b.参与者必须具有丰富的知识和经验，并且具有高级技术职称或者任职于一流科技馆（或大型汽车企业、政府重要的相关管理部门等）的高层专业技术和行政管理人员；

c.参与该策划方案评审的专家必须具有公正性和客观性。

（二）"汽车之旅"主题展区设计策划方案评价与优化

（1）设计策划方案评价

项目工作小组组织召开"汽车之旅"主题展区设计策划方案评审会，该评审会主要经历了以下几个环节：

a.由领导小组负责人主持会议，向参加评审会的专家介绍项目和设计策划方案的背景，然后将评审会交给评审小组；

b.评审小组选举小组组长，然后由小组组长宣布开始评审工作；

c.设计策划小组的负责人介绍"汽车之旅"主题展区设计策划方案的编制过程、主要内容；

d.评审小组的专家逐一对"汽车之旅"主题展区设计策划方案提出询问并质疑，设计师答辩；

e.评审小组组长对专家评审意见进行总结，将设计评审的意见与结论填写在"设计评审报告"中。

（2）设计策划方案优化

根据"汽车之旅"主题展区设计策划方案评审会提出的意见，项目工作小组组织设计策划小组对设计策划方案进行完善并优化：

a.评审会议完成后，项目工作小组将"评审意见处理报告"提交给主管技术领导审批，并对改进工作做出具体的安排；

b.设计策划小组根据评审专家提出的意见修改和完善设计策划方案，并提交给项目工作小组；

c.项目工作小组对设计策划方案的执行情况进行跟踪调查，落实评审中的处理意见，对跟踪情况进行记录；

d.项目工作小组将改进方案和有关记录提交项目领导小组、专家委员会进行审核；

e."汽车之旅"主题展区设计策划方案完善和优化工作通过审核后，项目工作小组将该设计评审和改进过程中所形成的各种文件资料进行汇总、集中管理。

参考文献

[1] 王受之.世界现代设计史[M].北京：中国青年出版社，2002.

[2] 周三多.管理学——原理与方法[M].2版.上海：复旦大学出版社，1997.

[3] 尹定邦.设计学概论[M].长沙：湖南科学技术出版社，1999.

[4] 刘和山，李普红，周意华.设计管理[M].北京：国防工业出版社，2006.

[5] 成乔明.设计项目管理[M].南京：河海大学出版社，2014.

[6] 高兵强，等.工艺美术运动[M].上海：上海辞书出版社，2011.

[7] 刘国余.设计管理[M].上海：上海交通大学出版社，2003.

[8] 高亮，职秀梅.设计管理[M].长沙：湖南大学出版社，2011.

[9] 罗方.设计管理[M].北京：清华大学出版社，2015.

[10] 杨锡怀，王江.企业战略管理——理论与案例[M].3版.北京：高等教育出版社，2010.

[11] 胡晓云，等.品牌传播效果评估指标[M].北京：中国传媒大学出版社，2007.

[12] 田川流.艺术管理学概论[M].南京：东南大学出版社，2011.

[13] 刁丽琳.产学研合作契约类型、信任与知识转移的关系研究[M].北京：中国经济出版社，2016.

[14] 姜国政,方家平.知识管理：21世纪企业管理新模式[J].当代经济，2001（9）：30-31.

[15] 刘峰.知识型企业的知识管理[D].北京：首都经济贸易大学，2003.

[16] 王如富,徐金发.知识管理的组织基础[J].科研管理，2000（5）：16-20.

[17] 黄雷.提升工业设计师创新能力的知识管理研究[D].上海：上海交通大学，2008.

[18] 柯昌波，许玉明，陈正伟.广义抽样调查技术及应用[M].成都：西南交通大学出版社，2016.

[19] 耿修林.符合性审计抽样方式及抽样规模[M].北京：北京邮电大学出版社，2013.

[20] 杨东篱.文化市场营销学[M].福州：福建人民出版社，2014.

[21] 何荣勤.CRM原理·设计·实践[M].北京：电子工业出版社，2003.

[22] 魏及淇.项目管理实战全书[M].北京：北京工业大学出版社，2015.

[23] 郑玉明，于海燕.动画项目制作管理[M].北京：高等教育出版社，2010.